达芬奇

视频后期剪辑与调色

零基础入门到精通

耿慧勇　著

人民邮电出版社
北京

图书在版编目（CIP）数据

达芬奇视频后期剪辑与调色零基础入门到精通 / 耿慧勇著. -- 北京 : 人民邮电出版社, 2024.1
ISBN 978-7-115-62909-8

Ⅰ. ①达… Ⅱ. ①耿… Ⅲ. ①调色—图像处理软件 Ⅳ. ①TP391.413

中国国家版本馆CIP数据核字(2023)第193862号

内容提要

达芬奇是一款很受欢迎的调色软件。本书基于 DaVinci Resolve 18 编写而成，循序渐进地讲解了使用达芬奇软件进行视频剪辑、调色的方法和技巧，可以帮助读者轻松掌握达芬奇软件的操作方法。

全书共 10 章，主要内容包括掌握达芬奇软件的基本操作、调整与编辑素材文件的基础剪辑技巧、对画面进行一级调色的初步调色技法、对局部进行二级调色的局部微调技巧、通过节点对视频进行调色的高手进阶技法、制作视频的多种滤镜效果、为视频添加精彩的转场效果、制作视频字幕效果，以及城市宣传片、夏日旅行 Vlog 综合案例的剪辑和调色技巧。本书采用全案例式教学，提供实战示范，读者可以更好地理解和掌握利用达芬奇软件进行视频后期剪辑与调色的技能，提高学习效率。

本书适合短视频运营创作的新手阅读和学习。此外，本书还适合广大短视频爱好者、新媒体行业从业人员阅读参考，也可以作为相关专业的教学参考书或上机实践指导用书使用。

◆ 著　　　　耿慧勇
　责任编辑　张　贞
　责任印制　陈　犇
◆ 人民邮电出版社出版发行　　北京市丰台区成寿寺路 11 号
　邮编　100164　　电子邮件　315@ptpress.com.cn
　网址　https://www.ptpress.com.cn
　北京捷迅佳彩印刷有限公司印刷
◆ 开本：700×1000　1/16
　印张：14.5　　　　2024 年 1 月第 1 版
　字数：335 千字　　2025 年 4 月北京第 6 次印刷

定价：89.00 元

读者服务热线：(010)81055296　印装质量热线：(010)81055316
反盗版热线：(010)81055315

前　言

达芬奇是一款受欢迎的调色软件，也是一款集后期制作功能于一身的视频后期处理软件。截至2022年4月19日，达芬奇更新到了版本18，版本的更新带来了更多的功能，如假色显示工具、动画、音频波形窗口等功能。本书精选85个视频案例，用案例实操的方式帮助读者全面了解达芬奇软件的功能，做到学用结合。希望读者能通过学习，做到举一反三，轻松掌握这些功能，从而制作出精彩的视频效果。

本书特色

全案例式教学、实战示范：本书没有过多的枯燥理论，全书采用“案例式”教学方法，通过85个实用性极强的实战案例，向读者讲解使用达芬奇软件剪辑、调色的技巧。

内容新颖全面、通俗易懂：本书内容新颖、全面，且难度适当，从基础功能出发，对达芬奇的基本剪辑功能、调色功能、视频滤镜效果、视频转场效果、字幕效果等相关知识进行全方位的讲解。

附赠讲解视频、边看边学：本书提供专业讲师的讲解视频，读者不仅可以按照步骤制作视频，还可以下载观看视频讲解。

内容框架

全书共10章，具体内容如下。

第1章介绍新建项目、偏好设置、导入素材、视图显示、导出成片等知识。

第2章讲解素材文件的复制、分割、覆盖、替换、修剪、变速、离线等的操作方法。

第3章讲解自动平衡、镜头匹配、一级校色轮、一级校色条、Log色轮、RGB混合器、运动特效等功能的应用方法。

第4章介绍曲线、限定器、“窗口”面板、“跟踪器”面板一级模糊等的应用方法。

第5章主要讲解串行节点、并行节点、图层节点、Alpha通道等相关知识。

第6章主要介绍达芬奇特效库中的常用效果，如镜头光斑、暗角艺术、镜像翻转、发光等。

第7章主要介绍叠化转场、替换转场、光效转场、划像转场、瞳孔转场、遮罩转场等转场效果的制作方法。

第8章主要介绍在达芬奇中制作滚动字幕、字幕投影、打字效果、文字消散等字幕效果的方法。

第9章对之前的内容进行汇总，向读者讲解城市宣传片的剪辑和调色技巧。

第10章也是之前的内容进行汇总，向读者讲解旅行Vlog的剪辑和调色技巧。

读者群体

本书适合广大视频爱好者、自媒体运营人员，以及想要寻求突破的新媒体平台工作人员、电商营销与运营的个体、企业等学习和使用。

编　者

2023年5月

目 录 CONTENTS

第 1 章 软件入门：掌握达芬奇的基本操作

第 2 章 基础剪辑：调整与编辑素材文件

第 3 章 初步调色：对画面进行一级调色

第 4 章 局部细调：对局部进行二级调色

第 5 章 高手进阶：通过节点对视频进行调色

第 6 章 滤镜效果：制作视频的滤镜效果

第 9 章　综合案例：城市宣传片

第 10 章　综合案例：夏日旅行 Vlog

第 1 章

软件入门：掌握达芬奇的基本操作

达芬奇是一款专业的视频调色剪辑软件，它的英文名称为DaVinci Resolve。它集视频调色、剪辑、合成、音频及字幕等功能于一身，是常用的视频编辑软件之一。本章将带领读者认识2022年发布的达芬奇版本——DaVinci Resolve 18，并讲解该软件的一些基本操作。

1.1 启动软件 认识达芬奇

使用达芬奇进行调色或剪辑之前，需要先启动达芬奇软件，进入达芬奇的工作界面。本节主要介绍启动达芬奇的操作方法。

步骤 01 在桌面上的达芬奇快捷方式图标上双击，如图 1-1 所示。

图 1-1

步骤 02 执行操作后，即可进入达芬奇启动界面，如图 1-2 所示。

图 1-2

步骤 03 稍等片刻，弹出项目管理器，双击“Untitled Project”图标，如图 1-3 所示。

图 1-3

步骤 04 执行操作后，即可打开软件，进入达芬奇的“快编”界面，如图 1-4 所示。

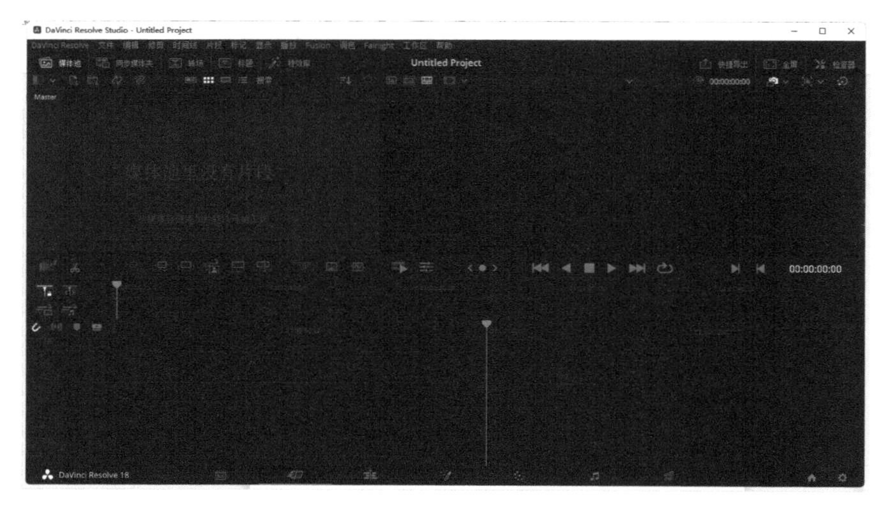

图 1-4

知识专题：达芬奇软件的布局

达芬奇工作界面底部为导航栏，依次分布着“媒体”“快编”“剪辑”“Fusion”“调色”“Fairlight”“交付”7 个界面图标，如图 1-5 所示，单击对应的图标，即可进入相应的操作界面。在这 7 个操作界面中基本可以完成视频后期剪辑的所有工作。达芬奇让用户无须打开多个操作软件就能完成所有后期剪辑工作，因此能够极大程度提高后期工作效率。

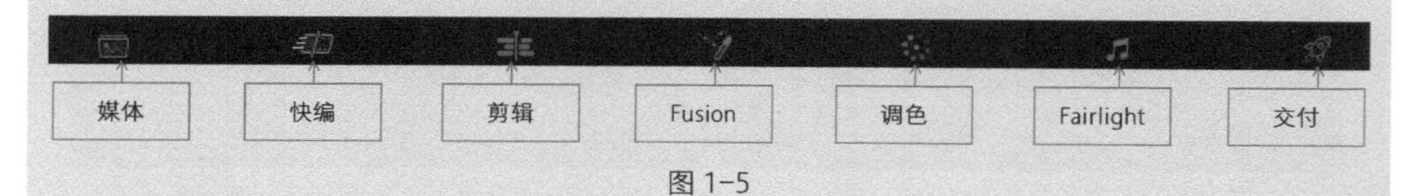

图 1-5

◇ 媒体：在达芬奇工作界面下方单击“媒体”图标，即可切换至“媒体”界面，在其中可以导入、管理及复制媒体素材，并查看媒体素材的属性信息等。

◇ 快编：该界面是达芬奇新增的一个剪切界面，其功能与“剪辑”界面有些类似，用户可以在其中进行编辑、修建及添加过渡转场等操作。

◇ 剪辑：大部分的后期剪辑工作都在此界面中完成，在其中可以导入媒体素材、创建时间线、剪辑素材、制作字幕、添加滤镜、添加转场、标记素材入点和出点及双屏显示素材画面等。

◇ Fusion：该界面主要用于进行动画效果的处理，包括合成、绘图、粒子及字幕动画等功能，在其中可以制作出电影级视觉特效和动态图形动画。

◇ 调色：调色系统是达芬奇的特色功能，“调色”界面提供了Camera Raw、色彩匹配、色轮、RGB混合器、运动特效、曲线、色彩扭曲器、限定器、跟踪器等功能面板，用户可以在相应面板中对素材进行色彩调整以及一级调色、二级调色和降噪等操作。该界面最大程度地满足了用户对影视素材的调色需求。

◇ Fairlight：用户可以在该界面中根据需要调整音频效果，包括音调匀速校正和变速调整、音频正常化、3D声像移位、人声通道和齿音消除等。

◇ 交付：影片编辑完成后，在“交付”界面中可以进行渲染输出设置，将制作的项目输出为MP4、AVI、EXP、IMF等格式的文件。

1.2 偏好设置 界面的语言

首次启动达芬奇时，可能出现软件界面的语言为英文的情况，为了方便操作，用户可以将软件界面的语言设置为简体中文。

步骤 01 启动达芬奇后，在菜单栏中执行“DaVinci Resolve”|“Preferences”命令，如图1-6所示。执行操作后，即可打开“Media Storage”对话框，如图1-7所示。

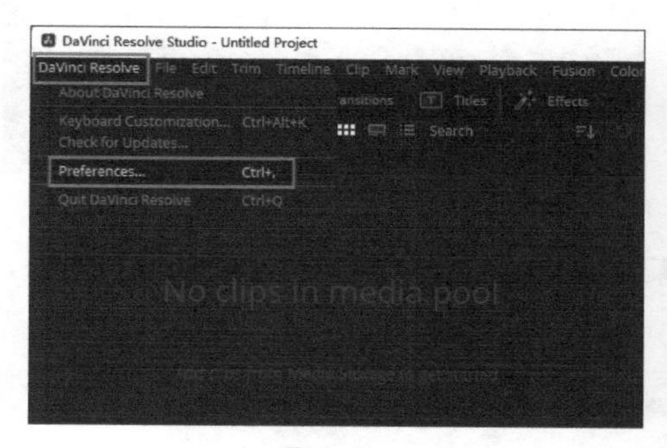

图1-6

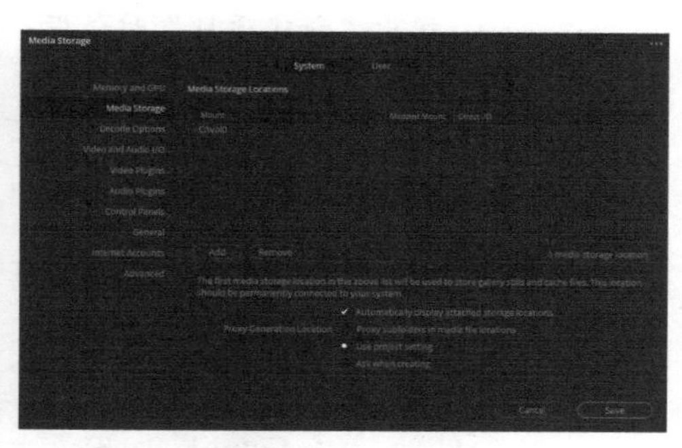

图1-7

步骤 02 在“Media Storage”对话框中切换至“User”选项卡，再单击“Language”选项右侧的下拉按钮，在弹出的下拉列表中选择“简体中文”选项，执行操作后，单击“Save”按钮保存设置，如图1-8所示。

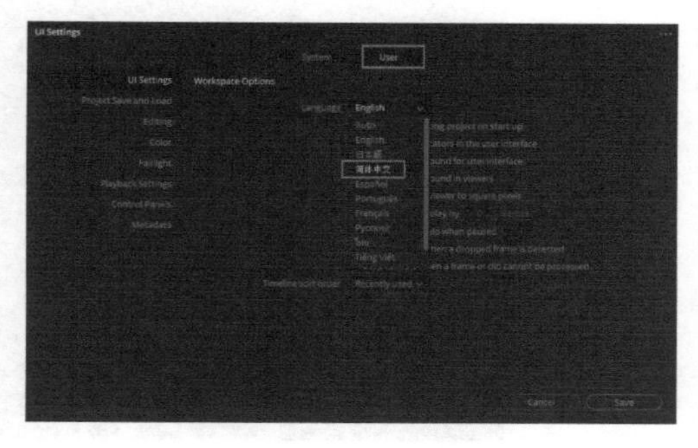

图1-8

步骤 03 设置完成后，界面将弹出“Preferences Updated”提示框，在提示框中单击“OK”按钮，如图 1-9 所示。执行该操作后，重启达芬奇，界面中的语言将变为简体中文。

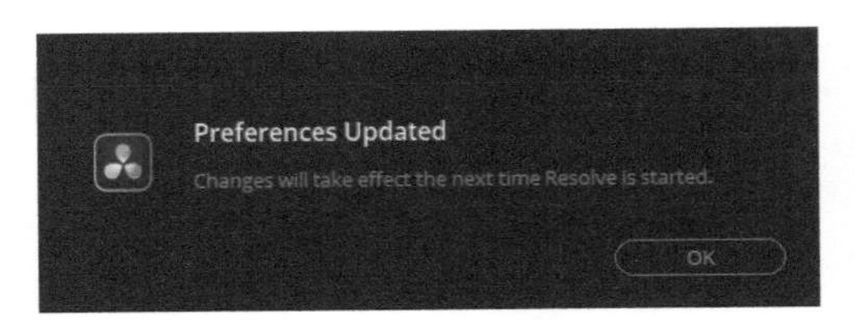

图 1-9

1.3 新建项目 浪漫情人节

启动达芬奇后，会进入项目管理器，单击“新建项目”按钮，即可新建一个项目文件。此外，用户还可以在已创建项目文件的情况下，在达芬奇的工作界面中，通过在菜单栏中执行“文件”|“新建项目”命令，再次创建一个项目文件。

步骤 01 启动达芬奇，进入项目管理器，单击“新建项目”按钮，如图 1-10 所示。

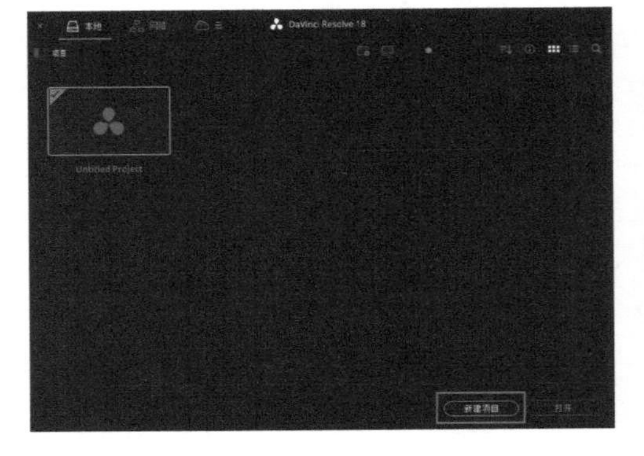

图 1-10

步骤 02 弹出“新建项目”对话框，在文本框中输入项目名称，单击“创建”按钮，如图 1-11 所示，即可创建项目文件。

图 1-11

步骤 03 进入达芬奇的工作界面，在菜单栏中执行“文件”|“新建项目”命令，如图 1-12 所示。

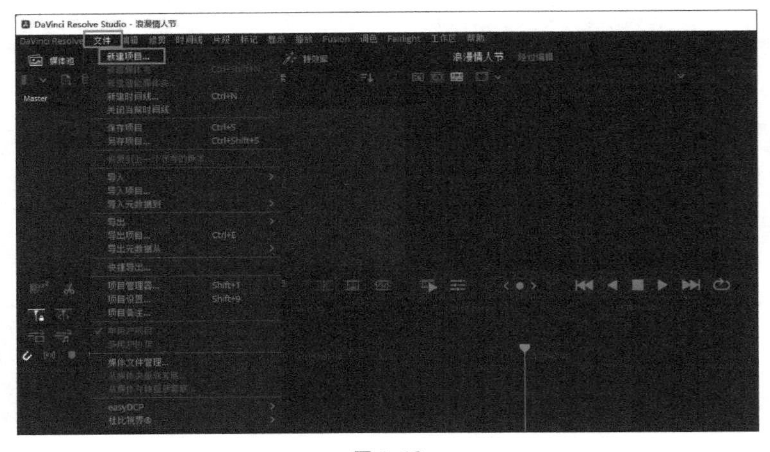

图 1-12

步骤 04 弹出“新建项目”对话框，在文本框中输入项目名称，单击“创建”按钮，如图 1-13 所示，即可再次创建一个项目文件。

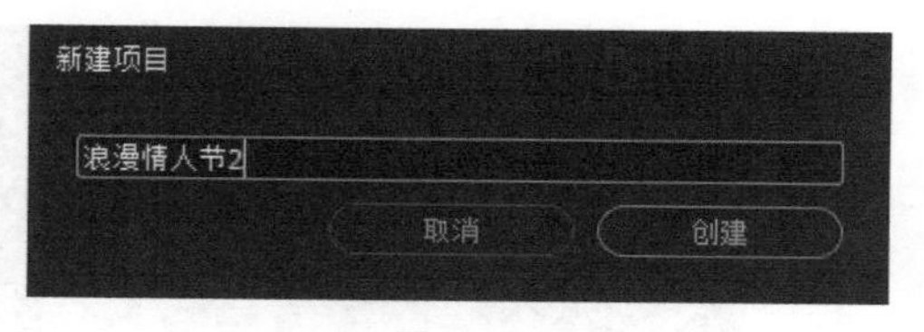

图 1-13

提示

当用户正在编辑的文件没有保存时，再次新建项目会弹出提示框，提示用户当前编辑的项目文件未被保存。单击“保存”按钮，即可保存项目文件；单击“不保存”按钮，将不保存项目文件；单击“取消”按钮，将取消新建项目文件的操作。

1.4 导入视频 古调文艺片

在达芬奇中，用户可以先将视频素材导入“媒体池”面板中，再将素材添加至“时间线”面板进行剪辑。下面介绍具体的操作步骤。图 1-14 所示为导入的视频文件的效果。

图 1-14

步骤 01 新建“古调文艺片”项目文件，进入“快编”界面，在界面底部的导航栏中单击“媒体”图标，如图 1-15 所示，切换至“媒体”界面。

图 1-15

步骤 02 在左上角的“媒体存储”面板中单击对应的磁盘目录，打开存放素材的文件夹，选择“古调文艺片”素材，按住鼠标左键将其拖曳到下方的“媒体池”面板中，如图 1-16 所示。

图 1-16

步骤 03 在界面底部的导航栏中单击“剪辑”图标，如图 1-17 所示，切换至“剪辑”界面。

图 1-17

步骤 04 在“媒体池”面板中选中“古调文艺片”素材，按住鼠标左键将其拖曳至“时间线”面板中，执行操作后，系统将自动创建相应的时间线，如图 1-18 所示。

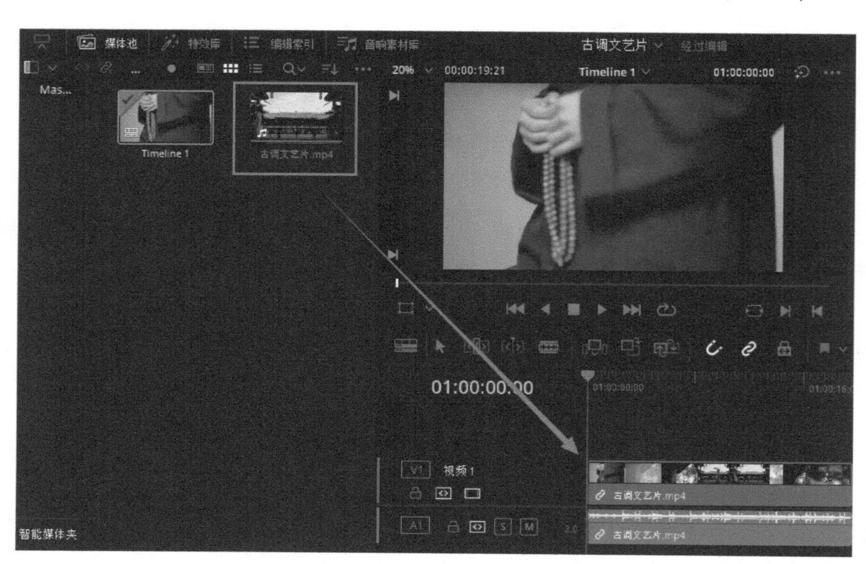

图 1-18

提示

在将素材导入“媒体池”面板中的时候，有时会弹出“更改项目帧率？”对话框，如图 1-19 所示。在对话框中若单击“更改”按钮，则会更改时间线帧率，以和素材片段帧率匹配；若单击“不更改”按钮，则不会对项目帧率进行更改。

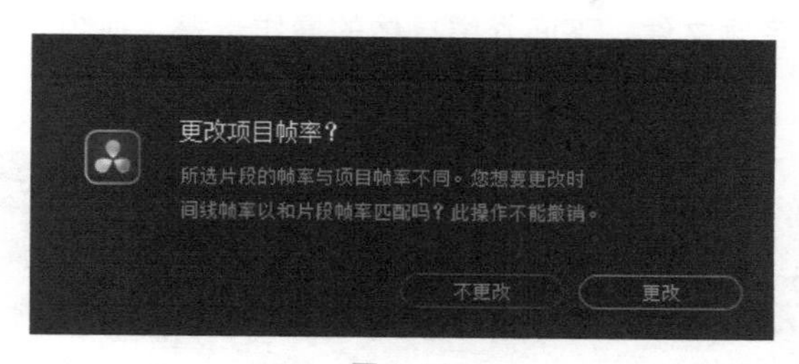

图 1-19

知识专题：“媒体”界面

“媒体”界面主要用于进行素材的导入和管理，其完整界面如图 1-20 所示。左上角为“媒体存储”面板，单击对应的磁盘目录，找到存放素材的文件夹，单击相应素材，中间的“素材监视器”会显示素材的实时画面，可以方便用户快速挑选想要的素材。最右边的“元数据”面板会显示素材的大小、帧率等各种具体信息。挑选完合适的素材后，可以按住鼠标左键将素材拖曳到下方的“媒体池”面板中，以备下一步的剪辑操作。

图 1-20

1.5　导入音频 清晨的鸟鸣

在“时间线”面板中添加一个带有音频的素材文件后，系统将自动添加视频轨道和音频轨道；但若导入的素材文件属于无声素材，要想获得一个声画俱全的视频，则需另外添加音频文件。下面介绍具体的操作步骤，视频文件的效果如图 1-21 所示。

图 1-21

步骤 01　启动达芬奇，打开“清晨的鸟鸣”项目文件，在“媒体池”面板的空白处用鼠标右键单击，弹出快捷菜单，选择“导入媒体”选项，如图 1-22 所示。

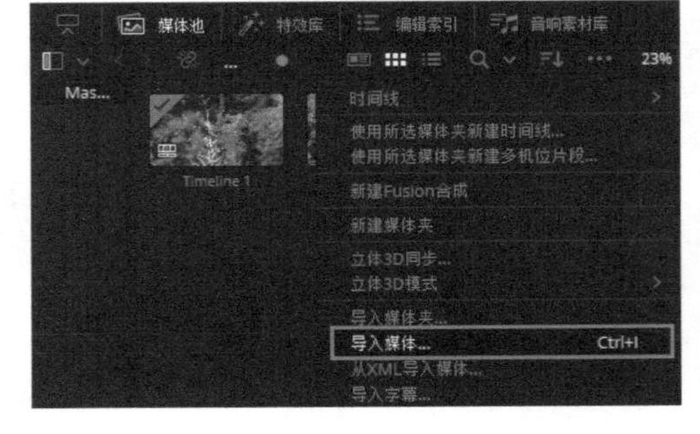

图 1-22

步骤 02　在“导入媒体”对话框中打开素材文件所在的文件夹，选择“鸟鸣”音效素材，单击“打开”按钮，如图 1-23 所示，即可将该素材添加至“媒体池”面板中。

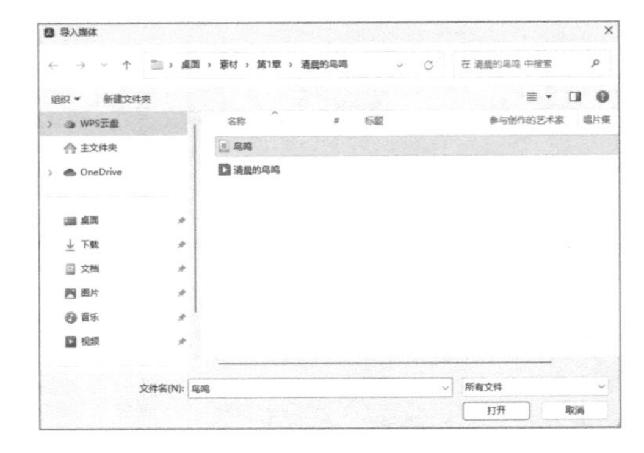

图 1-23

步骤 03 在“媒体池”面板中选中“鸟鸣”音效素材，按住鼠标左键将其拖曳至“时间线”面板中，执行操作后，“时间线”面板中将添加一条音频轨道，如图 1-24 所示。

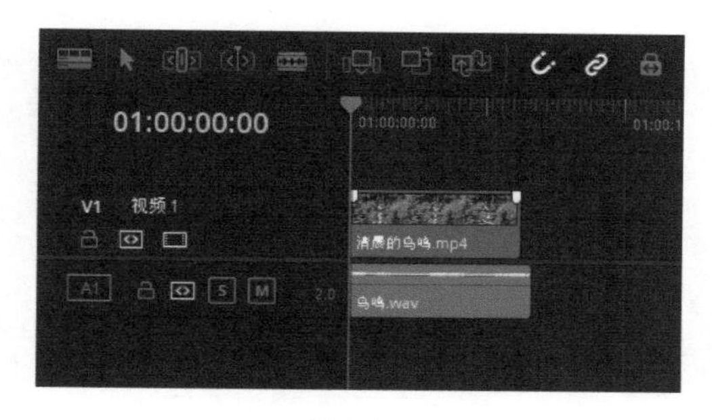

图 1-24

步骤 04 将鼠标指针移至音频的末端，当鼠标指针呈修剪形状时，按住鼠标左键并向左拖曳至视频结束位置，如图 1-25 所示，然后释放鼠标，即可完成调整音频时长的操作。

图 1-25

1.6 导入图片 呆萌小猫咪

在达芬奇中，用户不仅可以导入视频素材和音频素材，也可以导入图片素材，并将其添加到“时间线”面板中。下面介绍具体的操作步骤，图 1-26 所示为导入的图片素材的效果。

图 1-26

步骤 01 新建“呆萌小猫咪”项目文件，进入“剪辑”界面，在“媒体池”面板的空白处用鼠标右键单击，弹出快捷菜单，选择“导入媒体”选项，如图1-27所示。

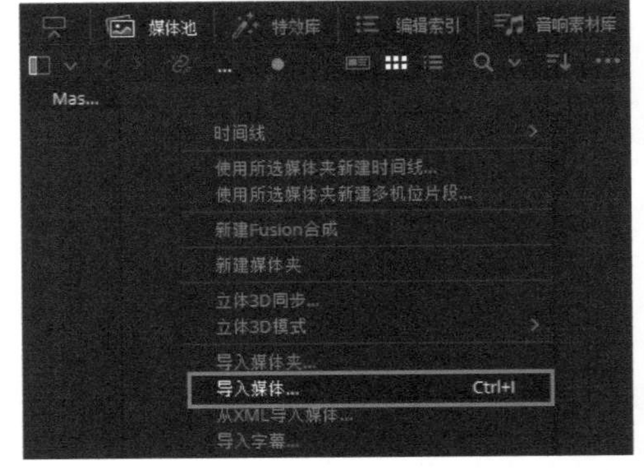

图 1-27

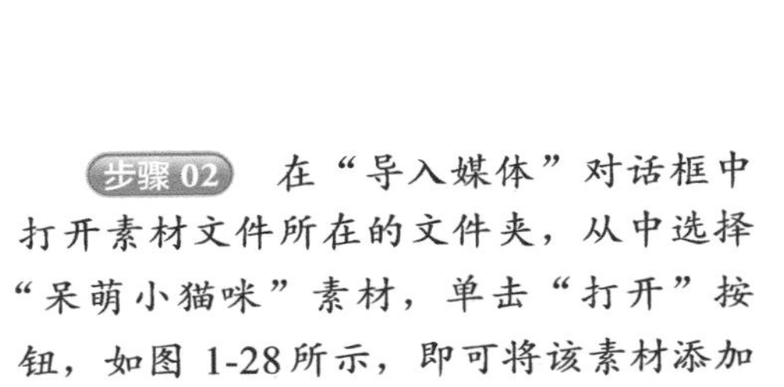

步骤 02 在“导入媒体”对话框中打开素材文件所在的文件夹，从中选择“呆萌小猫咪”素材，单击“打开”按钮，如图 1-28所示，即可将该素材添加至“媒体池”面板中。

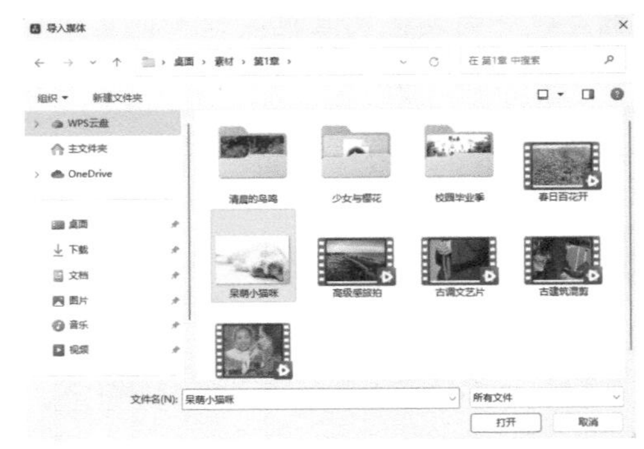

图 1-28

步骤 03 在“媒体池”面板中选中“呆萌小猫咪”素材，按住鼠标左键将其拖曳至“时间线”面板中，执行操作后，可以看到其默认时长为5秒，如图 1-29所示。

图 1-29

步骤 04 将鼠标指针移至图片素材的末端，待鼠标指针呈修剪形状时，按住鼠标左键向右拖曳，即可延长图片素材的持续时间，如图 1-30所示。

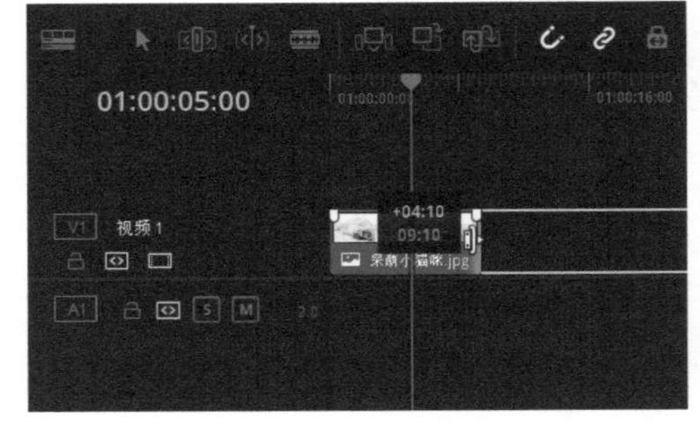

图 1-30

1.7　导入字幕 美味小龙虾

倘若用户平时在上网的时候遇到了一个非常喜欢的字幕，想将其应用到视频中，可直接将字幕导入达芬奇的剪辑项目中。下面介绍具体的操作步骤，图 1-31 所示为添加字幕后的视频效果。

图 1-31

步骤 01 启动达芬奇，打开“美味小龙虾”项目文件，进入“剪辑”界面，在“媒体池”面板的空白处用鼠标右键单击，弹出快捷菜单，选择“导入媒体”选项，如图 1-32 所示。

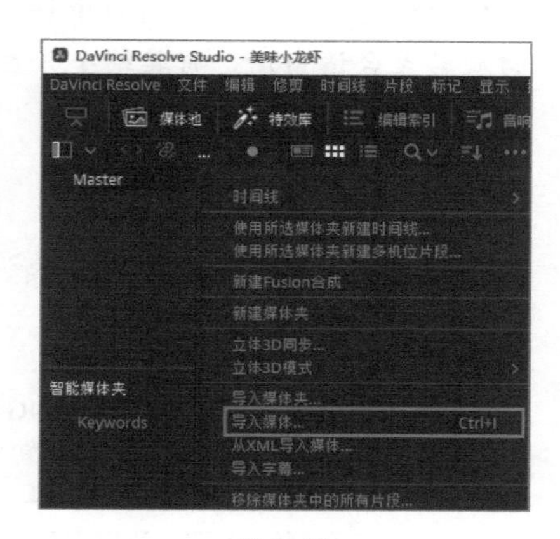

图 1-32

步骤 02 在“导入媒体”对话框中打开素材文件所在的文件夹，选择“字幕”素材，单击“打开”按钮，如图 1-33 所示，即可将该素材添加至“媒体池”面板中。

图 1-33

步骤 03　在“媒体池”面板中选中“字幕”素材，按住鼠标左键将其拖曳至“时间线”面板中，并置于视频素材的上方，如图 1-34 所示。

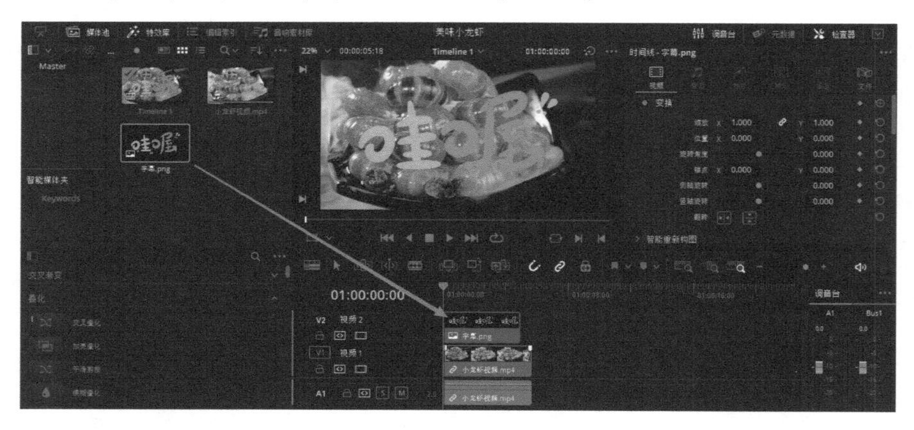

图 1-34

步骤 04　在“时间线”面板中选中字幕素材，在预览窗口的左下角单击“变换”按钮后，在预览窗口中将字幕素材旋转至合适角度，将其缩小并置于画面的右上角，如图 1-35 所示。

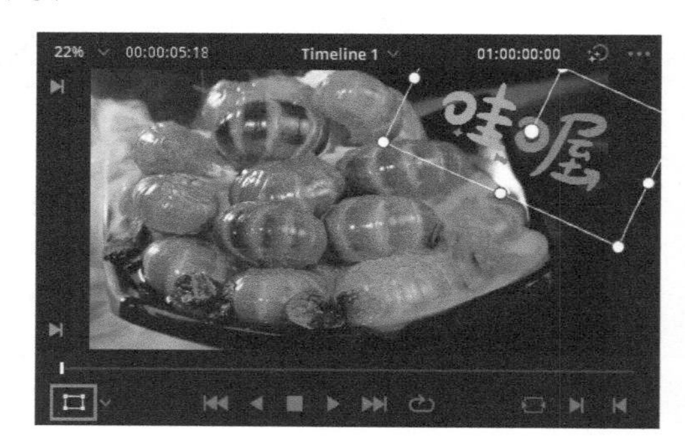

图 1-35

提示

上述案例中使用的字幕素材为PNG格式的免抠图片，所以直接使用导入图片素材的方式添加即可。除此之外，用户还可以通过在“媒体池”面板的空白处用鼠标右键单击，在弹出的快捷菜单中选择“导入字幕”选项添加字幕，不过，通过该方式导入的字幕文件的格式需要是DFXP、MXF、SXT、TTML、VTT、WEBVTT或XML。

1.8　新建时间线 秋日野餐记

在达芬奇中，除了可以通过拖曳素材至“时间线”面板中来新建时间线，还可以通过“媒体池”面板新建时间线。下面介绍具体操作方法，视频文件的效果如图 1-36 所示。

步骤 01　启动达芬奇，打开“秋日野餐记”项目文件，在“媒体池”面板的空白处用鼠标右键单击，弹出快捷菜单，选择“时间线”|“新建时间线”选项，如图 1-37 所示。

图 1-36

步骤 02　弹出“新建时间线”对话框，在“时间线名称”文本框中输入时间线名称，单击“创建”按钮，如图1-38所示。

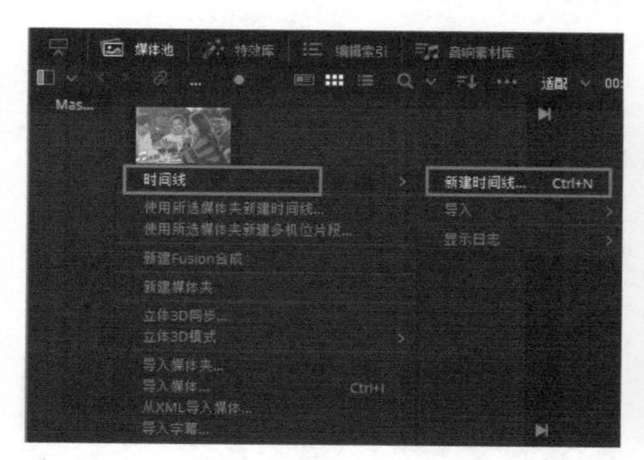

图 1-37

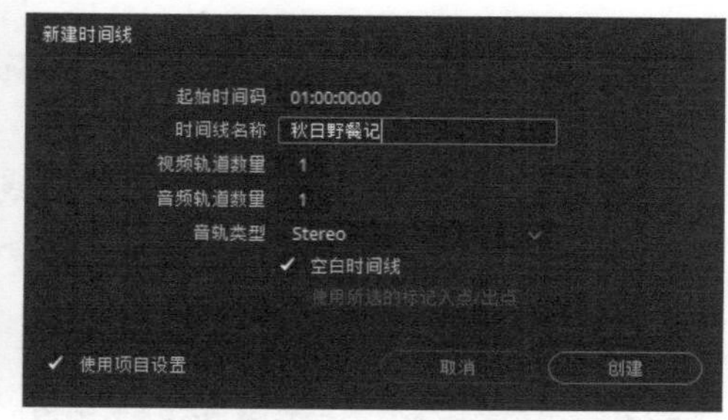

图 1-38

步骤 03　执行操作后，即可在剪辑项目中创建一个时间线。在“媒体池”面板中选中“秋日野餐记”素材，如图 1-39 所示，按住鼠标左键将其拖曳至“时间线”面板中，如图 1-40 所示。执行操作后，可以在预览窗口中查看添加的素材的画面。

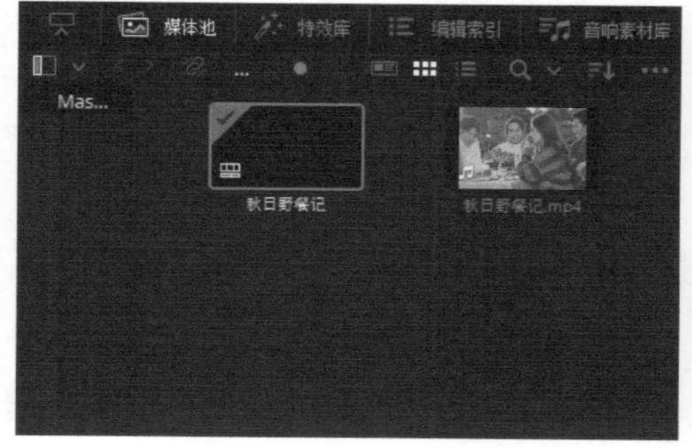

图 1-39

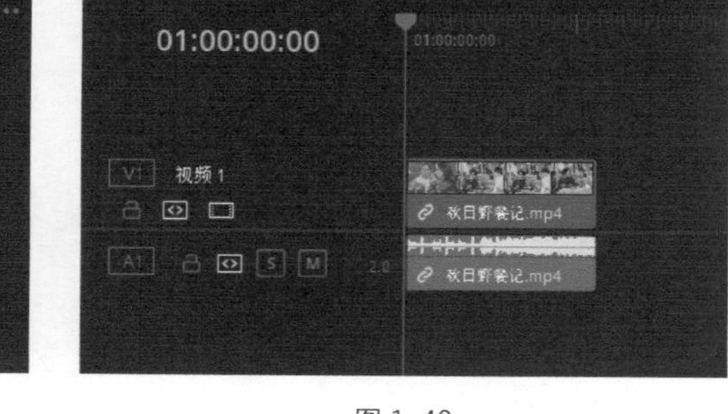

图 1-40

1.9 视图显示 古建筑混剪

在“时间线”面板中，通过调整轨道大小，可以控制“时间线”面板显示的视图尺寸。下面介绍具体操作方法，视频文件的效果如图 1-41 所示。

图 1-41

步骤 01 启动达芬奇，打开“古建筑混剪”项目文件，进入“剪辑”界面，如图 1-42 所示。

步骤 02 将鼠标指针移动至“时间线”面板的轨道线上，鼠标指针将呈双向箭头形状，如图 1-43 所示。

图 1-42

图 1-43

步骤 03 按住鼠标左键拖曳，即可调整“时间线”面板中的视图尺寸，如图 1-44 所示。

提示

上述案例介绍的是调整“时间线”面板中视图尺寸的方法，如需调整其他面板中的视图尺寸，也可以使用该方法。

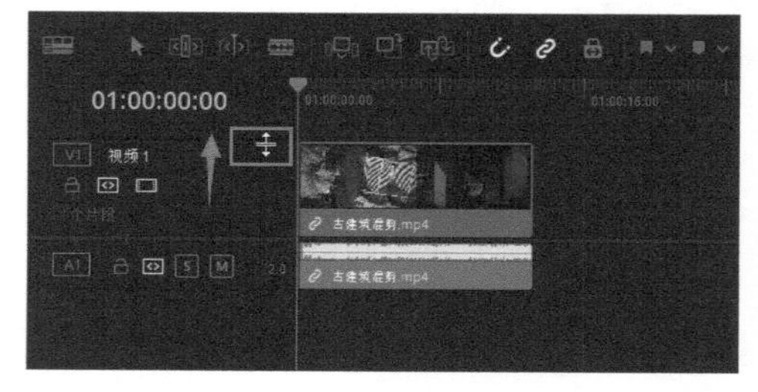

图 1-44

1.10 禁用轨道 春日百花开

在“时间线”面板中，用户可以激活或禁用轨道中的素材文件。下面介绍具体的操作方法，视频文件的效果如图 1-45 所示。

图 1-45

提示

当禁用某条轨道上的素材之后，预览窗口中不再显示该轨道上的素材的画面。

步骤 01 启动达芬奇，打开“春日百花开”项目文件，进入“剪辑”界面。在“时间线”面板中，单击“禁用视频轨道”按钮，即可禁用视频轨道上的素材，如图 1-46和图 1-47所示。

图 1-46

图 1-47

步骤 02 执行操作后，监视器中的画面将无法播放，单击“启用视频轨道”按钮，即可激活视频轨道上的素材，如图 1-48和图 1-49所示。

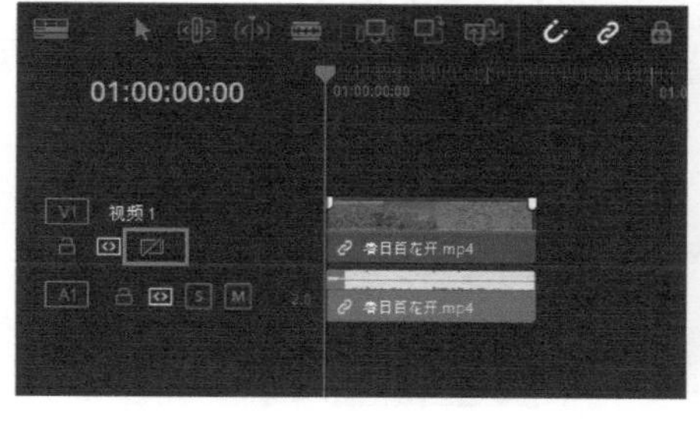

图 1-48

图 1-49

1.11 移动轨道 唯美火烧云

在达芬奇中，当“时间线”面板中的视频轨道有一条以上时，可以上下移动素材。下面介绍具体操作方法，视频文件的效果如图 1–50 所示。

图 1–50

步骤 01 启动达芬奇，打开“唯美火烧云”项目文件，进入“剪辑”界面。在 V2 轨道上用鼠标右键单击，弹出快捷菜单，选择“上移轨道”选项，如图 1-51 所示。

步骤 02 执行操作后，V2 轨道和 V3 轨道上的素材将被互换位置，如图 1-52 所示。

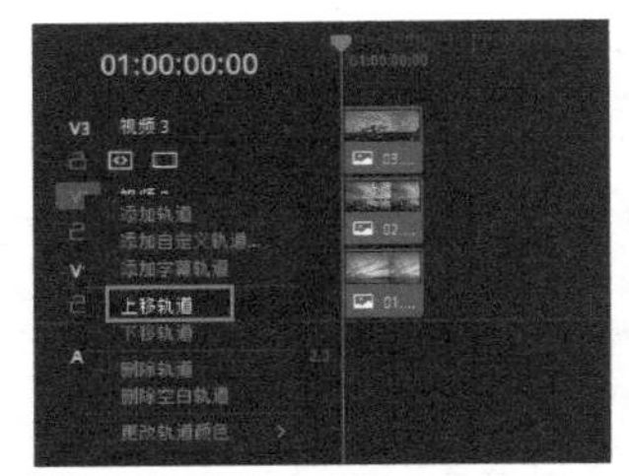

图 1–51

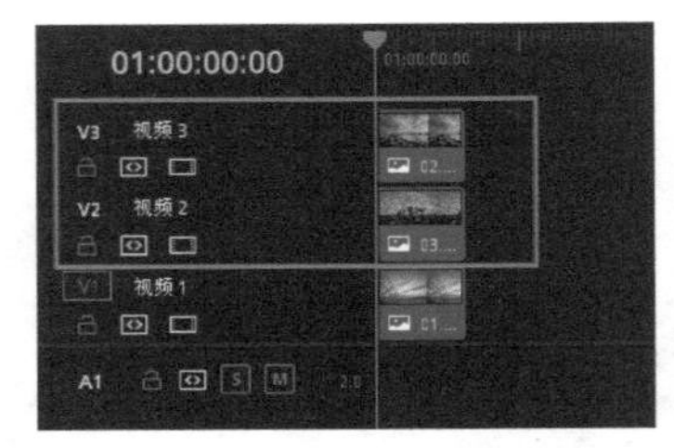

图 1–52

步骤 03 在“时间线”面板中选中 V1 轨道上的素材，按 Delete 键删除。执行操作后，V1 轨道将变成一条空白轨道，如图 1-53 所示。

步骤 04 在“时间线”面板上用鼠标右键单击，弹出快捷菜单，选择“删除空白轨道”选项，如图 1-54 所示。执行操作后，即可将“时间线”面板中的空白轨道删除。

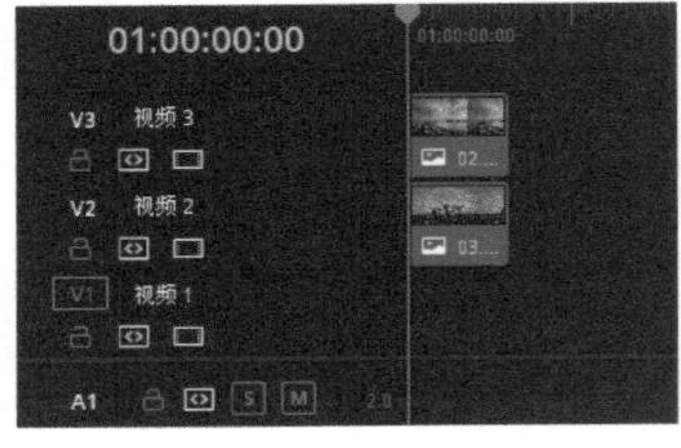

图 1–53

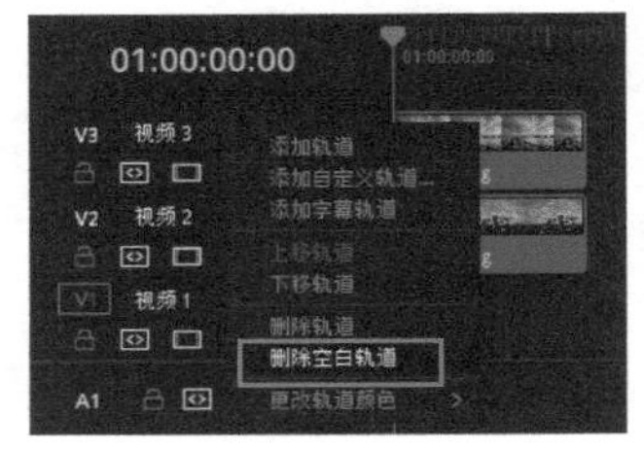

图 1–54

1.12 轨道颜色 雨中青柠檬

在达芬奇的“时间线”面板中，视频轨道上的素材默认为蓝色，用户可以更改轨道上素材显示的颜色。下面介绍具体操作方法，视频文件的效果如图 1-55 所示。

图 1-55

步骤 01 启动达芬奇，打开“雨中青柠檬”项目文件，进入“剪辑”界面，在“时间线”面板中可以查看视频轨道上素材显示的颜色，如图 1-56 所示。

步骤 02 在视频轨道上用鼠标右键单击，弹出快捷菜单，选择“更改轨道颜色”|“绿色”选项，如图 1-57 所示。

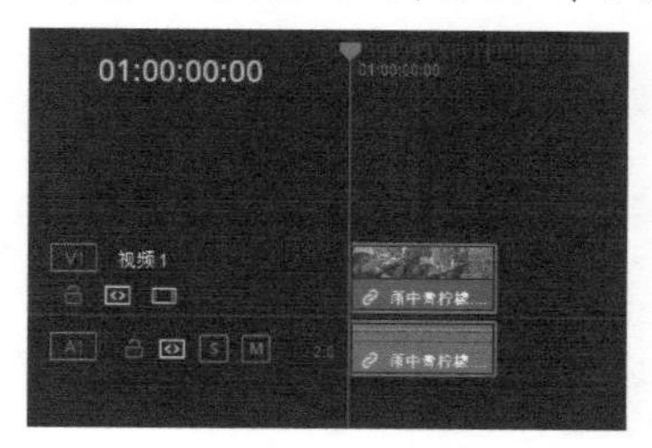

图 1-56

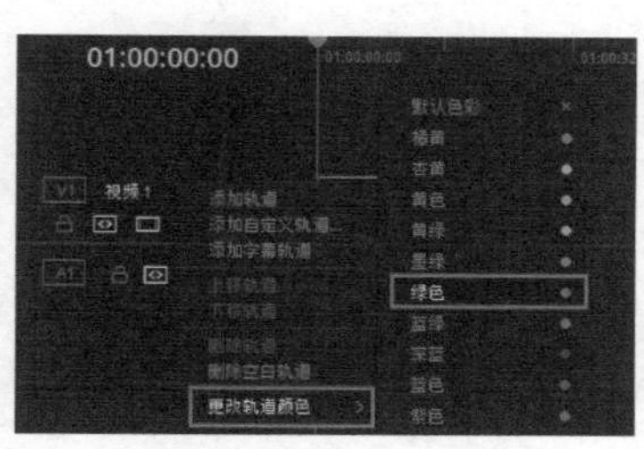

图 1-57

步骤 03 执行操作后，即可更改轨道上素材显示的颜色，如图 1-58 所示。

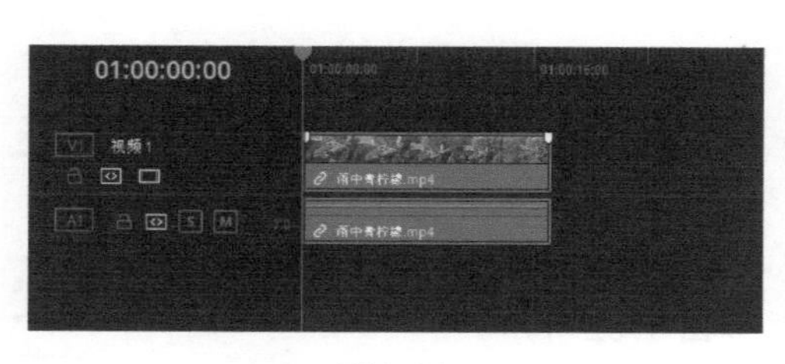

图 1-58

提示

用户还可以采用同样的方法，在音频轨道上单击鼠标右键，在弹出的快捷菜单中选择“更改轨道颜色”选项，在弹出的子菜单中选择需要使用的颜色，修改音频轨道上素材显示的颜色。

1.13 导出项目 少女与樱花

用户在达芬奇中完成后期编辑工作后，可以将视频以项目文件的形式从达芬奇中导出，后期需要修改时，可以直接打开项目文件进行修改。下面介绍具体的操作方法，视频文件的效果如图 1-59 所示。

图 1-59

步骤 01 在达芬奇中完成剪辑工作后，在菜单栏中执行“文件”|“导出项目”命令，如图 1-60 所示。

步骤 02 在“导出项目文件”对话框中，设置好文件名称和保存类型，单击“保存”按钮，如图 1-61 所示。

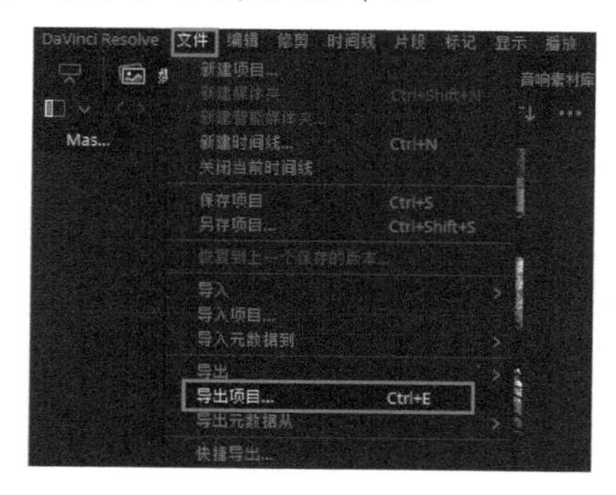

图 1-60

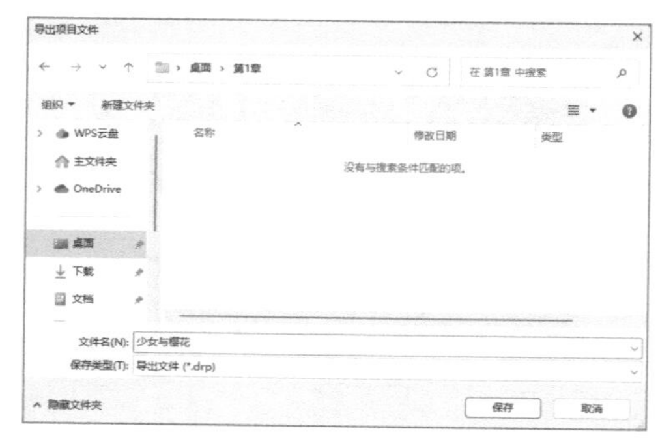

图 1-61

步骤 03 执行操作后，打开保存项目文件的文件夹，从中可以查看刚刚保存的项目，如图 1-62 所示。

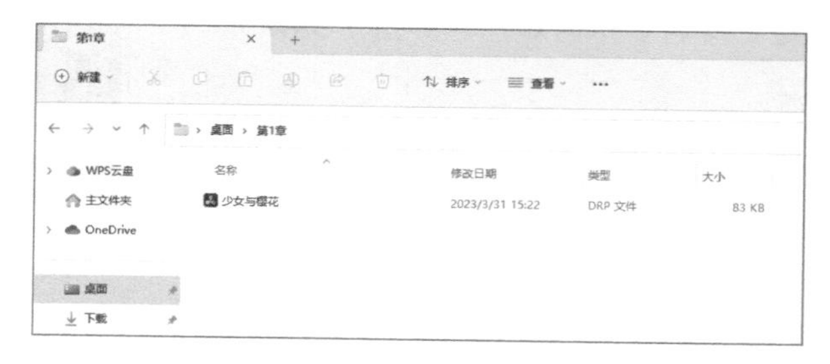

图 1-62

1.14 打开项目 校园毕业季

用户需要对原先导出的项目进行修改时，可以直接打开项目文件，进入达芬奇的工作界面进行操作。下面将介绍具体的操作方法，视频文件的效果如图 1-63 所示。

图 1-63

步骤 01 打开“校园毕业季”项目文件所在的文件夹，如图 1-64 所示。

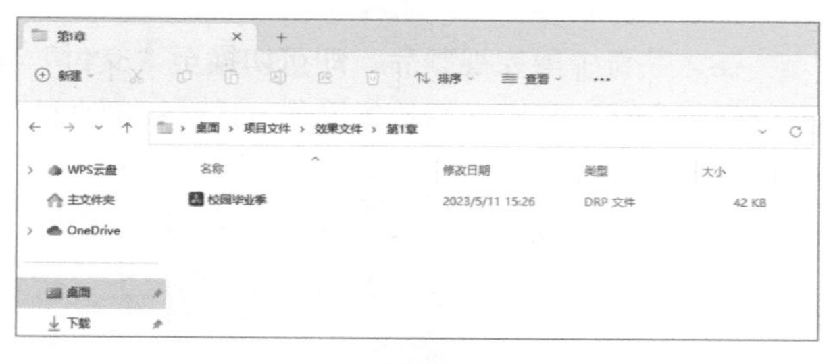

图 1-64

步骤 02 在文件夹中选择“校园毕业季”项目文件，用鼠标右键单击，弹出快捷菜单，选择“打开方式”|“DaVinci Resolve”选项，如图 1-65 所示。

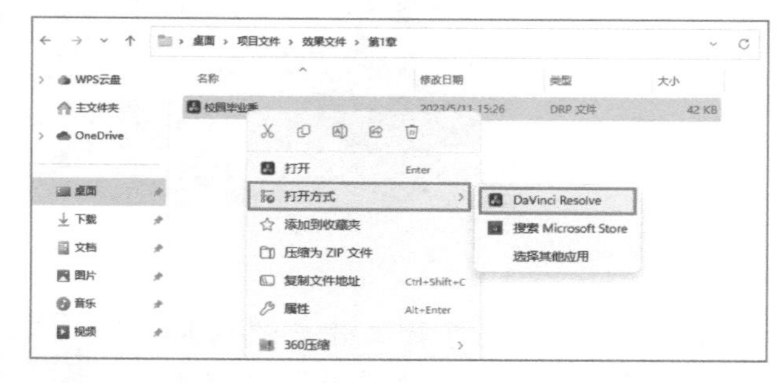

图 1-65

步骤 03 执行操作后，即可进入达芬奇启动界面，如图 1-66 所示。

步骤 04 稍等片刻，即可打开项目文件，进入达芬奇的“剪辑”界面，如图 1-67 所示，用户可以继续编辑该项目文件。

图 1-66

图 1-67

1.15　导出成片 新楼盘大促

在达芬奇中剪完视频后，即可切换至“交付”界面，将制作的成品输出为一个完整的视频文件。下面介绍具体操作方法，视频文件的效果如图 1-68 所示。

图 1-68

步骤 01　完成剪辑工作后，切换至“交付”界面，在“渲染设置”|“渲染设置 -Custom Export”面板中，设置文件名称和保存位置，如图 1-69 所示。

图 1-69

步骤 02　在“导出视频”选项区中，单击“格式”选项右侧的下拉按钮，在弹出的下拉列表中选择“MP4”选项，如图 1-70 所示。

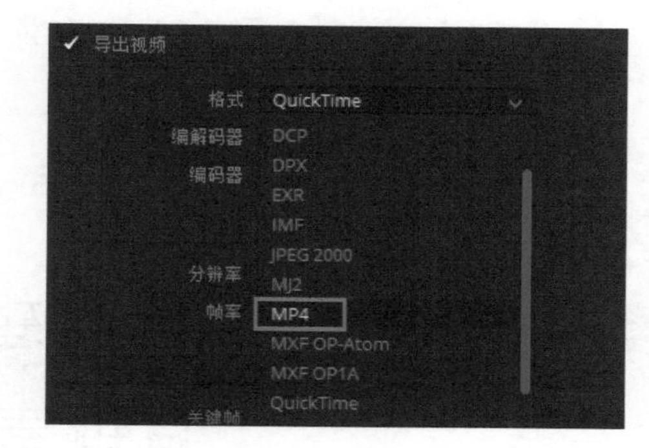

图 1-70

步骤 03　单击“添加到渲染队列”按钮，如图 1-71 所示。将视频文件添加到右上角的“渲染队列”面板中，单击面板下方的“渲染所有”按钮，如图 1-72 所示。

图 1-71

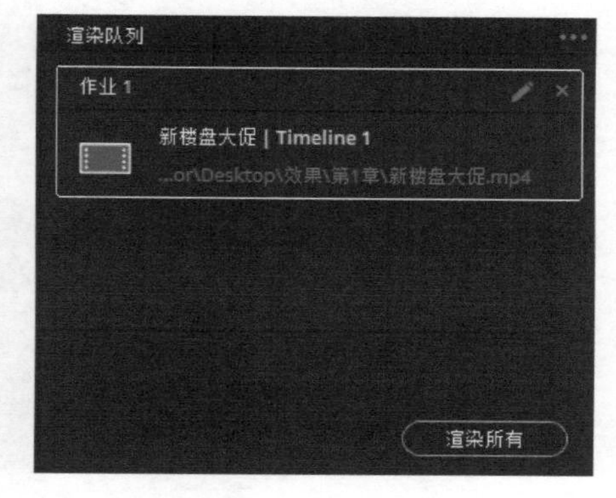

图 1-72

步骤 04　执行操作后，开始渲染视频文件，并显示视频渲染进度。渲染完成后，渲染列表中会显示渲染用时，表示渲染成功，如图 1-73 所示。在保存渲染视频的文件夹中，可以查看渲染输出的视频。

图 1-73

第 2 章

基础剪辑：调整与编辑素材文件

在达芬奇中，用户可以对素材进行相应的编辑，使制作的视频更为生动、美观。本章主要介绍复制、插入、分割、标记及修剪等内容。通过本章的学习，读者可以掌握在达芬奇中编辑素材文件的操作方法。

2.1 复制素材 旅拍风景大片

在达芬奇中编辑素材文件时，如果一个素材需要多次使用，可以使用“复制”和“粘贴”命令来实现。下面介绍对素材进行复制操作的方法，视频文件的效果如图 2-1 所示。

图 2-1

步骤 01 启动达芬奇，打开“旅拍风景大片”项目文件，进入“剪辑”界面，在“时间线”面板中选中素材，如图 2-2 所示。

步骤 02 在菜单栏中执行“编辑”|“复制”命令，如图 2-3 所示。

图 2-2

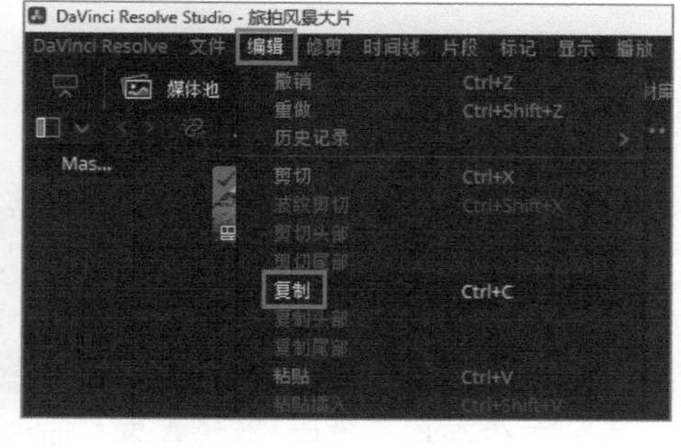

图 2-3

步骤 03 在“时间线”面板中，将时间指示器移至素材末端，如图 2-4 所示。

步骤 04 在菜单栏中执行“编辑”|“粘贴”命令，如图 2-5 所示。

图 2-4

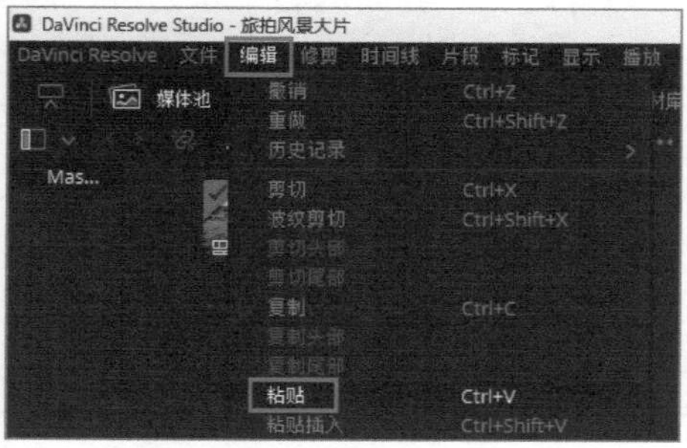

图 2-5

步骤 05 执行操作后，即可在“时间线”面板中时间指示器所在位置粘贴复制的素材，此时时间指示器会自动移至粘贴的素材的末端，如图 2-6所示。

图2-6

提示

除上述案例演示的操作方法外，用户还可以通过以下两种方式复制素材文件。第一种，在“时间线”面板中选中素材，按快捷键Ctrl+C，复制素材后，移动时间指示器至合适位置，按快捷键Ctrl+V，即可粘贴复制的素材。第二种，选中“时间线”面板中的素材，用鼠标右键单击，弹出快捷菜单，选择“复制”选项，即可复制素材；然后移动时间指示器至合适位置，在轨道中用鼠标右键单击，弹出快捷菜单，选择“粘贴”选项，即可粘贴复制的素材。

知识专题:“剪辑”界面

图2-7所示为达芬奇的“剪辑”界面，大部分的后期剪辑工作都在此界面中完成。在左上方的“媒体池”面板中，可以看到导入的素材文件。中间有两个监视器，左边的是“素材监视器”，右边的是“时间线监视器”，可以分别用于浏览“媒体池”面板和“时间线”面板中的素材画面。

界面的右上角有“调音台”“元数据”“检查器”3个按钮，分别用于切换相应的工作面板。其中，“检查器”面板是用户在剪辑操作过程中最常使用的面板，在其中可以针对单个素材进行缩放、旋转、裁切、镜头校正等各项基本操作。

界面的左下角为“特效库”面板，在其中可以为素材添加特效、转场、字幕等内容。界面的右下角为“时间线”面板，素材的剪辑、拼接，音乐、音效及字幕的添加等各项工作都需要在此面板中完成。“时间线”面板上方是工具栏，选中、切断和链接素材的一些基本工具都存放在此处。

图2-7

2.2 插入素材 时尚潮流服饰

达芬奇支持用户在原素材中间插入新素材，方便用户多向编辑素材文件。下面介绍具体的操作方法，视频效果如图 2-8 所示。

图2-8

步骤 01 启动达芬奇，打开“时尚潮流服饰”项目文件，进入“剪辑”界面，将时间指示器移至01:00:04:00 处，如图 2-9 所示。

步骤 02 在“媒体池”面板中，选择相应的素材02，如图 2-10 所示。

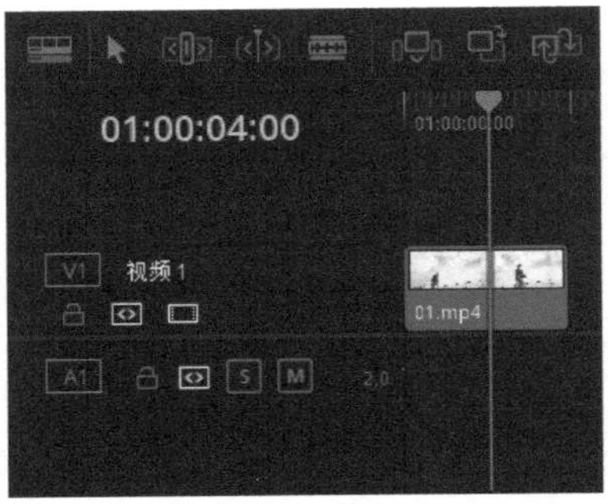

图2-9

图2-10

步骤 03 在“时间线”面板的工具栏中，单击“插入片段”按钮，如图 2-11 所示。

步骤 04 执行操作后，即可将“媒体池”面板中选中的视频素材插入“时间线”面板的时间指示器处，如图 2-12 所示。

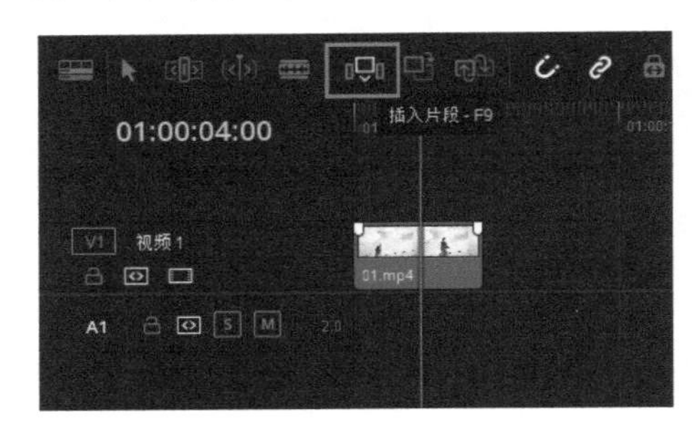

图2-11

图2-12

步骤 05 在“时间线”面板中为视频添加一首合适的背景音乐，并将其裁剪至和视频同长，如图 2-13 所示。

图2-13

提示

将时间指示器移至视频中间的任意位置，插入新的素材片段后，视频轨道中的原视频会被分割为两个视频素材。

2.3 分割素材 青春校园写真

在“时间线”面板中，用工具栏中的刀片工具可以将素材分割为多个素材片段。下面介绍具体的操作方法，视频效果如图 2-14 所示。

图2-14

步骤 01 启动达芬奇，打开“青春校园写真”项目文件，进入“剪辑”界面。在“时间线”面板的工具栏中，单击“刀片编辑模式”按钮，如图 2-15 所示。执行操作后，鼠标指针将变成刀片工具图标，如图 2-16 所示。

图2-15

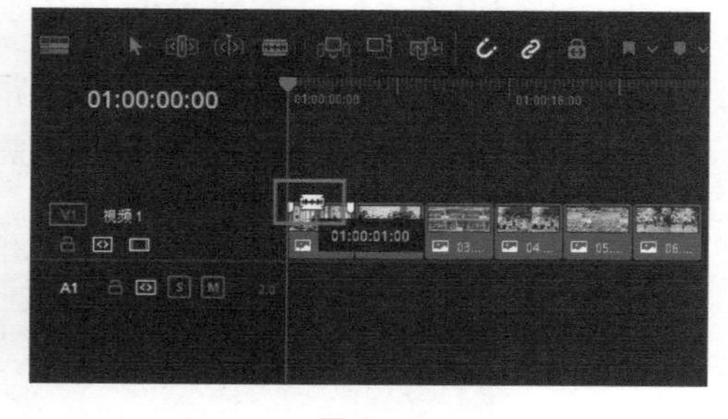

图2-16

步骤 02 将鼠标指针移至视频素材需要进行分割的位置，单击即可将素材分割为两个片段，如图 2-17 所示。参照上述操作方法将余下的素材分割，如图 2-18 所示。

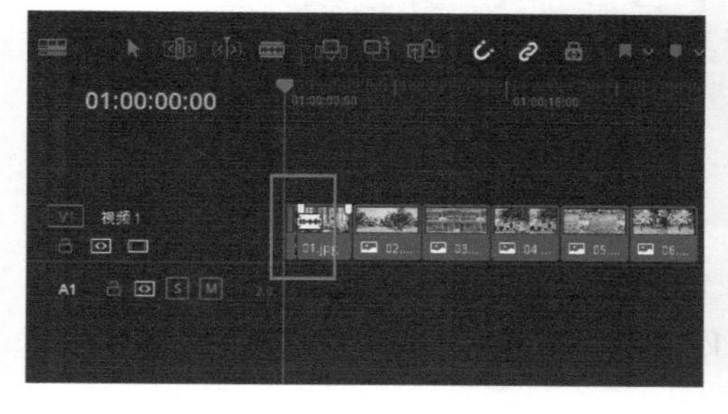

图2-17

图2-18

步骤 03 在“时间线”面板的工具栏中，单击“选择模式”按钮，如图 2-19 所示。在视频轨道中选中需要删除的素材片段，按Delete键删除，如图 2-20 所示。

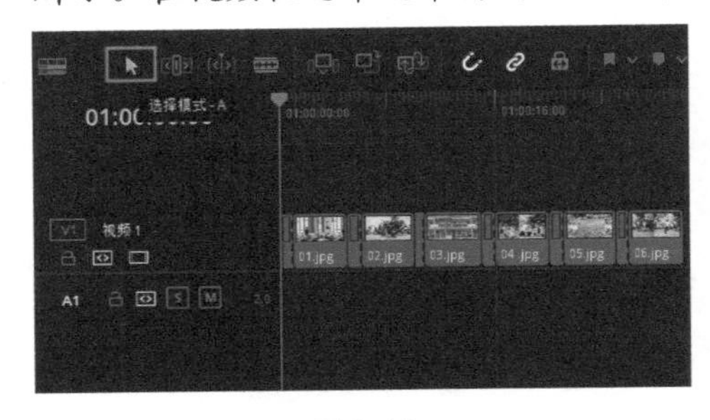

图 2-19

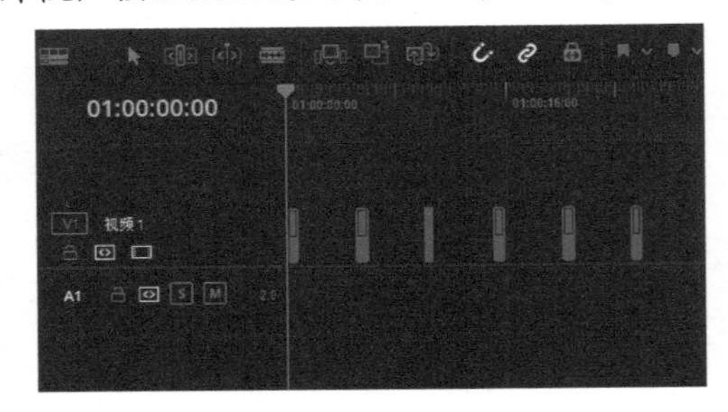

图 2-20

步骤 04 在“时间线”面板中选中素材02，按住鼠标左键将其向左拖曳，使其衔接在素材01的末端。参照上述操作方法将余下4段素材向左拖曳，最后为视频添加一首合适的背景音乐，并将其裁剪至和视频同长，如图 2-21 所示。

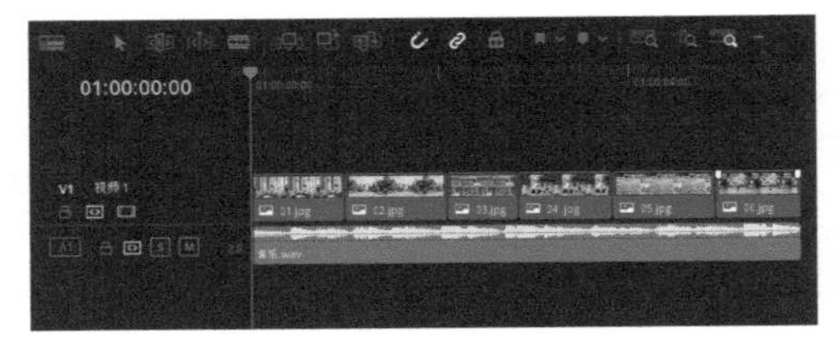

图 2-21

2.4　替换素材 春游快闪视频

在达芬奇的“剪辑”界面中编辑视频时，用户可以根据需要对素材文件进行替换操作，使制作的视频更加符合自己的需求。下面介绍将素材替换成其他素材的操作方法，视频效果如图 2-22 所示。

图 2-22

步骤 01 启动达芬奇，打开“春游快闪视频”项目文件，在视频轨道中选择需要替换的素材01，如图 2-23 所示。

步骤 02 在“媒体池”面板中选中素材02，如图 2-24 所示。

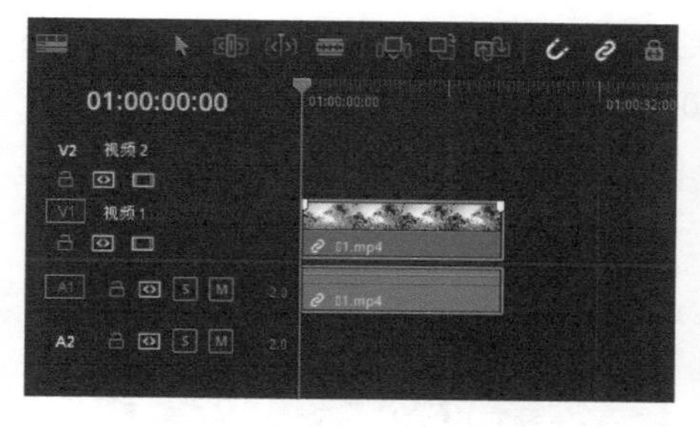

图 2-23

图 2-24

步骤 03 在菜单栏中执行“编辑”|“替换”命令，如图 2-25 所示。

步骤 04 执行操作后，即可替换“时间线”面板中的视频素材，如图 2-26 所示。在预览窗口中可以预览替换的素材的画面效果。

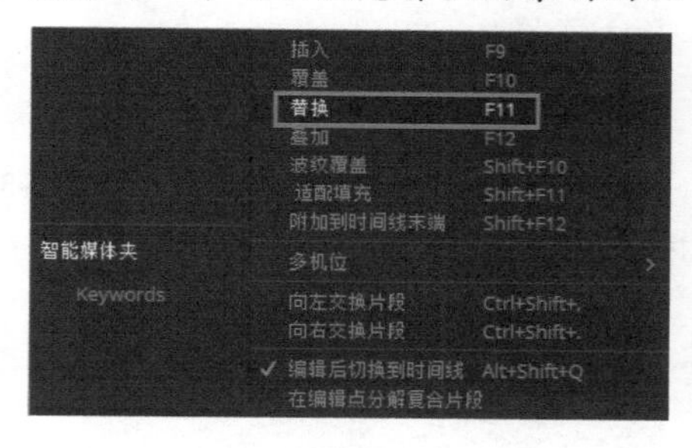

图 2-25

图 2-26

提示

在“媒体池”面板中选择需要替换的素材文件，用鼠标右键单击，弹出快捷菜单，选择“替换所选片段”选项，弹出“替换所选片段”对话框，在对话框中选择替换的视频素材并双击，即可快速替换“媒体池”面板中的素材文件。

2.5 覆盖素材 古装美人视频

当不再需要原视频素材中的部分视频片段时，可以使用达芬奇软件的“覆盖片段”功能，用一段新的视频素材覆盖原视频素材中不需要的部分，不需要剪辑和删除，也不需要替换，就能轻松处理。下面介绍覆盖素材文件的操作方法，视频效果如图 2-27 所示。

图 2-27

步骤 01 启动达芬奇，打开“古装美人视频”项目文件，进入“剪辑”界面。在“时间线”面板中将时间指示器移至01:00:12:04处，如图 2-28 所示。

步骤 02 在“媒体池”面板中，选择素材02，如图 2-29 所示。

图 2-28

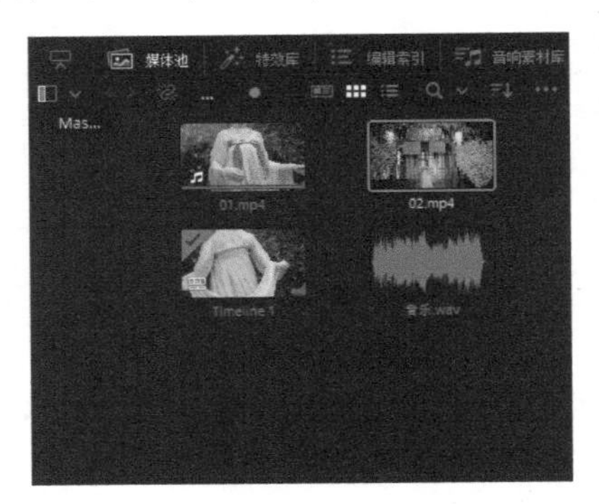

图 2-29

步骤 03 在“时间线”面板的工具栏中，单击“覆盖片段”按钮，如图 2-30 所示，即可在视频轨道中插入所选的视频素材，如图 2-31 所示。

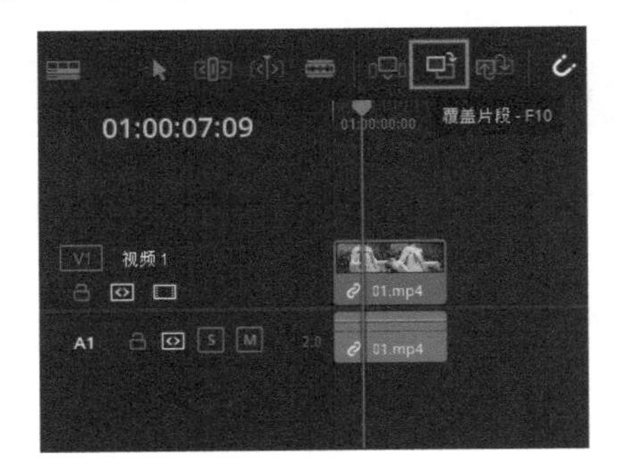

图 2-30

图 2-31

步骤 04 执行操作后，再为视频添加一首合适的背景音乐，并将其裁剪至和视频同长，如图 2-32 所示。

图 2-32

2.6 添加标记 萌娃写真相册

在达芬奇的“剪辑”界面中，标记主要用来记录视频中的某个画面，使用户更加方便地对视频进行编辑。下面介绍利用标记剪辑视频的操作方法，视频效果如图 2-33 所示。

图2-33

步骤 01 启动达芬奇，打开“萌娃写真相册”项目文件，进入“剪辑”界面。在“时间线”面板中将时间指示器移至01:00:00:19（音频的节奏点）处，如图 2-34 所示。

步骤 02 选中音频素材，在“时间线”面板的工具栏中，单击“标记”按钮，如图 2-35 所示。

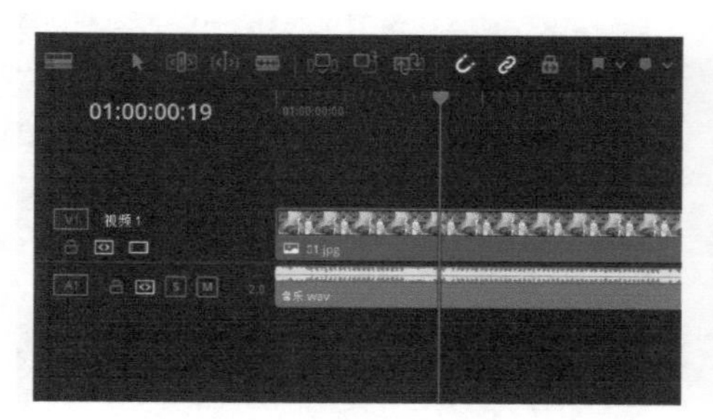

图2-34

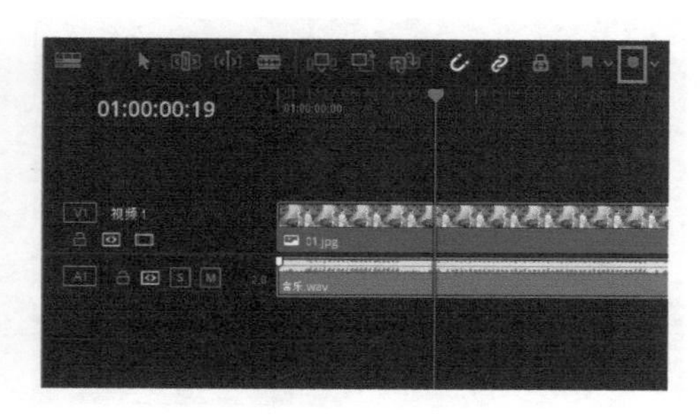

图2-35

步骤 03 执行操作后，即可在音频的01:00:00:19处添加一个蓝色标记，如图 2-36所示。在预览窗口中可以查看标记处的素材画面，如图 2-37所示。

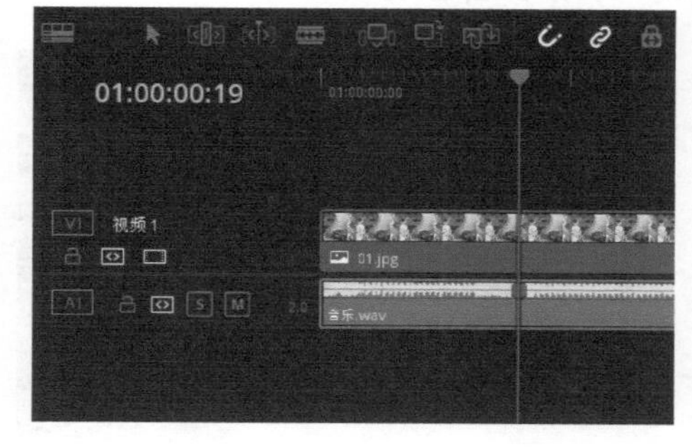

图2-36

图2-37

步骤 04 参照上述操作方法，在01:00:02:11、01:00:04:03、01:00:05:18、01:00:07:10、01:00:09:01、01:00:10:15处添加标记点，如图 2-38所示。将时间指示器移至第一个标记的位置，在“时间线”面板的工具栏中，单击“刀片编辑模式”按钮，鼠标指针将变成刀片工具图标，在时间指示器处单击，将素材01一分为二，如图 2-39所示。

图2-38

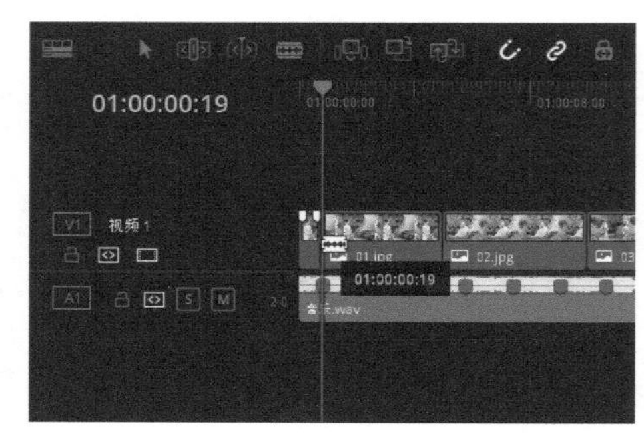

图2-39

步骤 05 选中分割出来的后半段素材，按Delete键删除，如图 2-40所示。在视频轨道中选中空白区域，按Delete键删除，素材02将自动衔接在素材01的末端，如图 2-41所示。

图2-40

图2-41

步骤 06 参照步骤04和步骤05的操作方法对余下素材进行分割，如图 2-42所示。执行操作后，将音频素材裁剪至和视频同长，如图 2-43所示。

图2-42

图2-43

2.7 分离音频 新疆天山雪景

在应用达芬奇软件剪辑视频素材时，默认状态下，“时间线”面板中视频轨道和音频轨道中的素材处于链接状态。当用户需要单独对视频文件或音频文件进行剪辑操作时，可以通过断开链接来分离视频文件和音频文件，对其执行单独的操作。下面介绍断开视频与音频链接的操作方法，视频效果如图 2-44 所示。

图 2-44

步骤 01 启动达芬奇，打开“新疆天山雪景”项目文件，进入“剪辑”界面。在“时间线”面板中选中视频素材，可以发现视频和音频处于链接状态，且缩略图上显示了链接图标，如图 2-45 所示。

步骤 02 在“时间线”面板中选中素材文件，用鼠标右键单击，弹出快捷菜单，选择“链接片段”选项，如图 2-46 所示，取消勾选。

图 2-45

图 2-46

步骤 03 执行操作后，即可断开视频和音频的链接。在“时间线”面板中选中音频素材，按 Delete 键删除，如图 2-47 所示。

步骤 04 在“媒体池”面板中选择音频素材，将其拖曳至“时间线”面板中，并裁剪至和视频同长，如图 2-48 所示。

图 2-47

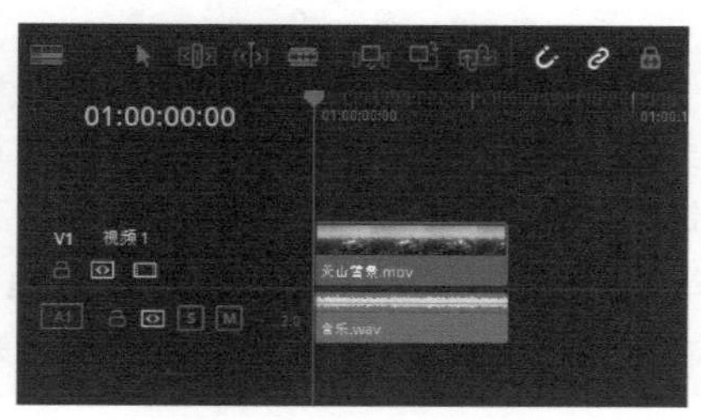

图 2-48

提示

除了上述分离视频与音频的方法，用户也可以在导入素材时，按住Alt键，在“媒体池”面板中将素材拖曳至视频轨道，以分离视频与音频。

2.8　修剪编辑 春日繁花似锦

在“时间线”面板的工具栏中，应用“修剪编辑模式”不仅可以修剪素材文件的时长区间，还可以调整素材的出入点。下面介绍应用“修剪编辑模式”修剪视频素材的操作方法，视频效果如图2-49所示。

图2-49

步骤01 启动达芬奇，打开“春日繁花似锦”项目文件，进入“剪辑”界面。在“时间线”面板的工具栏中单击“修剪编辑模式”按钮，如图2-50所示。

步骤02 执行操作后，鼠标指针将变成修剪工具图标，将鼠标指针移至素材03的下方，按住鼠标左键向左拖曳，素材03将覆盖素材02的后半段，如图2-51所示。

图2-50

图2-51

步骤03 将鼠标指针移至素材03的末端，当鼠标指针呈修剪形状时，按住鼠标左键向左拖曳，即可对素材03进行修剪，如图2-52所示。

步骤04 将鼠标指针移至素材03的上方，按住鼠标左键向左（或向右）拖曳，即可调整素材的出入点，如图2-53所示。

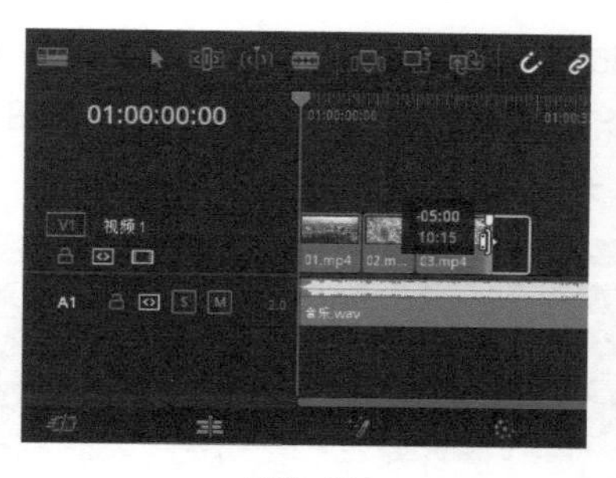

图2-52

图2-53

步骤 05 在“时间线”面板的工具栏中单击“选择模式”按钮，并将时间指示器移至视频的末端，如图2-54所示。

步骤 06 在“时间线”面板的工具栏中，单击“刀片编辑模式”按钮，鼠标指针将变成刀片工具图标，在时间指示器处单击音频，将音频素材一分为二，如图2-55所示。执行操作后，选中分割出来的后半段音频素材，按Delete键删除。

图2-54

图2-55

2.9 滑移剪辑 户外旅行记录

在达芬奇中，动态修剪模式有滑移和滑动两种，用户可以通过按S键进行切换。在讲述该功能的使用方法之前，需要先介绍一下在预览窗口中倒放、停止、正放的快捷键，分别是J键、K键、L键。下面介绍通过滑移功能剪辑视频素材的操作方法，视频效果如图2-56所示。

图2-56

步骤 01 启动达芬奇，打开“户外旅行记录”项目文件，进入“剪辑”界面。在“时间线”面板的工具栏中，单击“动态修剪模式（滑移）”按钮，如图 2-57 所示。执行操作后，时间指示器将变成黄色，如图 2-58 所示。

图 2-57

图 2-58

步骤 02 在视频轨道中选中素材 03，如图 2-59 所示。按正放键（J 键），使视频片段向左移动至合适位置，再按停止键（K 键）暂停，如图 2-60 所示。

图 2-59

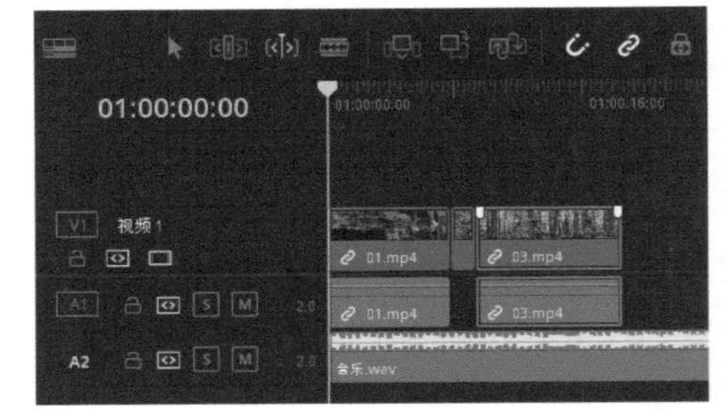

图 2-60

步骤 03 将时间指示器移至视频的末端，在“时间线”面板的工具栏中，单击“刀片编辑模式”按钮。执行操作后，鼠标指针将变成刀片工具图标，将鼠标指针移动到音乐素材上，并在时间指示器的位置单击，将音乐素材分割为两段，如图 2-61 所示。

步骤 04 选中分割出来的后半段音乐素材，按 Delete 键删除，如图 2-62 所示。执行操作后，可以在监视器中查看制作的视频效果。

图 2-61

图 2-62

2.10 离线处理 烟雨江南美景

在达芬奇的“剪辑”界面中，可以离线处理选择的视频素材。下面介绍具体的操作方法，视频效果如图 2-63 所示。

图 2-63

步骤 01 启动达芬奇，打开“烟雨江南美景”项目文件，进入“剪辑”界面。在“媒体池”面板中选择需要进行离线处理的素材文件，如图 2-64 所示，用鼠标右键单击，弹出快捷菜单，选择“取消链接所选片段”选项，如图 2-65 所示。

图 2-64

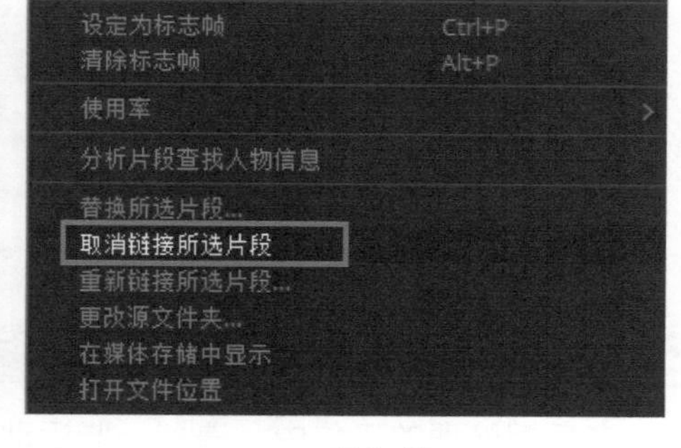

图 2-65

步骤 02 执行操作后，即可离线处理视频轨道中的素材，如图 2-66 所示。预览窗口中会显示“离线媒体”警示文字，如图 2-67 所示。

图 2-66

图 2-67

步骤 03 在“媒体池”面板中，选择离线的素材文件，用鼠标右键单击，弹出快捷菜单，选择“重新链接所选片段”选项，如图 2-68 和图 2-69 所示。

图 2-68

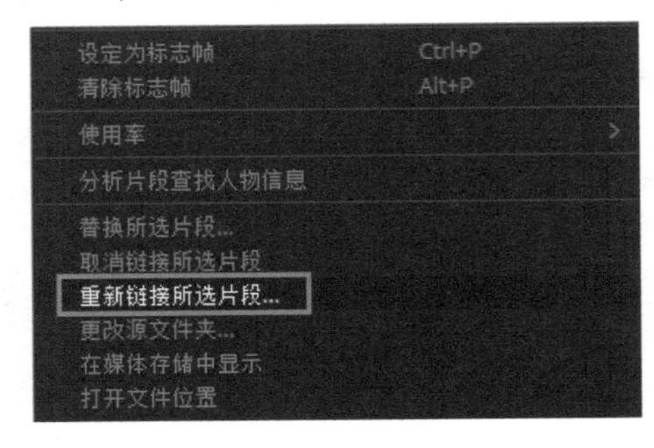

图 2-69

步骤 04 弹出“选择源文件夹”对话框，在其中选择链接素材所在的文件夹，单击“选择文件夹”按钮，即可自动链接视频素材，如图 2-70 和图 2-71 所示。在预览窗口中可以查看重新链接的素材画面效果。

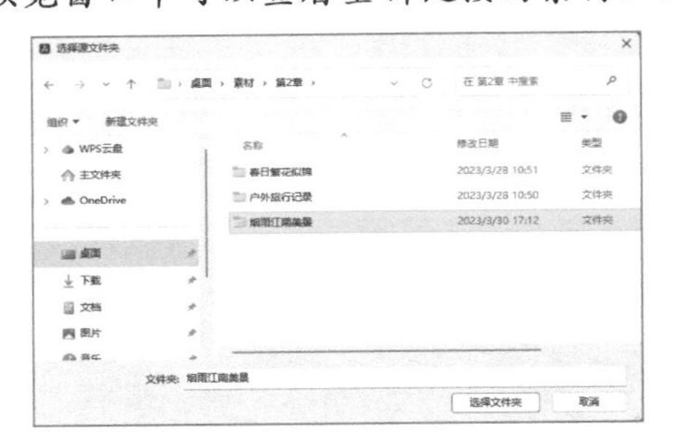

图 2-70

图 2-71

2.11 变速控制 航拍唯美海浪

在后期处理的工作中，遇到一些运动十分缓慢的素材时，通常需要对其进行变速处理。在达芬奇中，用户可以在选中素材的状态下，通过按快捷键 Ctrl+R 来打开变速控制条，或者单击鼠标右键，在弹出的快捷菜单中选择“变速控制”选项来打开变速控制条，然后对素材进行变速处理。下面介绍具体的操作方法，视频效果如图 2-72 所示。

图 2-72

步骤 01 启动达芬奇，打开“航拍唯美海浪”项目文件，进入“剪辑”界面。在“时间线”面板中选中素材，按快捷键Ctrl+R打开变速控制条，如图 2-73和图 2-74所示。

图2-73

图2-74

步骤 02 将鼠标指针移至素材的上方，按住鼠标左键向左拖曳，直至素材下方的数值变为288%，如图 2-75所示。

步骤 03 将时间指示器移至01:00:03:22处，单击素材下方的下拉按钮，如图 2-76所示。

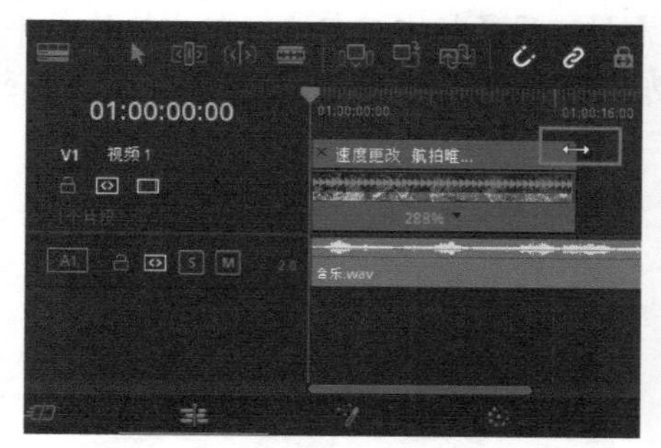

图2-75

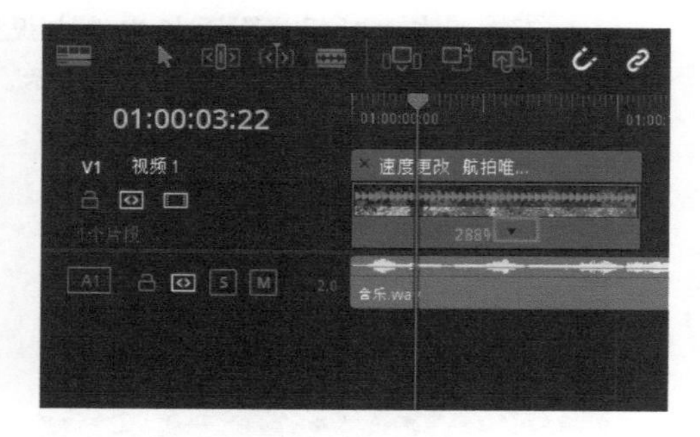

图2-76

步骤 04 展开下拉列表，选择其中的“添加速度点”选项，如图 2-77所示。执行操作后，再将时间指示器移至01:00:14:00处，参照上述操作方法添加速度点，如图 2-78所示。

图2-77

图2-78

步骤 05 在视频的01:00:14:00处按住变速控制条上的图标，将其向左拖曳，直至素材下方的数值变为580%，如图2-79所示。执行操作后，即可对两个速度点的中间部分再次进行加速处理。

图2-79

步骤 06 在"时间线"面板中选中视频素材，用鼠标右键单击，弹出快捷菜单，选择"生成优化媒体"选项，如图2-80所示。执行操作后，将弹出"生成优化媒体"对话框，在对话框中可以看到正在生成优化媒体的进度，如图2-81所示。

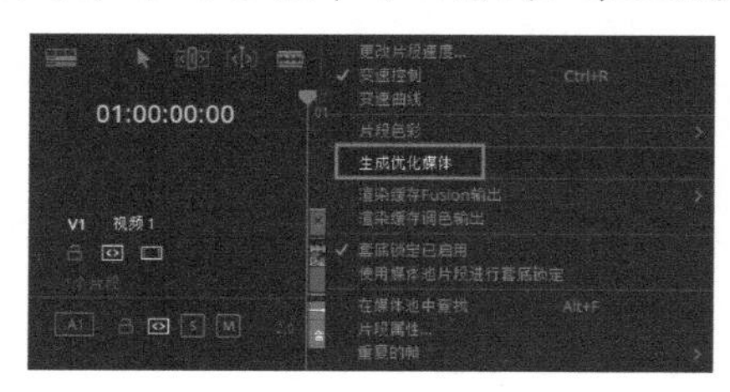

图2-80

图2-81

步骤 07 在"时间线"面板中选中视频素材，用鼠标右键单击，弹出快捷菜单，选择"变速曲线"选项，如图2-82所示。执行操作后，"时间线"面板中将生成对应的"变速曲线"面板，如图2-83所示。

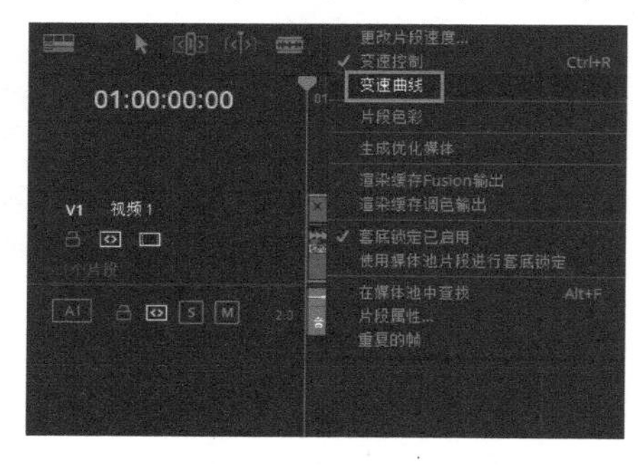

图2-82

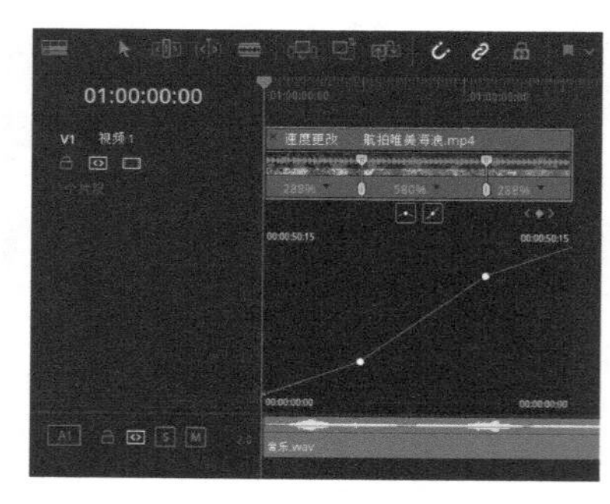

图2-83

步骤 08 在"变速曲线"面板的上方，单击按钮，如图2-84所示。执行操作后，第1个变速点将转变为贝塞尔点，如图2-85所示。

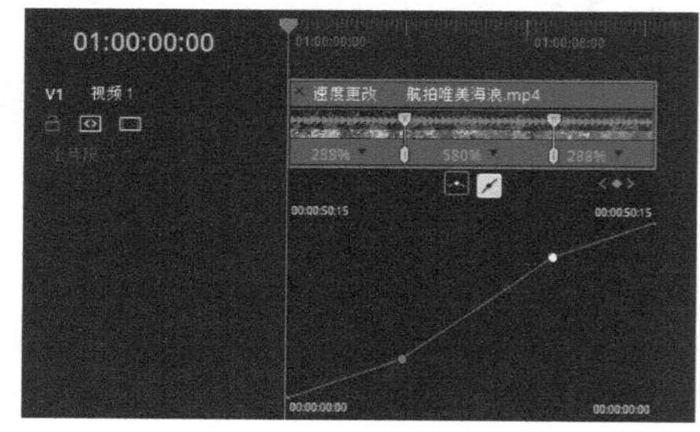

图2-84

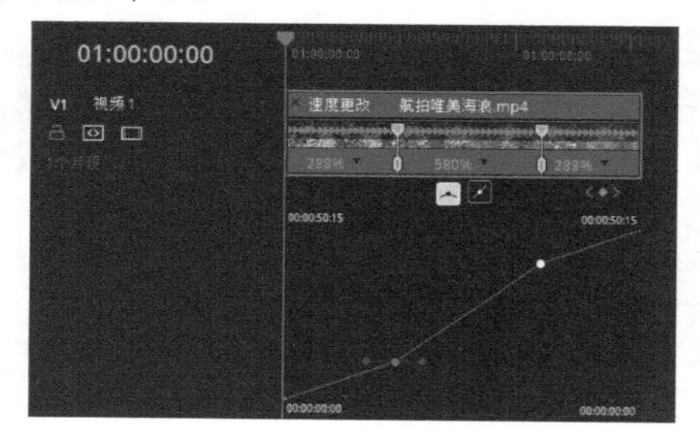

图2-85

步骤 09 参照步骤07和步骤08的操作方法将第2个变速点也转换为贝塞尔点。执行操作后，将时间指示器移至视频的末端，在“时间线”面板的工具栏中，单击“刀片编辑模式”按钮，鼠标指针将变成刀片工具图标，在时间指示器处单击音乐素材，将音乐素材分割为两段，如图2-86所示。

步骤 10 选中分割出来的后半段音乐素材，按Delete键删除，如图2-87所示。执行操作后，可以在监视器中查看制作的视频效果。

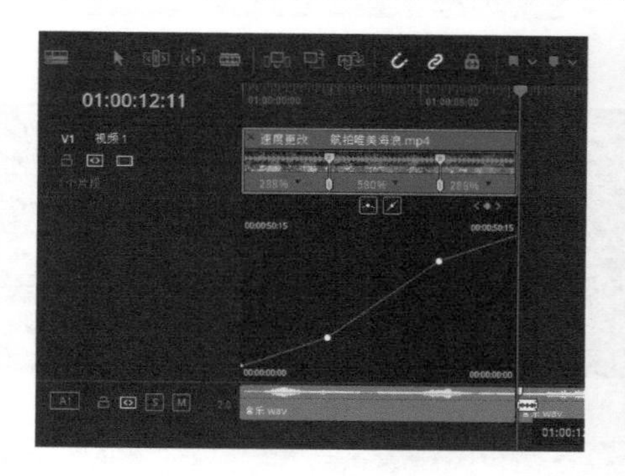

图2-86

图2-87

2.12 出点入点 古韵氛围大片

在对素材文件进行后期剪辑时，通常只会使用其中的一段，这个时候就可以通过“入点”和“出点”来设置素材的播放起点和结束点。下面介绍具体操作方法，视频效果如图2-88所示。

图2-88

步骤 01 启动达芬奇，打开“古韵氛围大片”项目文件，进入“剪辑”界面，如图2-89所示。

步骤 02 在界面右上角单击“检查器”按钮，如图2-90所示，将“检查器”面板关闭。

图 2-89

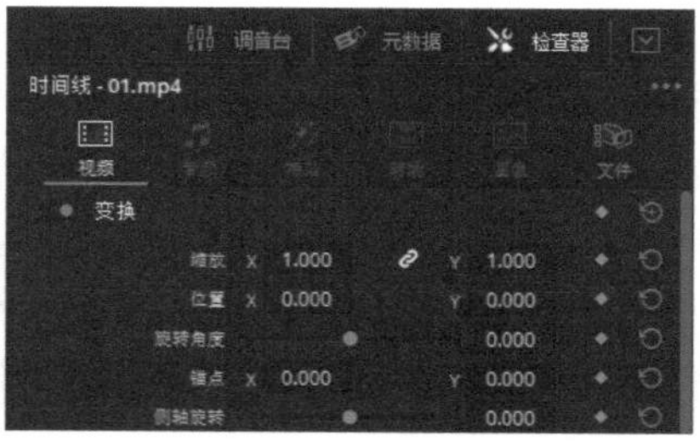

图 2-90

步骤 03 执行操作后，界面中即可同时呈现“素材监视器”和“时间线监视器”，如图 2-91 所示。

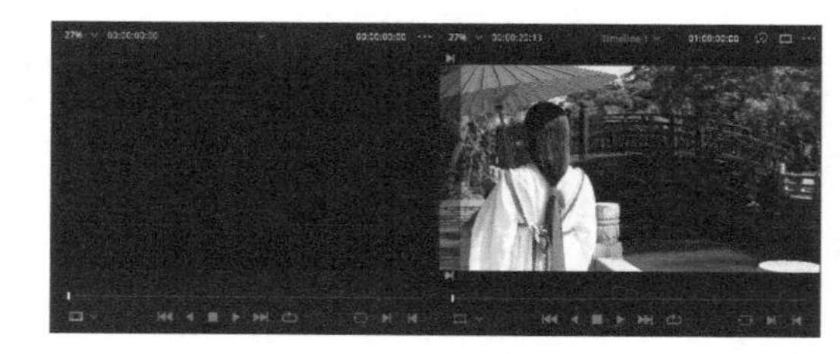

图 2-91

步骤 04 在“媒体池”面板中双击素材02，即可在“素材监视器”中看到素材02的画面，如图 2-92 所示。

图 2-92

步骤 05 在素材02的起始位置（00:00:00:00处），按I键，添加一个入点，如图 2-93 所示。

步骤 06 将播放滑块拖曳至00:00:08:22处，按O键，添加一个出点，如图 2-94 所示。

图 2-93

图 2-94

步骤 07 在“时间线”面板中将时间指示器移至01:00:08:16处，如图 2-95 所示。

步骤 08 在“素材监视器”上按住鼠标左键，将素材02拖曳至“时间线监视器”中，并在浮现的选项栏中选择“插入”选项，如图 2-96 所示。

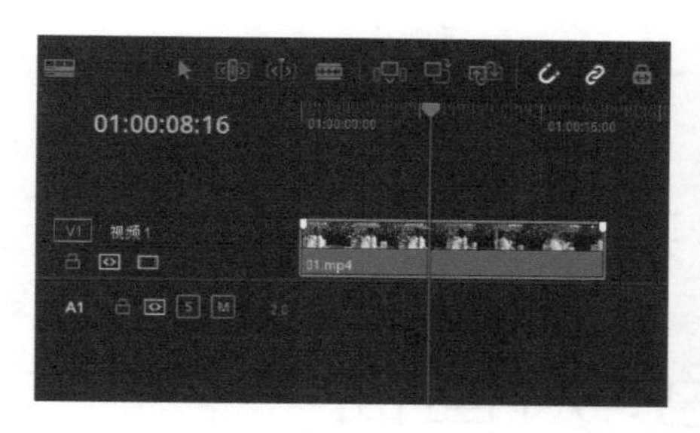

图 2-95

图 2-96

步骤 09　执行操作后，即可在时间指示器的位置对素材01进行分割，将素材02中入点至出点间的片段插入其中，如图 2-97 所示。

步骤 10　在“时间线”面板中将时间指示器移至01:00:25:11处，单击工具栏中的“刀片编辑模式”按钮，鼠标指针将变成刀片工具图标，在时间指示器处单击，如图 2-98 所示。

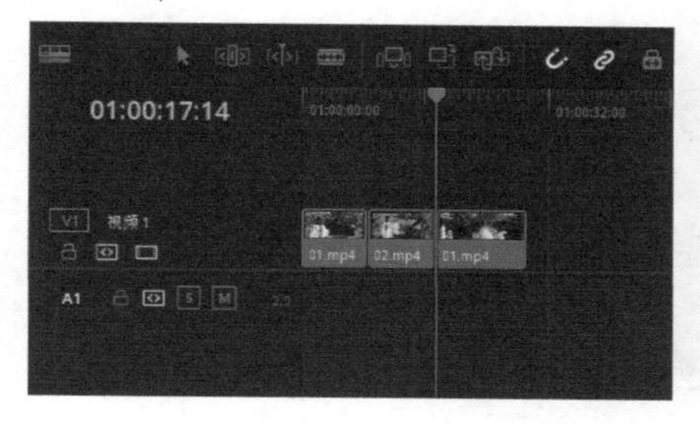

图 2-97

图 2-98

步骤 11　执行操作后，素材将被一分为二，在“时间线”面板中选中分割出来的前半段素材，按Delete键将其删除，如图 2-99 所示。

步骤 12　在“时间线”面板中选中V1轨道中的空白区域，如图 2-100 所示，按Delete键将其删除。

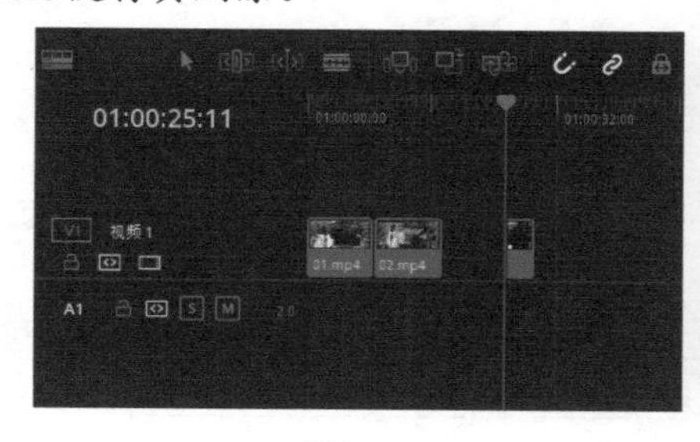

图 2-99

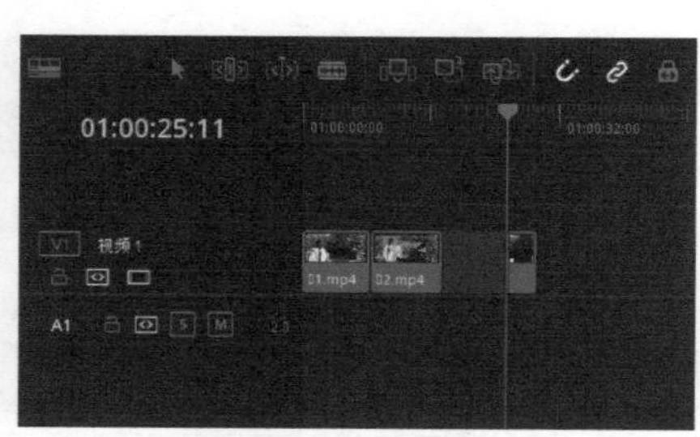

图 2-100

步骤 13　在“媒体池”面板中选择音乐素材，将其拖曳至“时间线”面板中，并裁剪至和视频同长，如图 2-101 所示。

图 2-101

第 3 章

初步调色：对画面进行一级调色

影视剧的色彩往往可以给观众留下第一印象，并在某种程度上抒发一种情感。由于在拍摄和采集素材的过程中常会遇到一些很难控制的环境光线，导致拍摄出来的源视频色感缺失、层次不明，因此需要对视频进行调色处理。本章主要介绍应用达芬奇软件对视频画面进行一级调色的操作方法。

3.1 调整曝光 蓝天白云

当素材过暗或者过亮时，用户可以在达芬奇软件中通过调节“亮度”参数调整素材的曝光。下面介绍调整视频曝光效果的操作方法，图 3-1 为调色前后的效果对比图。

图 3-1

步骤 01 启动达芬奇，打开“蓝天白云”项目文件，如图 3-2 所示。

步骤 02 在预览窗口中可以查看打开项目的效果，如图 3-3 所示，视频画面整体偏暗。

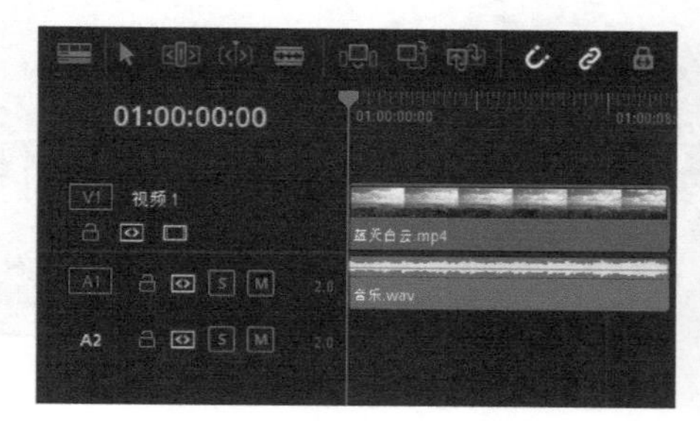

图 3-2

图 3-3

步骤 03 切换至“调色”界面，在左上角单击“LUT 库”按钮，展开“LUT 库”面板，如图 3-4 所示。用户可以通过该面板校正画面色彩。

步骤 04 在下方选择“Blackmagic Design”选项，展开相应选项卡，如图 3-5 所示。

图 3-4

图 3-5

步骤 05 在“LUT库”面板中选择图3-6红框中的滤镜样式并用鼠标右键单击，弹出快捷菜单，选择“在当前节点上应用LUT”选项，即可将选择的滤镜样式添加至视频素材上。

步骤 06 执行操作后，即可在预览窗口中查看色彩校正后的效果，如图3-7所示，可以看到画面明显被提亮了。

图3-6

图3-7

步骤 07 在界面下方的“调色功能”面板中单击“色轮”按钮，展开“一级-校色轮”面板，按住“亮部”色轮下方的轮盘并向左拖曳，直至参数均显示为0.94，如图3-8所示。

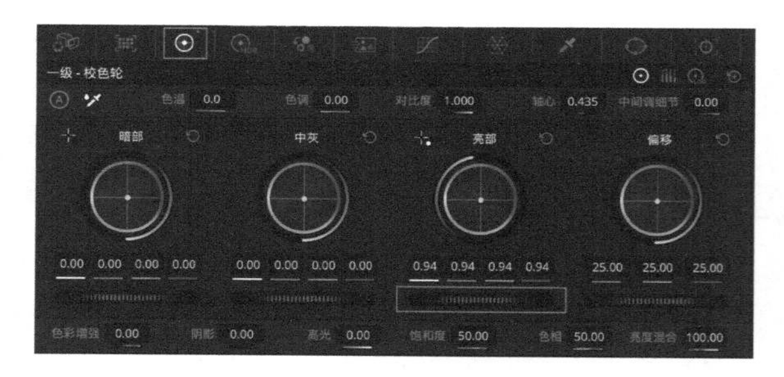

图3-8

提示

用户也可以按住鼠标左键，将所选的滤镜样式拖曳至预览窗口中的视频画面上，释放鼠标，将选择的滤镜样式添加至视频素材上。

知识专题：“调色”界面

图3-9所示为达芬奇的“调色”界面，界面的左上角为“LUT库”面板，用户可以使用软件自带的LUT或者导入的LUT预设对画面进行快速调色。调色完成后，可以截取静帧保存在“画廊”面板中。在中间的监视器中可以实时预览视频的调色效果。

监视器旁的“节点”面板是达芬奇调色工作流程中最核心的操作区域，节点可以简单理解为对调色流程的每一步的记录。单击面板右上角的“特效库”按钮，可以切换至“特效库”面板，选择所需的特效，将其拖曳到节点上，就可以为素材添加特效。

单击“时间线”按钮或者“片段”按钮，可以分别以时间线或者素材片段缩略图的方式对每一个镜头片段进行预览。下方的“调色功能”面板是对视频进行调色操作的主要工作面板，可以使用色轮、曲线、跟踪器以及分量图等工具对画面色彩进行调整。

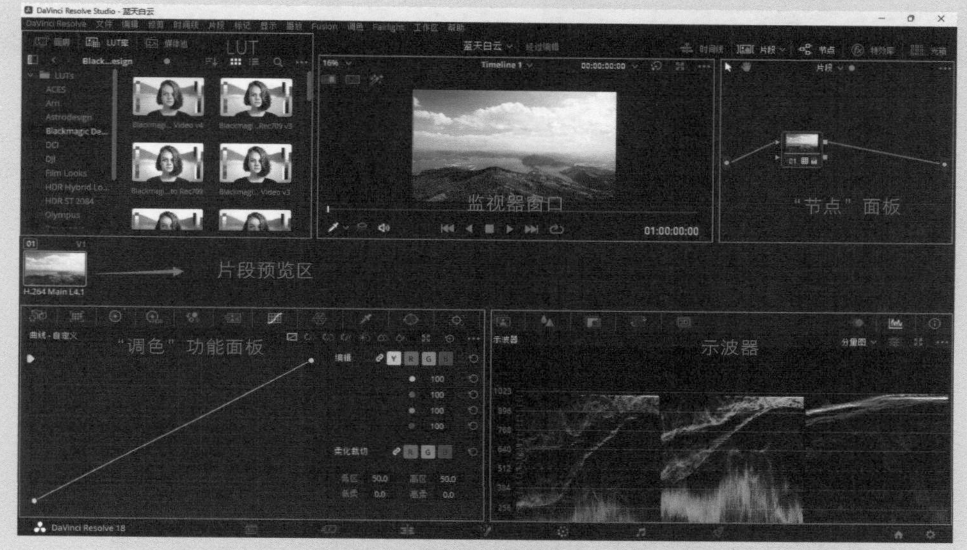

图 3-9

3.2 自动平衡 风车旋转

素材画面出现色彩不平衡的情况，有可能是因为摄影机的白平衡参数设置错误，或者是因为天气、灯光等因素造成了色偏。在达芬奇中，可以根据需要应用“自动平衡”功能来调整素材画面。图 3-10 为调色前后的效果对比图。

图 3-10

步骤 01 启动达芬奇，打开“风车旋转”项目文件，如图 3-11 所示。

步骤 02 在预览窗口中，可以查看打开项目的效果，如图 3-12 所示。

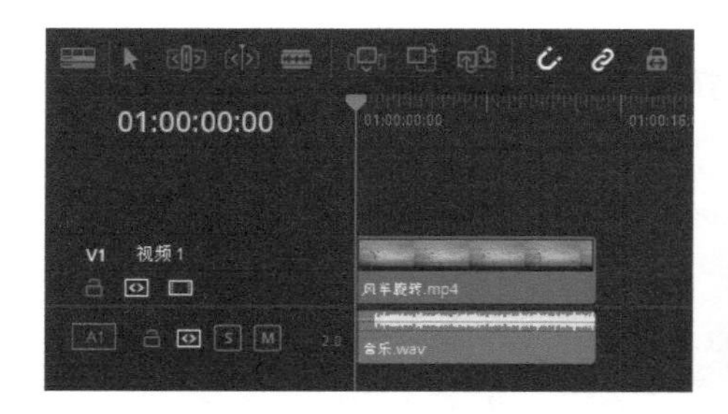

图 3-11

图 3-12

步骤 03 切换至“调色”界面，单击“色轮”按钮，展开“一级 - 校色轮”面板，在面板的右上角单击“自动平衡”按钮，如图 3-13 所示，即可自动调整素材画面的色彩平衡。在预览窗口中可以查看调整后的画面效果。

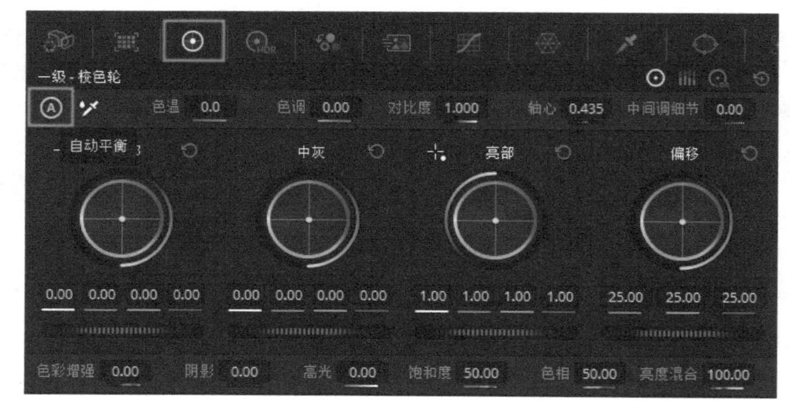

图 3-13

3.3 镜头匹配 露水荷花

达芬奇拥有镜头匹配功能，可以对两个视频片段进行色调分析，自动匹配效果较好的视频片段。镜头匹配是每一个调色师的必学基础课，也是调色师经常会遇到的难题。对一个单独的镜头进行调色可能还算容易，但要对整个视频进行统一调色就相对较难了，这需要用到镜头匹配功能进行辅助调色。图 3-14 为调色前后的效果对比图。

图 3-14

步骤 01 启动达芬奇，打开“露水荷花”项目文件，如图 3-15 所示。

图 3-15

步骤 02 在预览窗口中，可以查看打开项目的效果，如图 3-16 所示。第一个视频素材的画面色彩已经调整完成，可以将其作为要匹配的目标片段。

图 3-16

步骤 03 切换至“调色”界面，单击“片段”按钮，展开片段预览区，选择素材 02，如图 3-17 所示。

步骤 04 在素材 01 的缩略图上用鼠标右键单击，弹出快捷菜单，选择“与此片段进行镜头匹配”选项，如图 3-18 所示。执行操作后，在预览窗口中可以预览素材 02 镜头匹配后的画面效果。

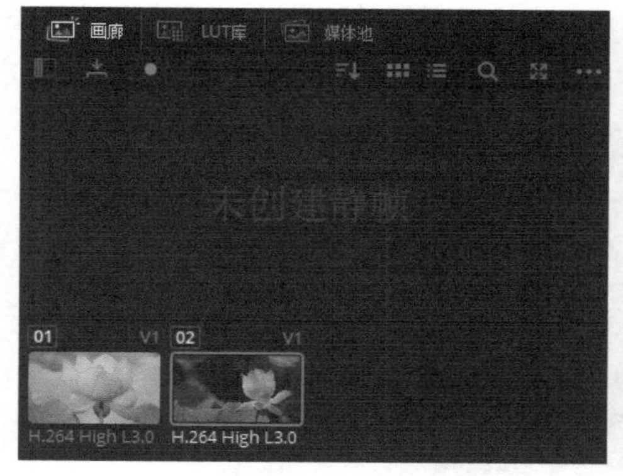

图 3-17

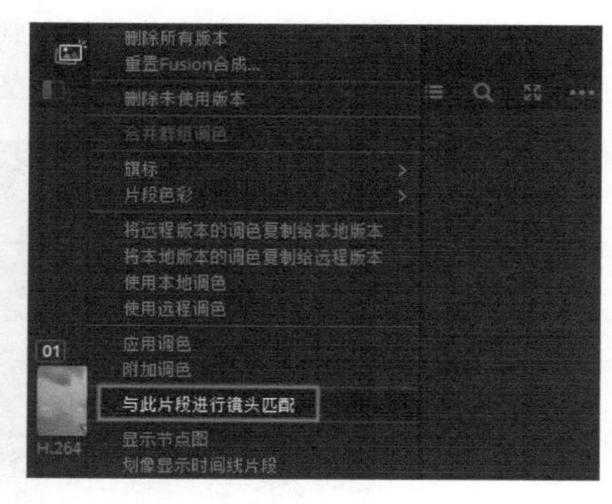

图 3-18

3.4 一级校色轮 秀丽风景

达芬奇的“一级 - 校色轮”面板中一共有4个色轮，从左至右分别是暗部、中灰、亮部、偏移，顾名思义，分别用来调整素材画面的阴影部分、中间灰色部分、高光部分及色彩偏移部分。下面介绍具体操作方法，图 3-19 为调色前后的效果对比图。

图 3-19

步骤 01 启动达芬奇，打开“秀丽风景”项目文件，如图 3-20 所示。

步骤 02 在预览窗口中，可以查看打开项目的效果，如图 3-21 所示。

图 3-20

图 3-21

步骤 03 切换至“调色”界面，单击“色轮”按钮，展开“一级 - 校色轮”面板，将鼠标指针移至“暗部”色轮下方的轮盘上，按住鼠标左键并向左拖曳，直至色轮下方的参数均显示为-0.01。参照上述操作方法将“中灰”色轮的参数均调整至-0.01，将“亮部”色轮的参数均调整至0.98，如图 3-22 所示。

图 3-22

步骤 04 按住“偏移”色轮中心的白色圆圈，向红色方向拖曳至合适位置后释放鼠标，调整偏移参数，如图 3-23 所示。执行操作后，在预览窗口中可以查看最终效果。

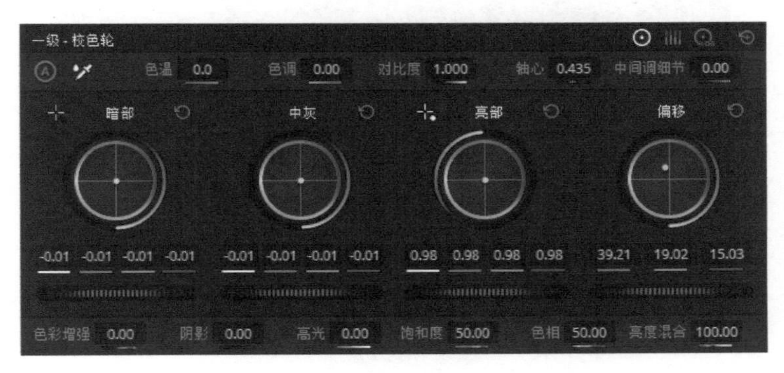

图 3-23

3.5 一级校色条 蝴蝶飞舞

达芬奇的“一级 - 校色条”面板中一共有 3 组色条，其作用与“一级 - 校色轮”面板中的色轮的作用是一样的，并且与色轮是联动关系。当用户调整色轮参数时，色条参数会随之改变；反之，当用户调整色条参数时，色轮参数也会随之改变。图 3-24 为调色前后的效果对比图。

图 3-24

步骤 01 启动达芬奇，打开“蝴蝶飞舞”项目文件，如图 3-25 所示。

步骤 02 在预览窗口中，可以查看打开项目的效果，如图 3-26 所示。

图 3-25

图 3-26

步骤 03 切换至“调色”界面，单击“色轮”按钮，展开“一级-校色轮”面板，在面板的右上角单击“校色条”按钮，展开“一级-校色条”面板，如图 3-27 所示。

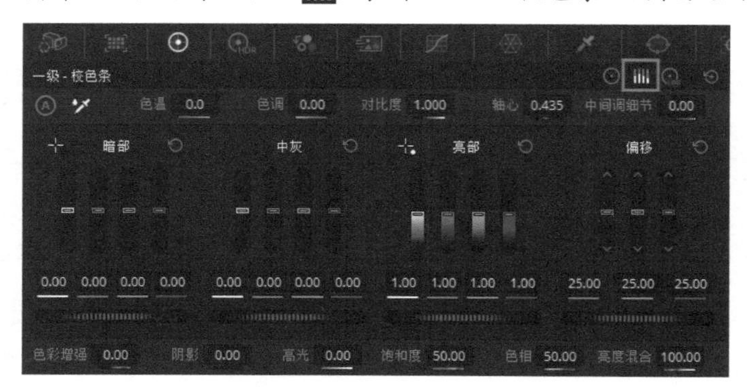

图 3-27

步骤 04 将鼠标指针移至“暗部”色条下方的轮盘上，按住鼠标左键并向左拖曳，直至该色条下方的参数均显示为-0.02。参照上述操作方法将“中灰”色条下方的参数均调整为-0.02，如图 3-28 所示。

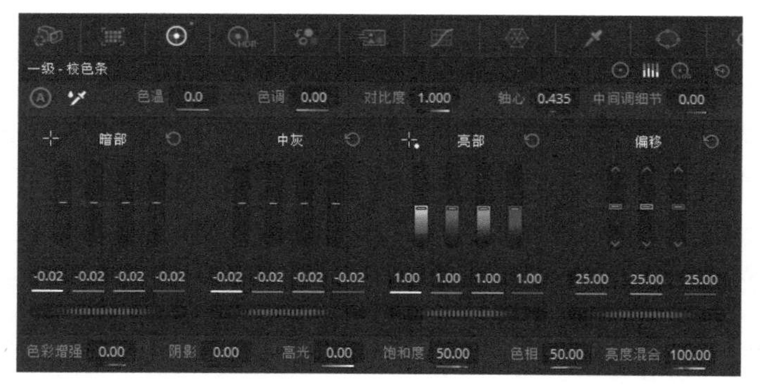

图 3-28

步骤 05 将鼠标指针移至“亮部”绿色色条上，按住鼠标左键并向上拖曳，直至参数显示为 1.27。参照上述操作方法将“偏移”绿色色条的参数调整为 30.20，如图 3-29 所示。执行操作后，在预览窗口中可以查看最终效果。

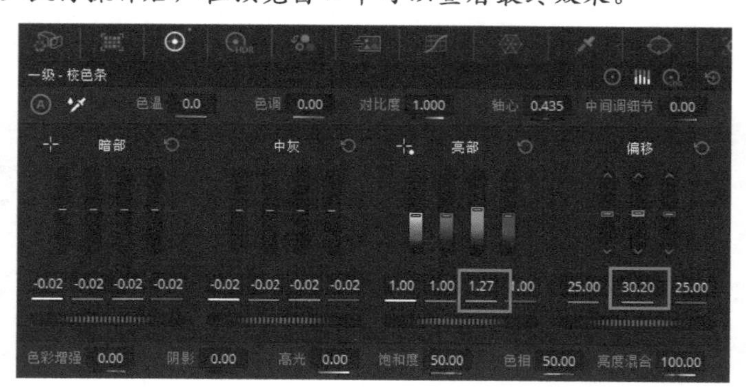

图 3-29

提示

在调整参数时，如需恢复参数重新调整，可以单击每组色条（或每个色轮）右上角的“恢复重置”按钮。

知识专题：掌握示波器

示波器是一种可以将视频信号转换为可见图像的电子测量仪器，它能帮助人们研究各种电现象的变化过程，观察不同信号幅度随时间变化的波形曲线。下面介绍达芬奇中的几种示波器。

1. 波形图示波器

波形图示波器主要用于检测视频信号的幅度和单位时间内的所有脉冲扫描图形，让用户看到当前画面亮度信号的分布情况，以分析画面的明暗和曝光情况。

波形图示波器的横坐标表示当前帧的水平位置。纵坐标在NTSC制式下表示图像每一列的色彩密度，单位是IRE；在PAL制式下则表示视频信号的电压值。在NTSC制式下，以消隐电平0.3V为0IRE，将0.3V~1V进行10等分，每一等份定义为10IRE。

步骤 01 启动达芬奇，打开任意一个项目文件，切换至“调色”界面，在工具栏中单击“示波器”按钮，如图3-30所示。

图3-30

步骤 02 执行操作后，即可切换至“示波器”面板，如图3-31所示。

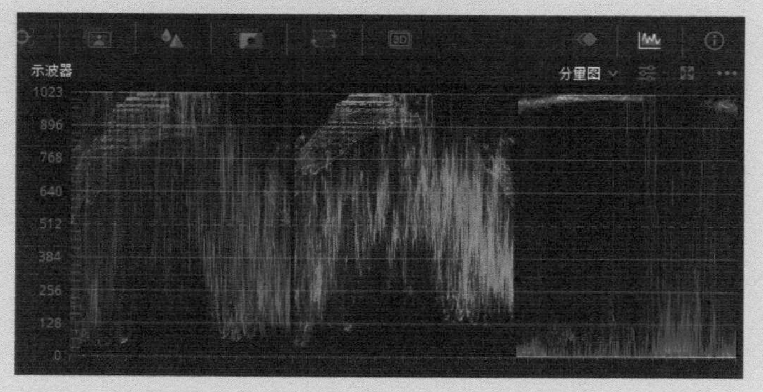

图3-31

步骤 03 在“示波器”面板的右上方，单击下拉按钮，在下拉列表中选择“波形图”选项，如图 3-32 所示。

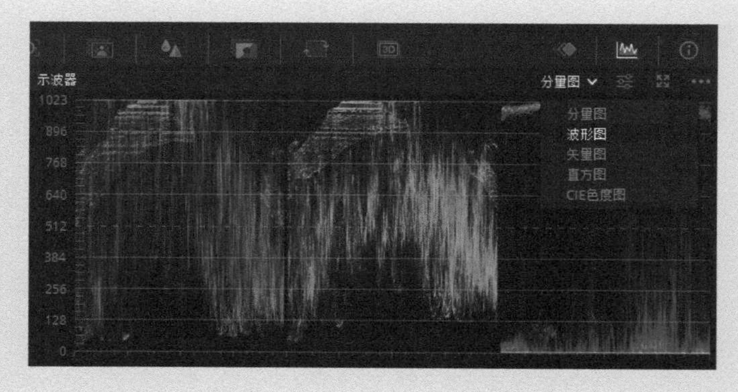

图 3-32

步骤 04 执行操作后，即可在“示波器”面板中查看和检测视频画面的颜色分布情况，如图 3-33 所示。

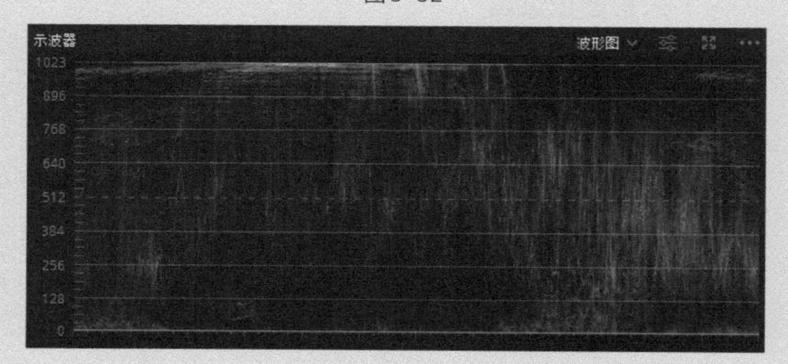

图 3-33

2. 分量图示波器

分量图示波器其实就是将波形图示波器分为红、绿、蓝（R、G、B）三色通道，将画面中的色彩信息直观地展示出来。

通过分量图示波器，用户可以观察画面的色彩是否平衡。在图 3-34 中，右图上方的蓝色阴影位置的波形明显要比红色、绿色阴影位置的波形高，而下方的蓝色高光位置的波形明显要比红色、绿色高光位置的波形低，且整体波形不一，即表示图像高光位置出现色彩偏移，整体色调偏红色、绿色。

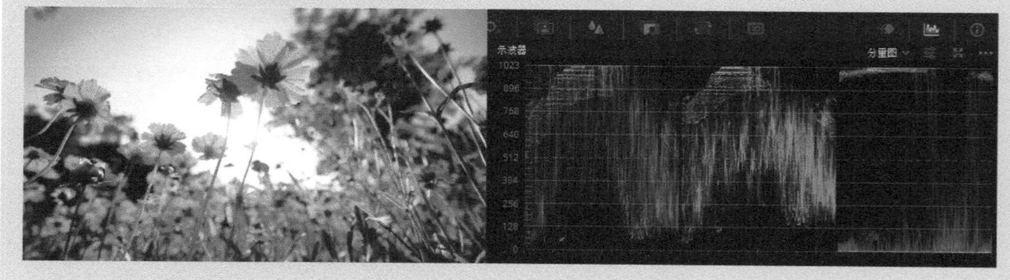

图 3-34

3. 矢量图示波器

矢量图示波器是一种检测颜色饱和度的工具，它以坐标的方式显示视频的色度信息。矢量图示波器中矢量的大小，也就是某一点到坐标原点的距离，代表颜色饱和度。

圆心位置代表颜色饱和度为0，因此黑白图像的色彩矢量都在圆心处。离圆心越远，饱和度越高，如图 3-35 所示。

图3-35

4. 直方图示波器

直方图示波器可以用于查看图像的亮度与结构，用户可以利用直方图示波器分析画面的亮度是否过高。

在达芬奇软件中，直方图呈横纵轴分布。横坐标表示图像画面的亮度值，左边为亮度最小值，波形像素越高，则画面的颜色越接近黑色；右边为亮度最大值，画面的颜色更趋近于白色。纵坐标表示图像画面亮度值位置的像素占比。当图像画面中的黑色像素过多或亮度较低时，波形集中分布在示波器的左边，如图 3-36 所示。

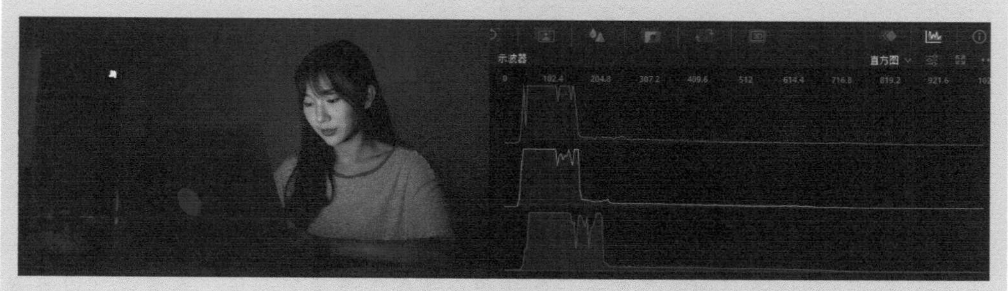

图3-36

当图像画面中的白色像素过多或亮度较高时，波形集中分布在示波器的右边，如图 3-37 所示。

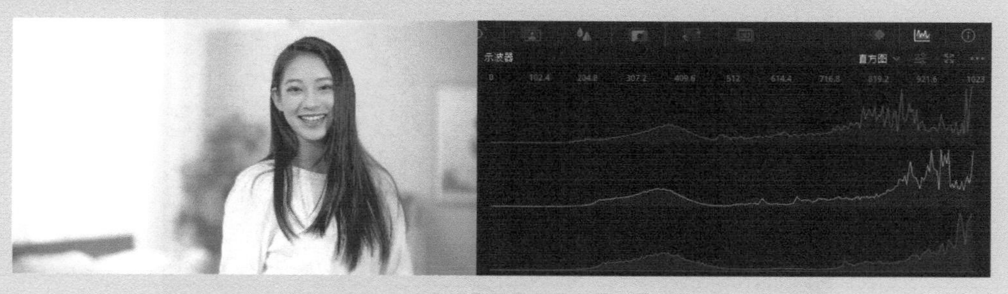

图3-37

3.6 Log 色轮 落日晚霞

Log 色轮可以保留素材画面中暗部和亮部的细节，为后期调色提供了很大的空间。达芬奇的“一级-Log 色轮”面板中一共有 4 个色轮，分别是阴影、中间调、高光、偏移。在应用 Log 色轮调色时，可以展开“示波器”面板查看素材波形状况，配合示波器对素材进行调色处理。图 3-38 为调色前后的效果对比图。

图 3-38

步骤 01 启动达芬奇，打开“落日晚霞”项目文件，如图 3-39 所示。

步骤 02 在预览窗口中，可以查看打开项目的效果，如图 3-40 所示。

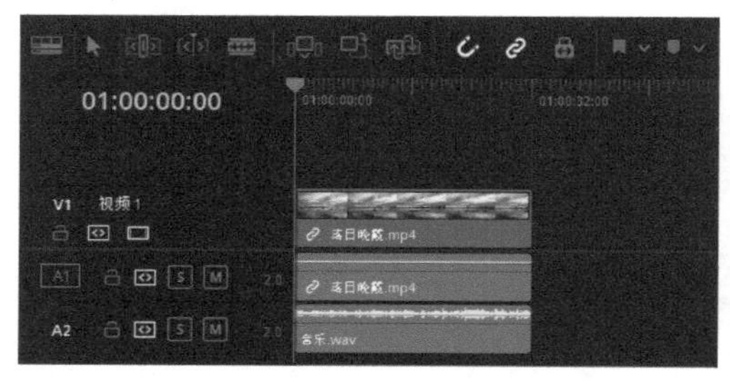

图 3-39

图 3-40

步骤 03 切换至“调色”界面，展开“分量图”示波器面板，在其中可以查看素材波形状况，如图 3-41 所示，可以看到波形分布比较均匀，无偏色状况。

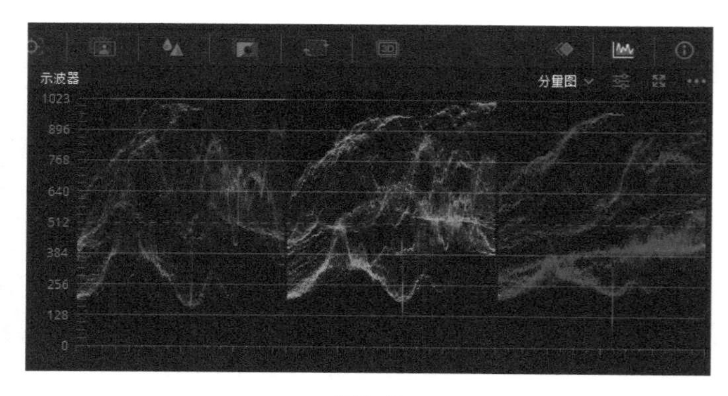

图 3-41

步骤 04 单击“Log色轮”按钮，展开“一级-Log色轮”面板，如图 3-42 所示。

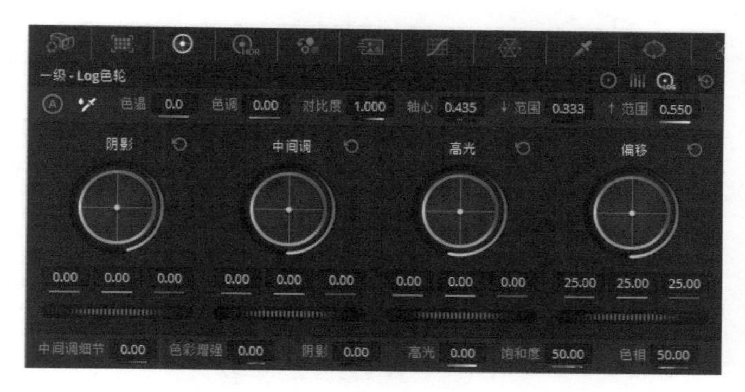

图 3-42

步骤 05 将素材的阴影部分降低，将鼠标指针移至“阴影”色轮下方的轮盘上，按住鼠标左键并向左拖曳，直至色轮下方的参数均显示为-0.04，如图 3-43 所示。

图 3-43

步骤 06 执行操作后，再调整高光部分的光线，选中“高光”色轮中心的白色圆圈，按住鼠标左键的同时往红色方向拖曳，直至参数分别显示为0.16、-0.03、-0.13，释放鼠标，如图 3-44 所示。可见提高了红色亮度，画面呈现出了红色暖色调。

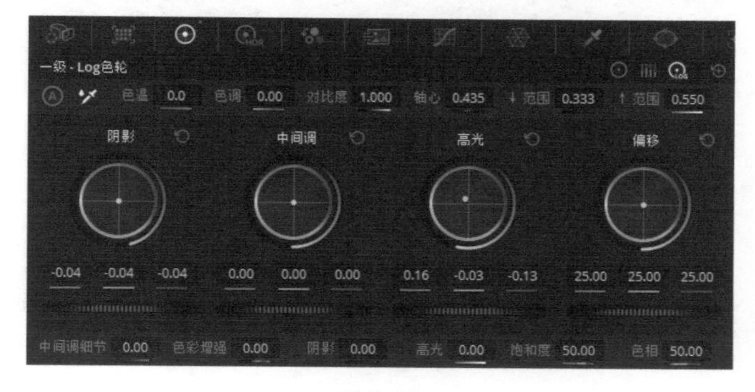

图 3-44

步骤 07 按住“中间调”色轮下方的轮盘并向右拖曳，直至参数均显示为0.10，如图 3-45 所示。

图3-45

步骤 08 执行操作后，按住“偏移”色轮中心的白色圆圈并向红色方向拖曳，直至参数分别为46.33、20.16、9.81，如图 3-46 所示。

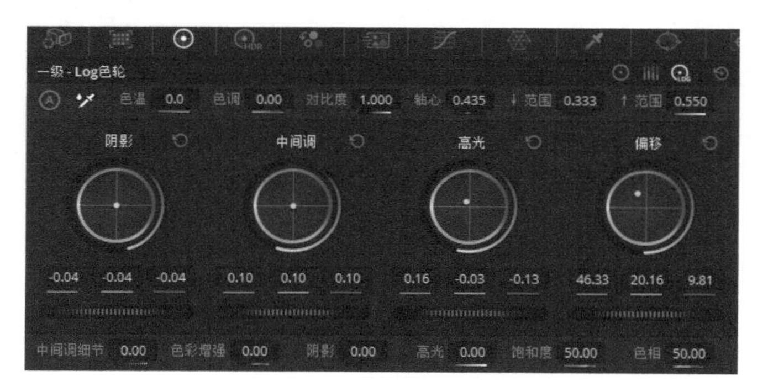

图3-46

步骤 09 完成操作后，“示波器”面板中的蓝色波形明显降低了，而红色波形则明显上升了，如图 3-47 所示。在预览窗口中可以查看调整后的视频画面效果。

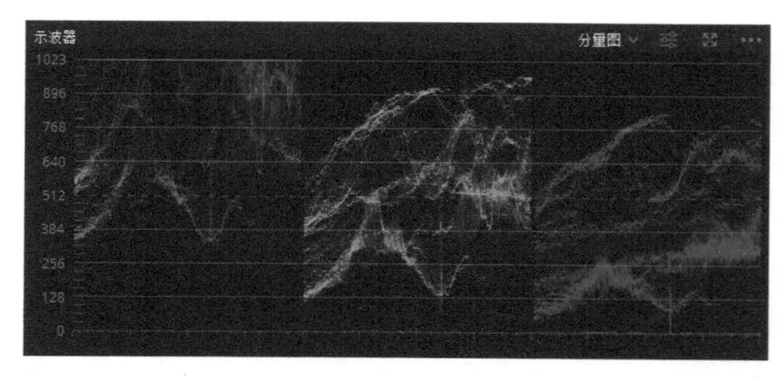

图3-47

3.7 红色输出 城市夕阳

在“RGB混合器”面板中，“红色输出”颜色通道的3个滑块控制条的默认比例为1:0:0，当增大红色滑块控制条的参数时，绿色和蓝色滑块控制条的参数并不会发生变化，但用户可以在“示波器”面板中看到绿色和蓝色波形等比例混合下降。图3-48为调色前后的效果对比图。

图3-48

步骤 01 启动达芬奇，打开“城市夕阳”项目文件，如图3-49所示。

步骤 02 在预览窗口中，可以查看打开项目的效果，如图3-50所示。

图3-49

图3-50

步骤 03 切换至“调色”界面，在“示波器”面板中查看素材波形状况，如图3-51所示，可以看到红色、绿色及蓝色波形。

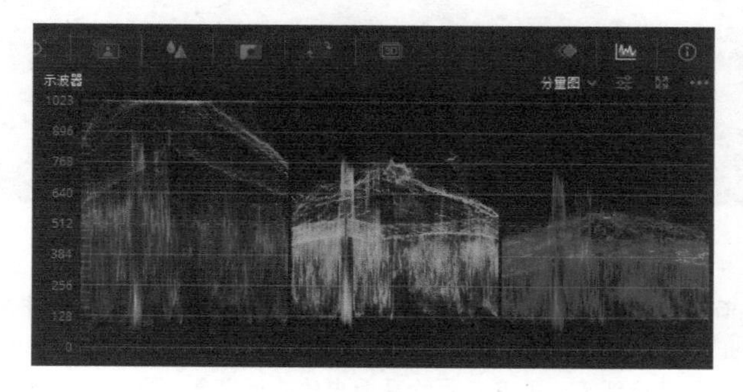

图3-51

步骤 04 单击“RGB 混合器”按钮，切换至“RGB 混合器”面板，如图 3-52所示。

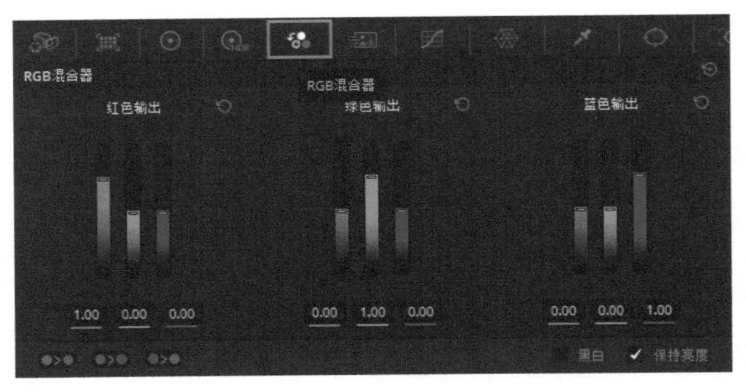

图 3-52

步骤 05 将鼠标指针移至“红色输出”颜色通道的红色滑块控制条上，按住鼠标左键并向上拖曳，直至参数显示为1.18，如图 3-53所示。

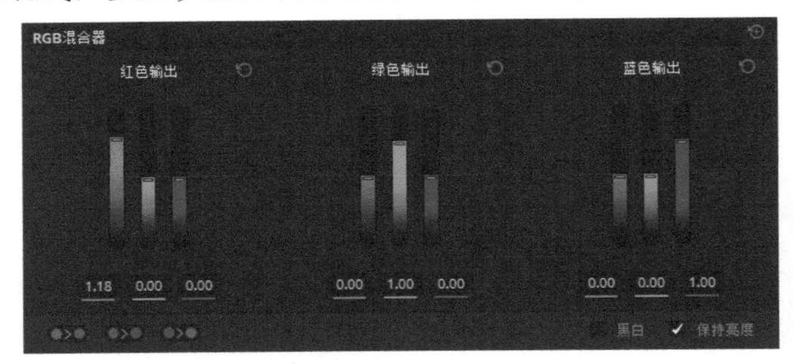

图 3-53

步骤 06 “示波器”面板中，可以看到增加红色值后，红色波形波峰上升，而绿色和蓝色波形波峰则明显下降，如图 3-54所示。在预览窗口中可以查看制作的视频效果。

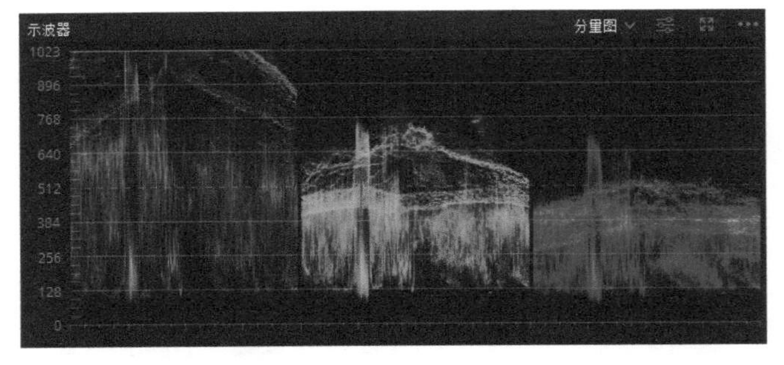

图 3-54

提示

在“调色”界面中，“RGB 混合器”面板非常实用。“RGB 混合器”面板中有“红色输出”“绿色输出”“蓝色输出”3组颜色通道，每组颜色通道都有3个滑块控制条，可以帮助用户对素材画面中的某一个颜色进行准确调节，并且不影响画面中的其他颜色。“RGB 混合器”面板还具有为黑白的单色素材调整RGB比例参数的功能，并且在默认状态下，会自动开启“保留亮度”功能，在调节颜色通道时保持亮度值不变，为用户后期调色提供了很大的创作空间。

3.8 绿色输出 狗尾巴草

在“RGB混合器”面板中，“绿色输出”颜色通道的3个滑块控制条的默认比例为0:1:0，当素材画面中的绿色成分过多或需要在画面中增加绿色时，便可以通过该颜色通道调节素材画面色彩。图 3-55为调色前后的效果对比图。

图3-55

步骤 01 启动达芬奇，打开“狗尾巴草”项目文件，如图 3-56所示。

步骤 02 在预览窗口中，可以查看打开项目的效果，如图 3-57所示。可以看到素材画面中的绿色成分过少，需要增加绿色。

图3-56

图3-57

步骤 03 切换至“调色”界面，在“示波器”面板中查看图像波形状况，如图3-58所示。

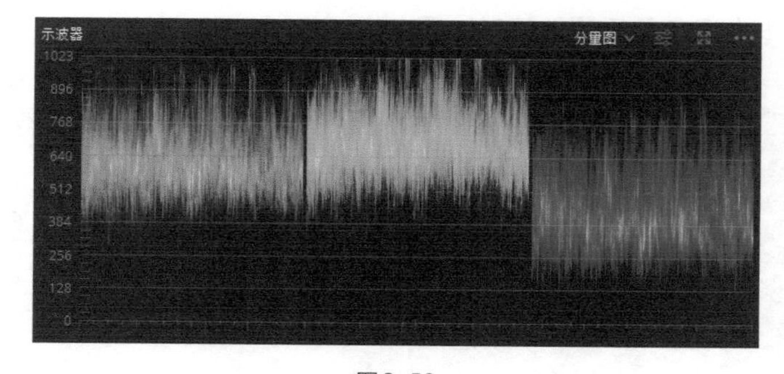

图3-58

步骤 04 切换至“RGB混合器”面板，将鼠标指针移至“绿色输出”颜色通道的绿色滑块控制条上，按住鼠标左键并向上拖曳，直至参数显示为1.09，如图 3-59所示。

图3-59

步骤 05 执行操作后，在“示波器”面板中可以看到，在增大绿色值后，红色和蓝色波形明显降低，如图3-60所示。在预览窗口中可以查看制作的视频效果。

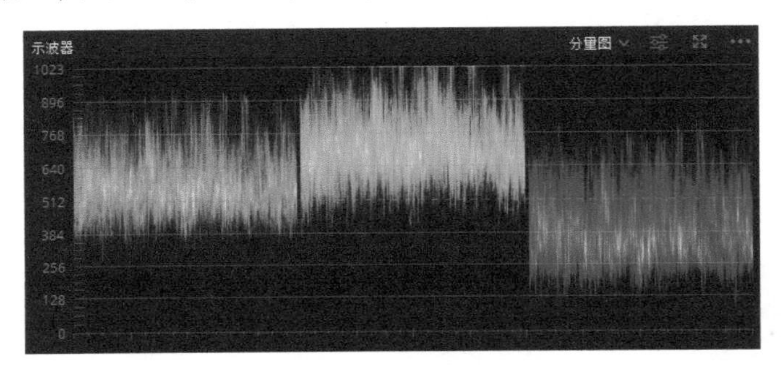

图3-60

3.9 蓝色输出 绿叶红花

在“RGB混合器”面板中，“蓝色输出”颜色通道的3个滑块控制条的默认比例为0:0:1。红色、绿色、蓝色以不同的比例混合可以调配出多种自然色彩。例如，红色和绿色混合会得到黄色，若想降低黄色浓度，可以适当增加蓝色色调，混合整体色调。图 3-61 为调色前后的效果对比图。

图3-61

步骤 01 启动达芬奇，打开“绿叶红花”项目文件，如图 3-62 所示。

步骤 02 在预览窗口中，可以查看打开项目的效果，如图 3-63 所示。可以看到素材画面整体偏黄，需要调整蓝色输出，平衡画面色彩。

图 3-62

图 3-63

步骤 03 切换至“调色”界面，在“示波器”面板中查看图像波形状况，如图 3-64 所示，可以看到红色波形和绿色波形基本持平，而蓝色波形明显比红色和绿色波形低。

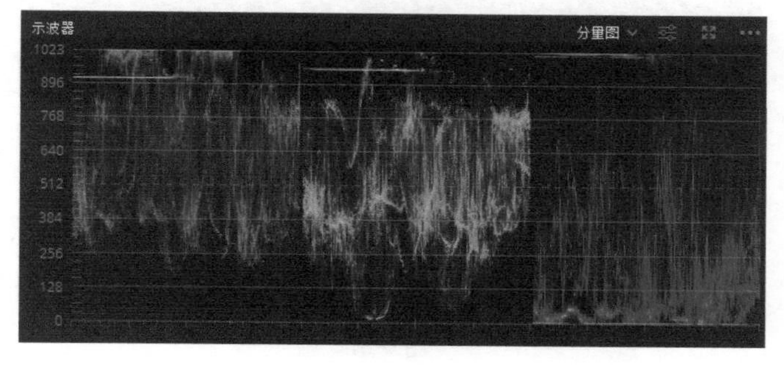

图 3-64

步骤 04 切换至“RGB 混合器”面板，将鼠标指针移至“绿色输出”颜色通道的绿色滑块控制条上，按住鼠标左键并向上拖曳，直至参数显示为 1.17；再将鼠标指针移至“绿色输出”颜色通道的蓝色滑块控制条上，按住鼠标左键并向下拖曳，直至参数显示为 -0.18，如图 3-65 所示。

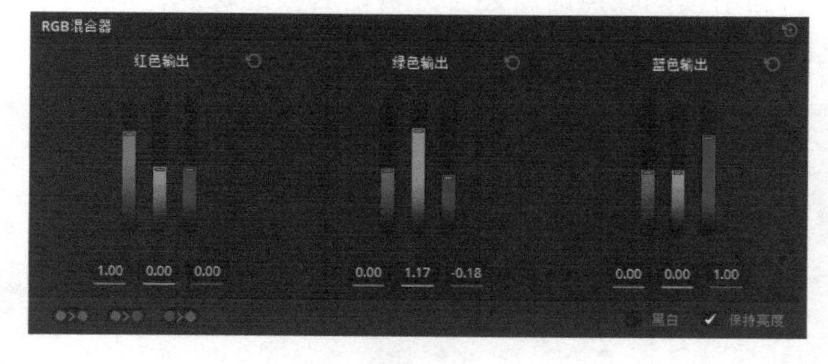

图 3-65

步骤 05　将鼠标指针移至“蓝色输出”颜色通道的蓝色滑块控制条上，按住鼠标左键并向上拖曳，直至参数显示为1.15，如图 3-66所示。

图 3-66

步骤 06　执行操作后，在“示波器”面板中可以查看蓝色波形的情况，如图 3-67 所示。在预览窗口中可以查看制作的视频效果。

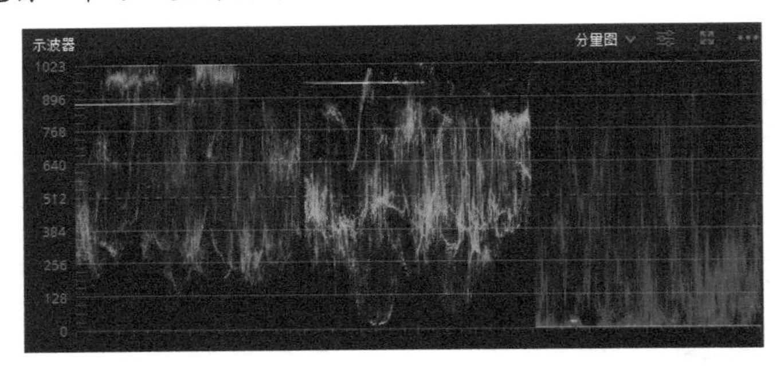

图 3-67

3.10　时域降噪　城市夜景

时域降噪主要是根据时间帧进行降噪分析，调整“时域阈值”选项区下方的相应参数，在分析当前帧的噪点时，还会分析前后帧的噪点，对噪点进行统一处理，消除帧与帧之间的噪点。图 3-68 为进行时域降噪前后的效果对比图。

图 3-68

步骤 01 启动达芬奇，打开“城市夜景”项目文件，如图 3-69 所示。

步骤 02 在预览窗口中，可以查看打开项目的效果，如图 3-70 所示。

图 3-69

图 3-70

提示

在进行时域降噪时需要注意的是，“亮度”和“色度”处于联动链接状态，当修改两者中的一个参数时，另一个参数也会修改为一样的值，只有单击按钮断开链接，才能单独设置“亮度”和“色度”参数。

步骤 03 切换至“调色”界面，单击“运动特效”按钮，展开“运动特效”面板，如图 3-71 所示。

步骤 04 在“时域降噪”选项区中，单击“帧数”选项右侧的下拉按钮，在下拉列表中选择“5”选项，如图 3-72 所示。

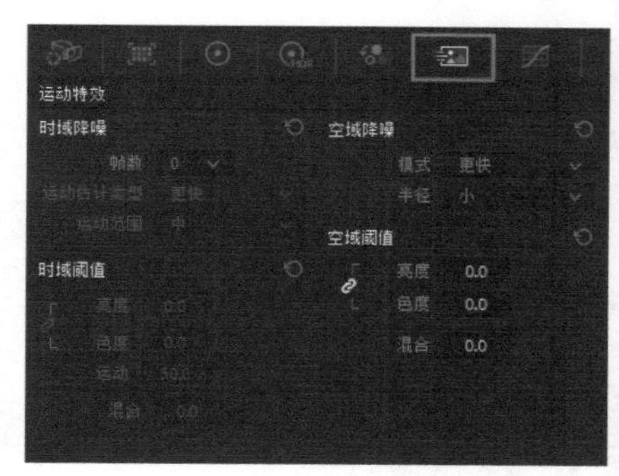

图 3-71

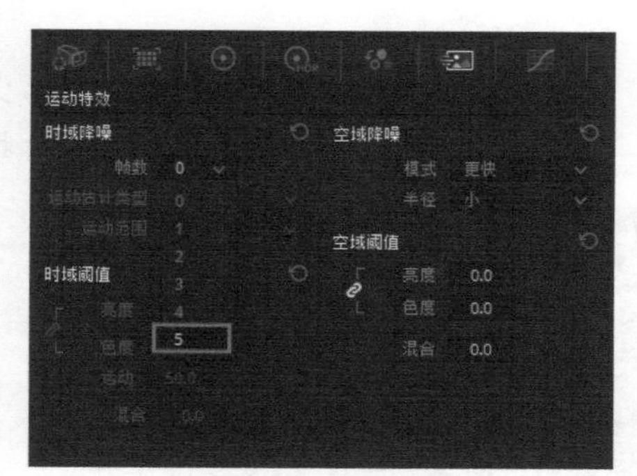

图 3-72

步骤 05 在“时域阈值”选项区中，将“亮度”|“色度”|“运动”选项的参数均设置为100.0，如图 3-73 所示。在预览窗口中可以查看时域降噪处理效果。

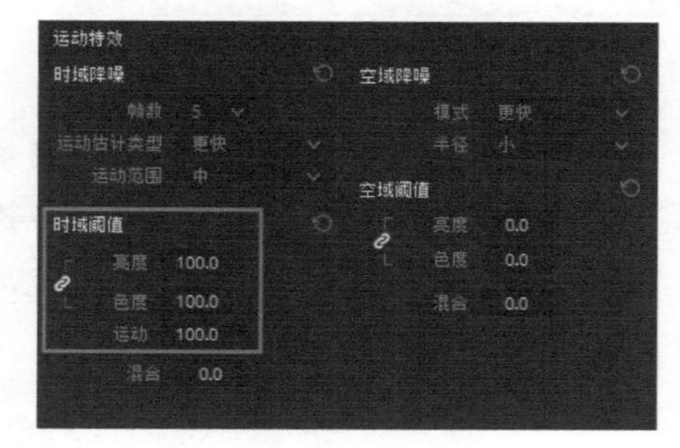

图 3-73

提示

噪点是图像中的凸起粒子，是比较粗糙的部分像素，感光度过高、曝光时间太长等情况会使图像产生噪点。要想获得干净的画面，就需要使用后期软件中的降噪工具进行处理。在达芬奇中，可以通过“运动特效”功能来进行降噪，该功能主要基于GPU（单芯处理器）进行分析运算。在“运动特效”面板中，降噪工具主要分为“时域降噪”和“空域降噪”两部分。

3.11 空域降噪 音乐少女

空域降噪主要是对画面空间进行降噪分析，不同于时域降噪会根据时间对一段素材画面进行统一处理，空域降噪只对当前画面进行降噪，当下一帧画面播放时，再对下一帧画面进行降噪。图 3-74 为进行空域降噪前后的效果对比图。

图3-74

步骤 01 启动达芬奇，打开“音乐少女”项目文件，如图 3-75 所示。

步骤 02 在预览窗口中，可以查看打开项目的效果，如图 3-76 所示。

图3-75

图3-76

步骤 03 切换至“调色”界面，展开“运动特效”面板，将“空域阈值”选项区下方的“亮度”和“色度”选项的参数均设置为100.0，如图 3-77 所示。

步骤 04 在预览窗口中，可以预览画面效果，如图 3-78 所示。

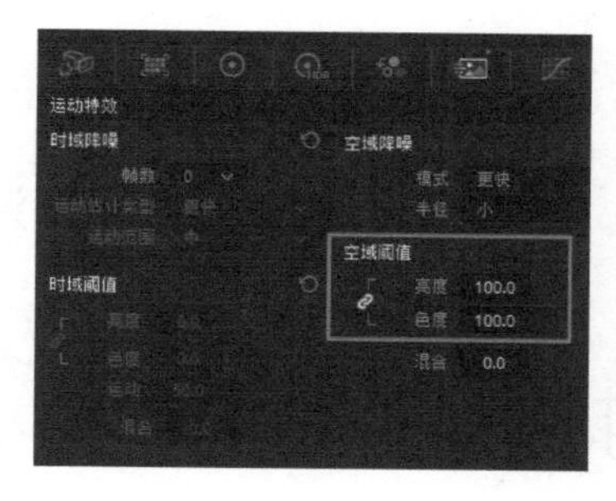

图 3-77

图 3-78

步骤 05 单击“模式”选项右侧的下拉按钮，在下拉列表中选择“更强”选项，如图 3-79 所示。在预览窗口中可以预览空域降噪“更强”模式的画面效果，如图 3-80 所示。

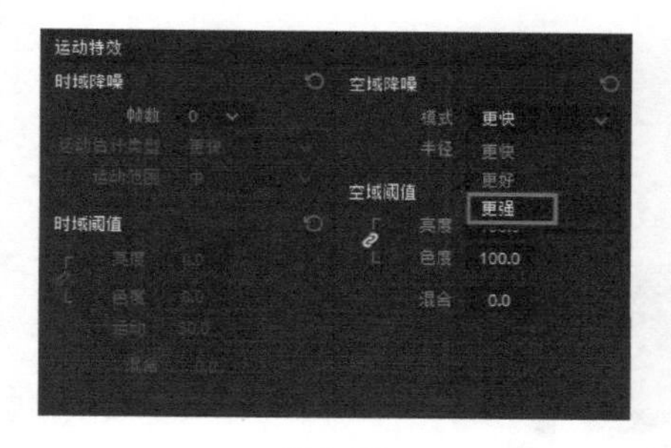

图 3-79

图 3-80

第 4 章

局部细调：对局部进行二级调色

二级调色是在一级调色的基础上，对素材的局部画面进行细节处理，例如处理物品颜色突出、肤色深浅不一等问题，去除杂物，抠像等，并对素材画面进行色彩处理，保证整体色调统一。

4.1 自定义曲线 艳丽花朵

“曲线－自定义”面板主要由两个板块组成，左边是曲线编辑器，右边是曲线参数控制器。在曲线上拖曳控制点，只会影响两个控制点之间的曲线。通过调节曲线的位置，可以调整素材画面中的色彩浓度和明暗对比度。图 4-1 为调色前后的效果对比图。

图 4-1

步骤 01 启动达芬奇软件，打开“艳丽花朵”项目文件，如图 4-2 所示。

步骤 02 在预览窗口中，查看打开项目的效果，如图 4-3 所示，可以发现画面中的花朵色泽浓郁，可以适当将其调淡一些，使画面更为恬淡、静雅。

图 4-2

图 4-3

步骤 03 切换至“调色”界面，在自定义曲线上的合适位置单击，在曲线上添加一个控制点，如图 4-4 所示。

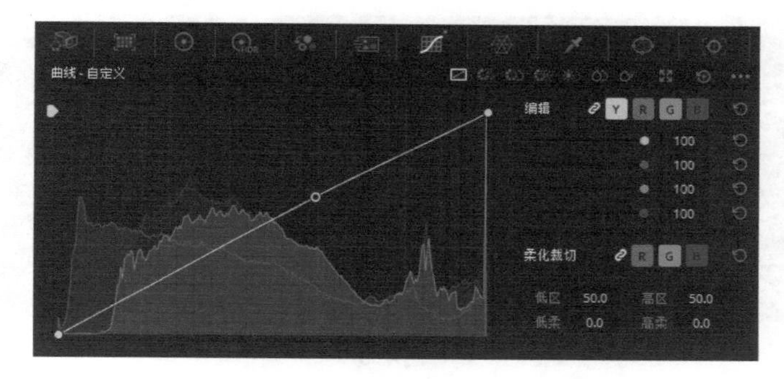

图 4-4

步骤 04 按住鼠标左键并向上拖曳控制点，同时观察预览窗口中画面色彩的变化，至合适位置后释放鼠标，如图 4-5 所示。执行操作后，可以在预览窗口中查看最终的画面效果。

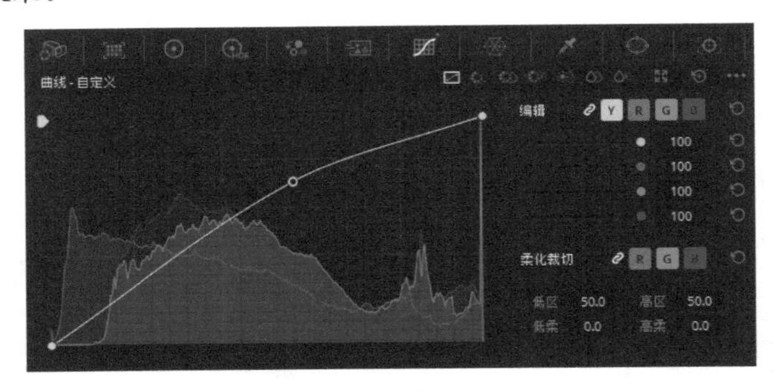

图 4-5

提示

曲线编辑器中的横坐标表示画面的明暗程度，最左边为暗（黑色），最右边为明（白色），纵坐标表示色调。曲线编辑器中有一条对角白线，在白线上单击可以添加控制点，以此线为界限，往左上范围拖曳控制点，可以提高画面的亮度，往右下范围拖曳控制点，可以降低画面的亮度，可以理解为左上为明，右下为暗。当需要删除控制点时，在控制点上单击鼠标右键即可。曲线参数控制器中有Y、R、G和B这4个颜色按钮，分别对应按钮下方的4个曲线调节通道，可以通过左右拖曳Y、R、G、B通道上的圆点滑块调整色彩参数。面板中有一个联动按钮，默认状态下该按钮处于开启状态，拖曳任意一个通道上的滑块，会同时改变其他3个通道的参数。只有将联动按钮关闭，才可以在面板中单独选择某一个通道进行调整操作。在下方的“柔化裁切”选项区中，可以通过输入数值或单击参数文本框后，向左拖曳减小数值或向右拖曳增大数值，调节RGB柔化高低。

4.2 色相 VS 色相 花朵变色

在“曲线-色相对色相”面板中，曲线为水平线，从左向右的色彩范围为红色、绿色、蓝色、红色，曲线左右两端为同一色相，可以通过调节控制点，将素材画面中的色相变成另一种色相。图 4-6 为调色前后的效果对比图。

图 4-6

步骤 01 启动达芬奇软件，打开“花朵变色”项目文件，如图 4-7所示。

步骤 02 在预览窗口中，查看打开项目的效果，如图 4-8 所示，可以看到画面中的花朵是红色的。

图4-7

图4-8

步骤 03 切换至“调色”界面，在“曲线-自定义”面板中，单击“色相 对 色相”按钮，展开“曲线-色相 对 色相”面板，如图 4-9所示。

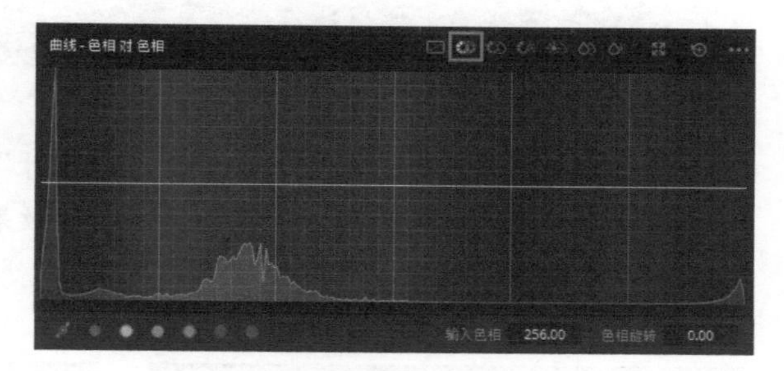

图4-9

步骤 04 在面板的下方单击红色色块，即可在曲线编辑器的曲线上添加3个控制点，如图 4-10 所示。

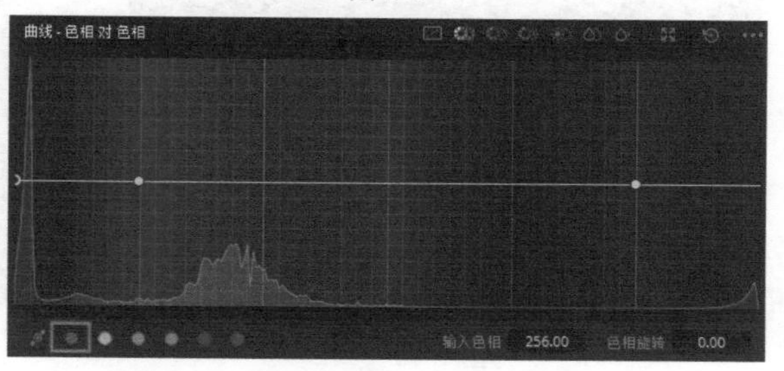

图4-10

步骤 05 选中第 1 个控制点，按住鼠标左键将其向右上方拖曳至合适位置后释放鼠标，如图 4-11 所示，即可改变素材画面中的色相。在预览窗口中可以查看色相转变后的效果。

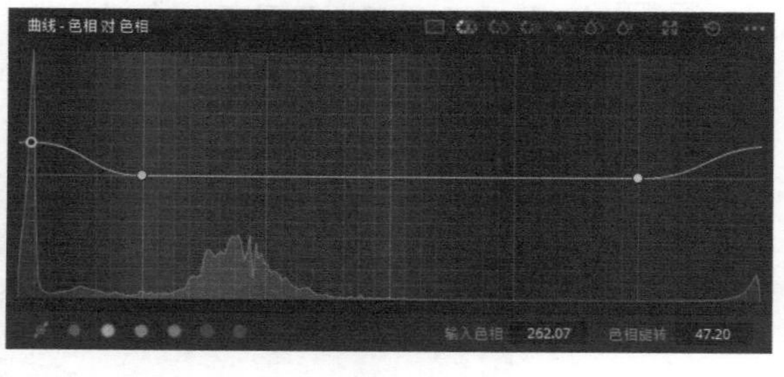

图4-11

提示

“曲线-色相 对 色相”面板的下方有6个颜色色块，单击其中任意一个颜色色块，曲线编辑器的曲线上会自动在相应色相范围内添加3个控制点，两端的控制点用来固定色相边界，中间的控制点用来调节色相。当然，两端的控制点也是可以调节的，用户可以根据需求调节相应控制点。

4.3 色相 VS 饱和度 秋季落叶

“曲线-色相 对 饱和度”面板与“曲线-色相 对 色相”面板相差不大，但制作出来的效果却是不一样的。“曲线-色相 对 饱和度”面板可以校正画面中色相过度饱和或不够饱和的状况。图 4-12 为调色前后的效果对比图。

图 4-12

步骤 01 启动达芬奇软件，打开“秋季落叶”项目文件，如图 4-13 所示。

步骤 02 在预览窗口中，查看打开项目的效果，如图 4-14 所示。可以看到画面中树叶的颜色不够饱和，需要通过“曲线-色相 对 饱和度”面板调整画面中黄色的饱和度。

图 4-13

图 4-14

步骤 03 切换至“调色”界面，在“曲线-自定义”面板中，单击“色相 对 饱和度”按钮，展开“曲线-色相 对 饱和度”面板，如图 4-15 所示。

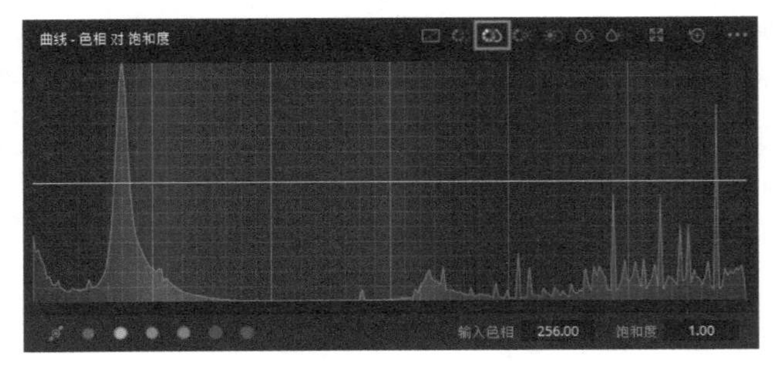

图 4-15

步骤 04　在面板的下方单击黄色色块，即可在曲线上添加3个控制点，如图 4-16 所示。

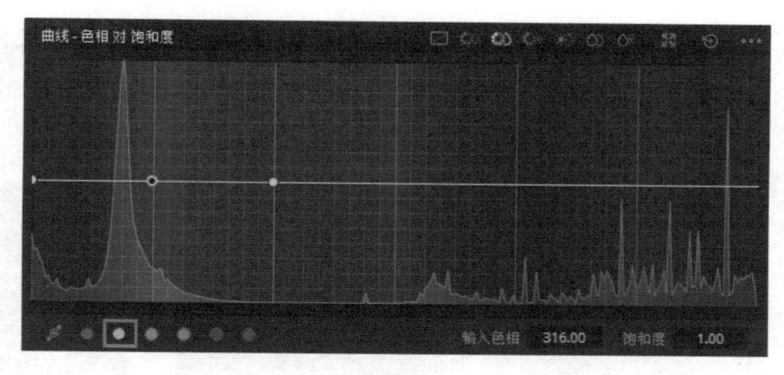

图 4-16

步骤 05　选中第 2 个控制点，按住鼠标左键将其向左上方拖曳，至合适位置后释放鼠标，如图 4-17 所示。执行操作后，可以在预览窗口中查看最终的画面效果。

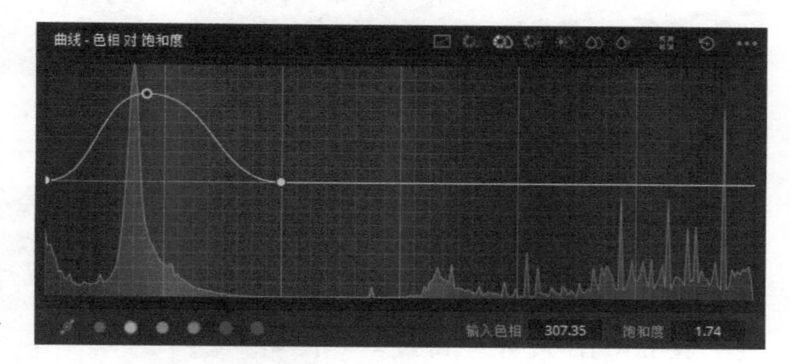

图 4-17

4.4　亮度 VS 饱和度 城市灯光

“曲线 - 亮度 对 饱和度”面板主要是在画面原本色调的基础上进行调整，而不是在色相范围的基础上进行调整。在“曲线 - 亮度 对 饱和度”面板中，横轴的左边为黑色，表示画面中的阴影部分；横轴的右边为白色，表示画面中的高光部分。以水平曲线为界，上下拖曳曲线上的控制点，可以提高或降低指定区域的饱和度。使用“曲线 - 亮度 对 饱和度”面板调色，可以根据需求在画面的阴影处或明亮处调整饱和度。图 4-18 为调色前后的效果对比图。

图 4-18

步骤 01 启动达芬奇，打开“城市灯光”项目文件，如图 4-19 所示。

步骤 02 在预览窗口中，查看打开项目的效果，如图 4-20 所示，可以看到画面中的灯光偏暗，因此需要将高光部分的饱和度调高。

图 4-19

图 4-20

步骤 03 切换至“调色”界面，在“曲线-自定义”面板中，单击“亮度对饱和度”按钮，展开“曲线-亮度对饱和度”面板，如图 4-21 所示。

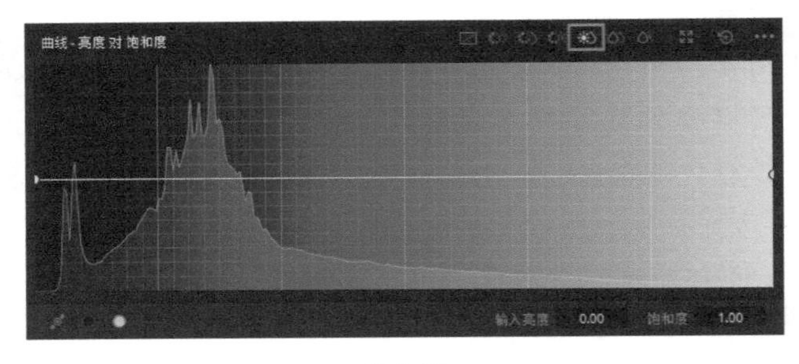

图 4-21

步骤 04 将鼠标指针移至水平曲线上的合适位置，单击即可在曲线上添加一个控制点，如图 4-22 所示。

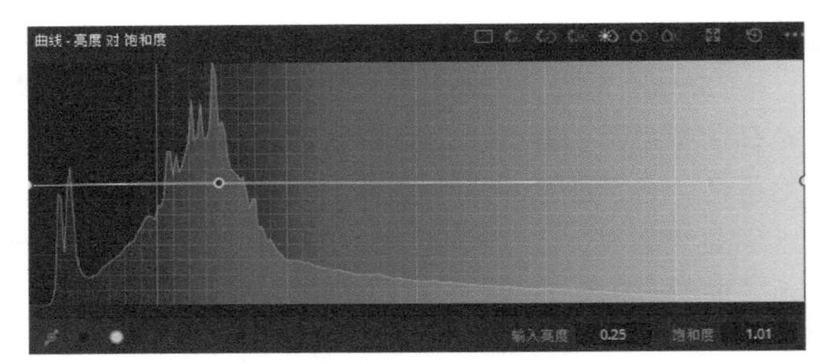

图 4-22

步骤 05 选中添加的控制点并将其向上拖曳，直至“输入亮度”参数显示为 0.25、“饱和度”参数显示为 1.61，如图 4-23 所示。执行操作后，在预览窗口中可以查看调节后的效果。

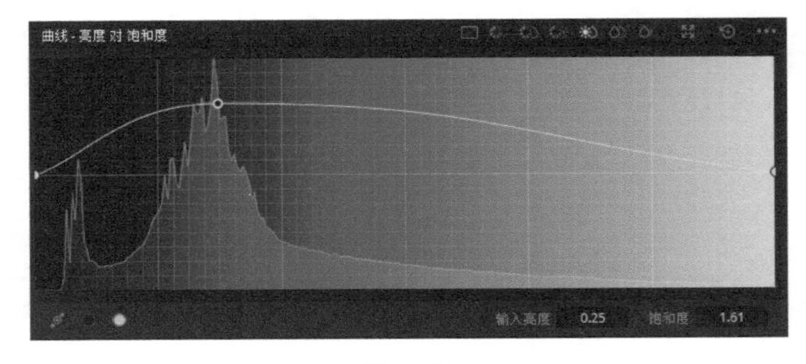

图 4-23

4.5 饱和度 VS 饱和度 彩色睡莲

“曲线-饱和度 对 饱和度”面板也是在画面原本色调的基础上进行调整，主要用于调节画面中过度饱和和饱和度不够的区域。在“曲线-饱和度 对 饱和度”面板中，横轴的左边为画面中的低饱和区，横轴的右边为画面中的高饱和区。以水平曲线为界，上下拖曳曲线上的控制点，可以提高或降低指定区域的饱和度。图 4-24 为调色前后的效果对比图。

图 4-24

步骤 01 启动达芬奇软件，打开“彩色睡莲”项目文件，如图 4-25 所示。在预览窗口中，查看打开项目的效果，如图 4-26 所示。

图 4-25

图 4-26

步骤 02 切换至“调色”界面，在“曲线-自定义”面板中，单击“饱和度 对 饱和度”按钮，展开“曲线-饱和度 对 饱和度”面板，如图 4-27 所示。

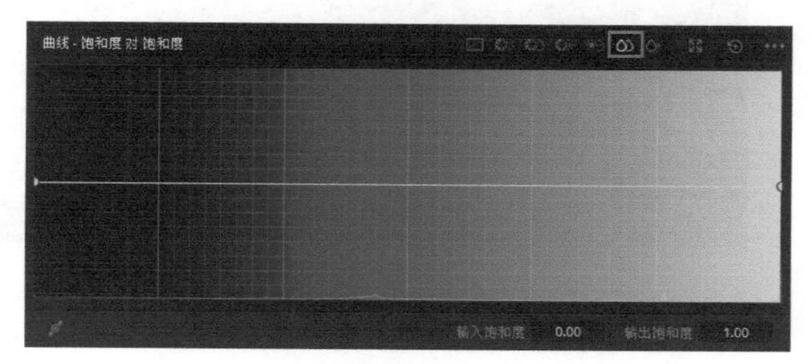

图 4-27

步骤 03 在水平曲线的中间位置单击添加一个控制点，以此为分界点，左边为低饱和区，右边为高饱和区，如图 4-28 所示。

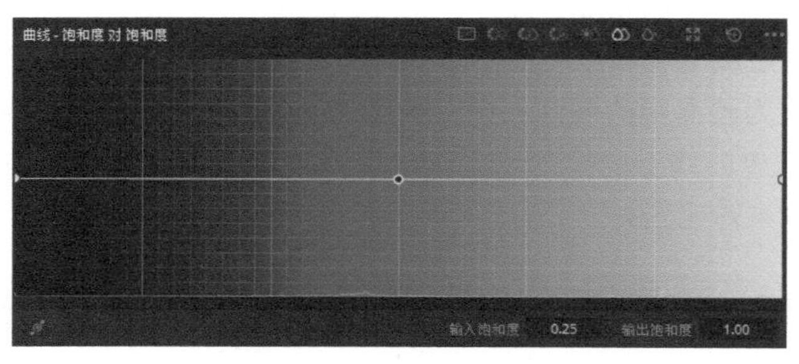

图 4-28

提示

在“曲线-饱和度 对 饱和度”面板中的水平曲线上添加一个控制点作为分界点，这样在调节低饱和区时，不会影响高饱和区，反之，在调节高饱和区时，不会影响低饱和区。

步骤 04 在低饱和区的曲线上单击，添加一个控制点，如图 4-29 所示。

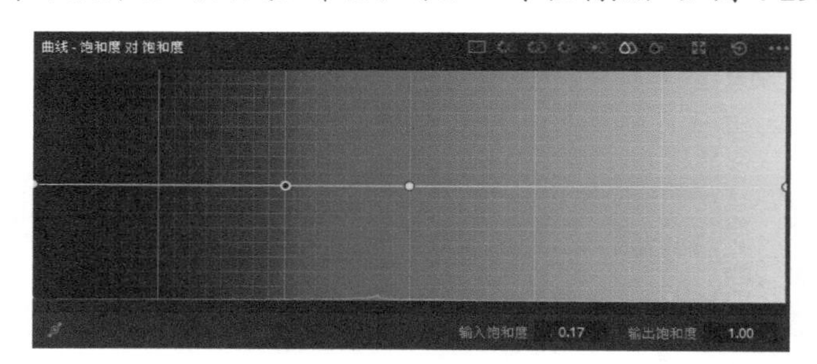

图 4-29

步骤 05 选中上一步添加的控制点并向上拖曳，直至“输入饱和度”参数显示为 0.17、“输出饱和度”参数显示为 1.88，如图 4-30 所示。在预览窗口中可以查看提高饱和度后的效果。

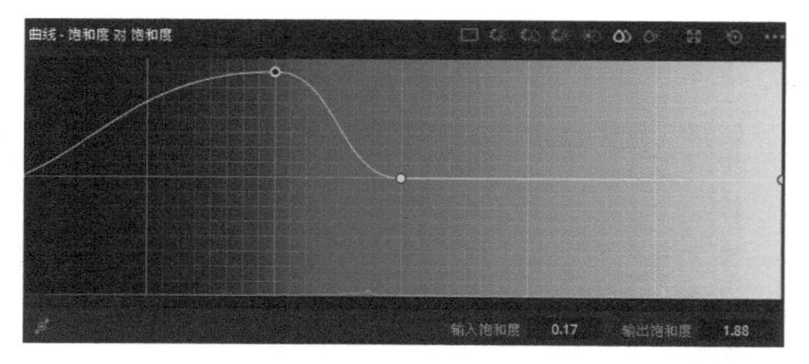

图 4-30

4.6 HSL 限定器 橙子变色

HSL 限定器主要通过“拾取器”工具并根据图像的色相、饱和度及亮度来进行抠像。当用户使用“拾取器”工具在图像上进行色彩取样时，HSL 限定器会自动对选取部分的色相、饱和度及亮度进行综合分析。下面将以案例的形式介绍使用 HSL 限定器创建选区进行抠像调色的方法，图 4-31 为调色前后的效果对比图。

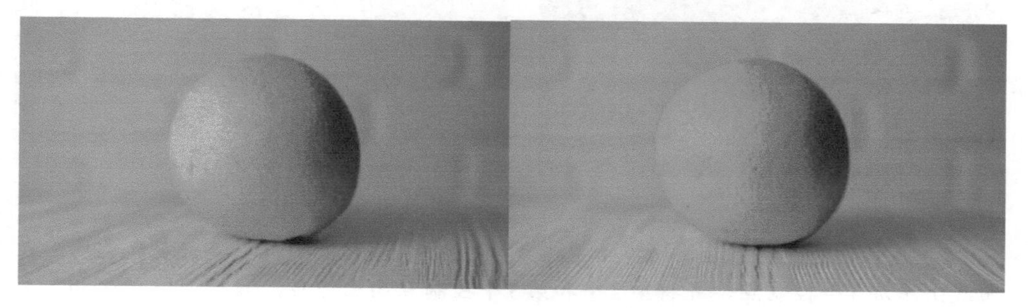

图 4-31

步骤 01 启动达芬奇，打开“橙子变色”项目文件，如图 4-32 所示。

步骤 02 在预览窗口中，可以查看打开项目的效果，如图 4-33 所示。画面中的橙子为黄色，可以使用 HSL 限定器，在不改变画面中其他部分的情况下，将橙子变为橘色。

图 4-32

图 4-33

步骤 03 切换至“调色”界面，单击“限定器”按钮，展开“限定器 -HSL”面板，如图 4-34 所示。

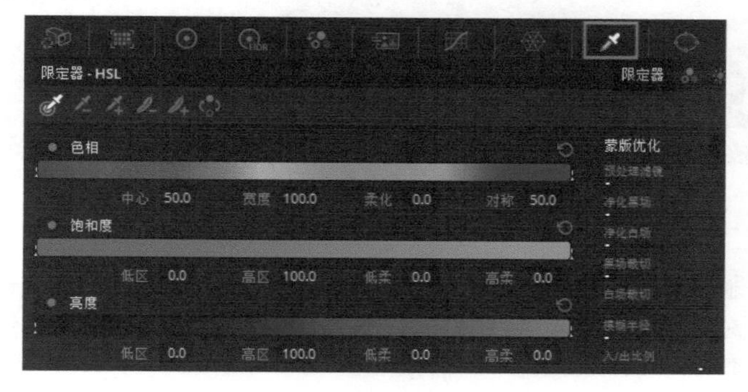

图 4-34

步骤 04 将鼠标指针移至界面左上方，单击“突出显示”按钮，如图 4-35所示。在预览窗口中，按住鼠标左键拖曳选取黄色区域，此时未被选取的区域呈灰色，如图 4-36所示。

图4-35

图4-36

步骤 05 完成抠像后，切换至“曲线-色相 对 色相”面板，单击黄色色块，在曲线上添加3个控制点，并将第2个和第3个控制点向上拖曳，直至“输入色相”参数显示为316.18、“色相旋转”参数显示为21.60，如图 4-37所示。

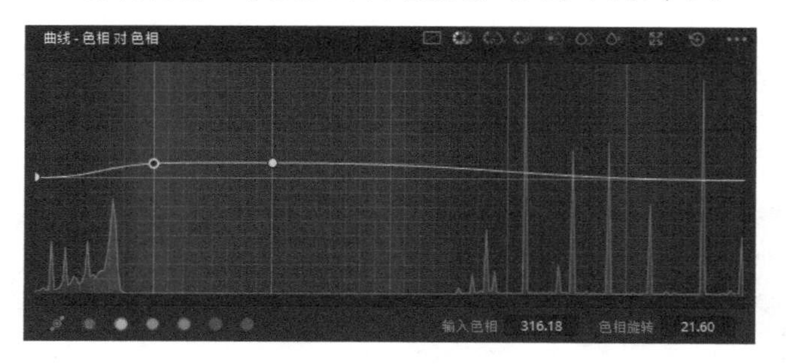

图4-37

步骤 06 执行操作后，即可将橙子变为橘色，再次单击“突出显示”按钮，如图 4-38所示，可以恢复未被选取的区域的颜色，查看最终画面效果。

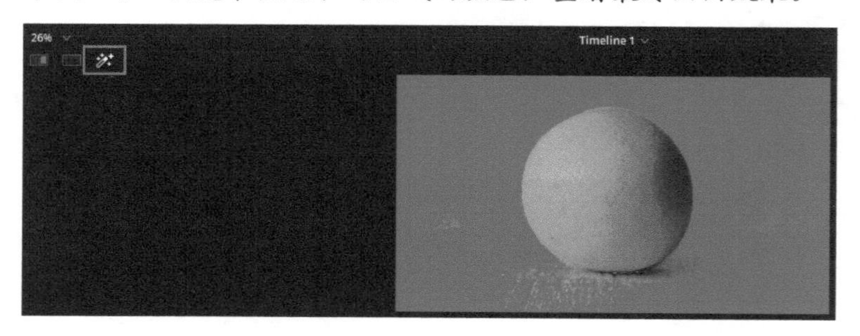

图4-38

提示

对素材进行抠像调色是二级调色的一个环节。达芬奇的“限定器-HSL”面板中包含了4种抠像操作模式，分别是HSL限定器、RGB限定器、亮度限定器及3D限定器，可以帮助用户在素材画面中创建选区，把不同亮度、不同色调的部分画面分离出来，然后根据亮度、风格、色调等，对分离出来的部分画面进行针对性的色彩调节。

知识专题：HSL 限定器的工具按钮

“限定器 -HSL”面板中共有 6 个工具按钮，其作用如下。

◇ “拾取器”按钮：单击该按钮，鼠标指针即可变为滴管形状，可以在预览窗口的素材画面中通过单击或对相同颜色进行取样抠像。

◇ “拾取器减”按钮：其操作方法与“拾取器”工具一样，可以在预览窗口的素材画面上，通过单击或拖曳鼠标减少抠像区域。

◇ “拾取器加”按钮：其操作方法与“拾取器”工具一样，可以在预览窗口的素材画面上，通过单击或拖曳鼠标增加抠像区域。

◇ “柔化减”按钮：单击该按钮，可以在预览窗口的素材画面上，通过单击或拖曳鼠标减弱抠像区域的边缘。

◇ “柔化加”按钮：单击该按钮，可以在预览窗口的素材画面上，通过单击或拖曳鼠标优化抠像区域的边缘。

◇ “反向”按钮：单击该按钮，可以在预览窗口中反选未被选中的区域。

4.7 RGB 限定器 青青草地

RGB 限定器主要根据红色、绿色、蓝色 3 个颜色通道的范围和柔化程度来进行抠像，它可以很好地帮助用户处理图像上 RGB 色彩分离的情况。下面将介绍具体的操作方法，图 4-39 为调色前后的效果对比图。

图 4-39

步骤 01 启动达芬奇软件，打开“青青草地”项目文件，如图 4-40 所示。

步骤 02 在预览窗口中，可以查看打开项目的效果，如图 4-41 所示。画面中的草地有些泛黄，可以使用 RGB 限定器，在不改变画面中其他部分的情况下，将草地变绿。

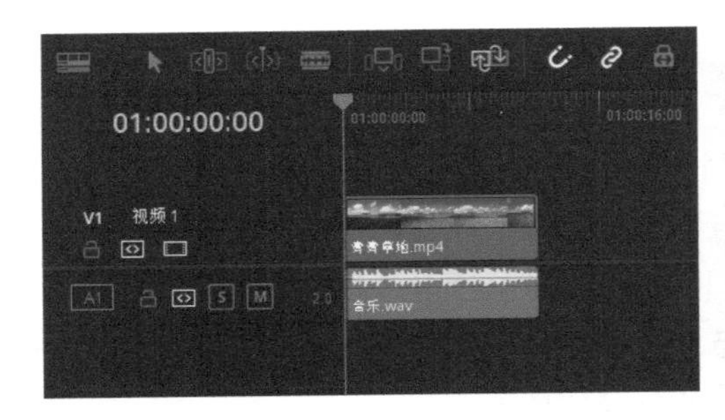

图 4-40

图 4-41

步骤 03 切换至“调色”界面，单击“限定器”按钮，展开“限定器-HSL”面板，在该面板中单击“RGB”按钮，展开“限定器-RGB”面板，如图 4-42 所示。

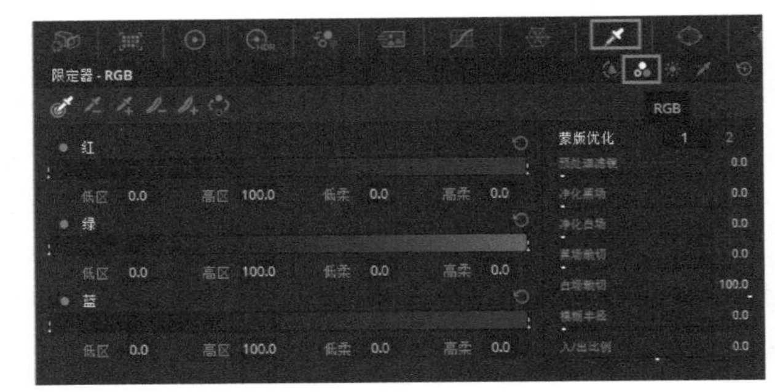

图 4-42

步骤 04 将鼠标指针移至界面左上方，单击“突出显示”按钮，如图 4-43 所示。在预览窗口中，按住鼠标左键拖曳，选取草地区域，此时未被选取的区域呈灰色，如图 4-44 所示。

图 4-43

图 4-44

步骤 05 完成抠像后，展开“一级-校色轮”面板，在面板的下方设置“阴影”参数为 51.00、“饱和度”参数为 80.00、“色相”参数为 45.00，如图 4-45 所示。执行操作后，在预览窗口中可以查看画面的最终效果。

图 4-45

4.8 亮度限定器 雨夜路灯

亮度限定器与HSL限定器相应面板中的布局有些类似，差别在于亮度限定器相应面板中的色相和饱和度两个通道是禁止使用的，也就是说，亮度限定器只能通过亮度通道来分析素材画面中被选取的画面。下面将介绍具体的操作方法，图 4-46为调色前后的效果对比图。

图4-46

步骤 01 启动达芬奇，打开“雨夜路灯”项目文件，如图 4-47所示。

步骤 02 在预览窗口中，可以查看打开项目的效果，如图 4-48所示。画面过于昏暗，需要提高画面中灯光的亮度。

图4-47

图4-48

步骤 03 切换至“调色”界面，展开“限定器-HSL”面板，在面板中单击“亮度”按钮，展开“限定器-亮度”面板，如图 4-49所示。

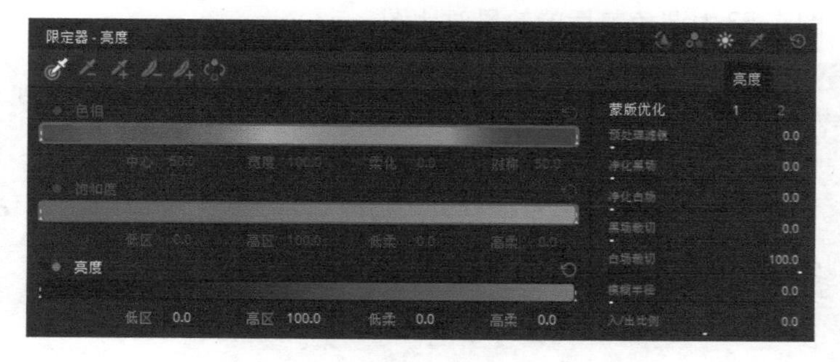

图4-49

步骤 04 将鼠标指针移至界面左上方，单击“突出显示”按钮，如图 4-50 所示。在预览窗口中单击，选取画面中最亮的一处，同时相同亮度范围内的画面区域也会被选取，如图 4-51 所示。

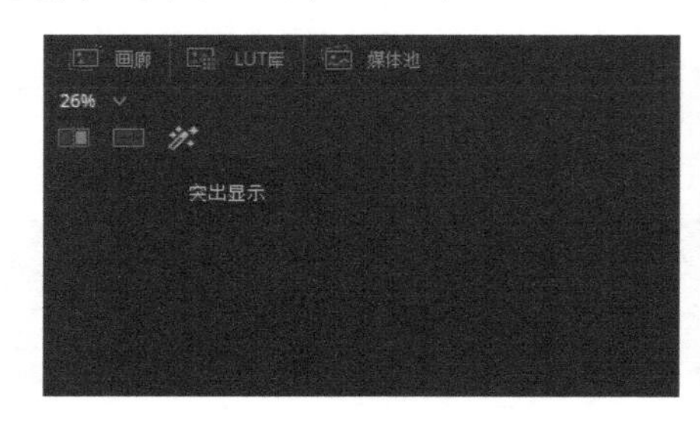

图 4-50

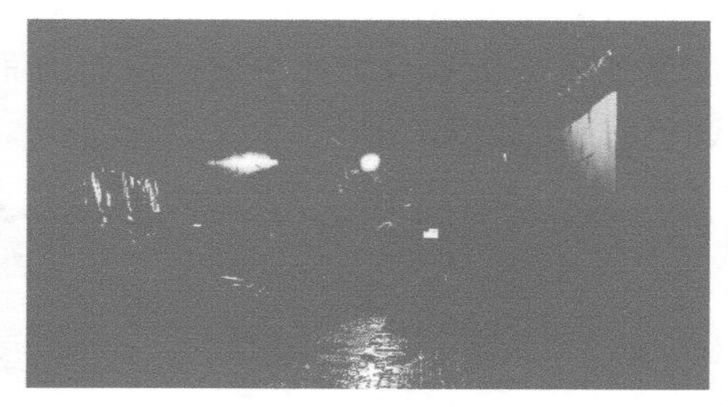

图 4-51

步骤 05 完成抠像后，切换至“一级 - 校色轮”面板，向右拖曳“亮部”色轮下方的轮盘，直至参数均显示为 7.71，再在面板的上方设置“色温”参数为 500.0，在面板的下方设置“高光”参数为 100.00，如图 4-52 所示。执行操作后，在预览窗口中可以查看最终效果。

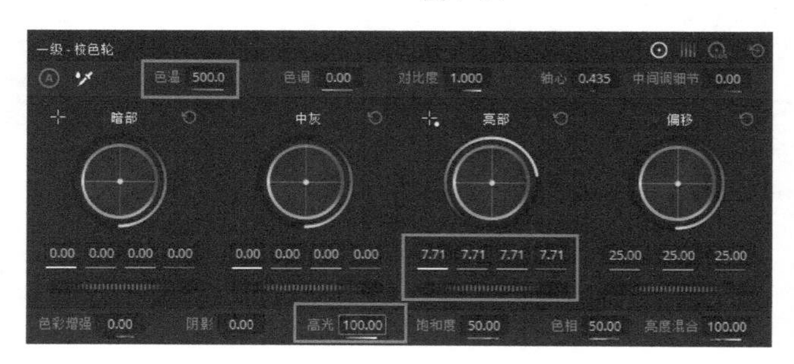

图 4-52

提示

用户可以根据需要拖曳亮度通道中的滑块，以扩大或缩小亮部的选取范围。同理，使用 HSL 限定器和 RGB 限定器创建选区进行抠像时，也可以通过拖曳通道中的滑块调整相应的选取范围。

4.9 3D 限定器 玫瑰花开

在达芬奇中，使用 3D 限定器对素材画面进行抠像调色，只需要在“检查器”面板的预览窗口中画一条线，选取需要进行抠像的素材画面，即可创建 3D 键控。对选取的画面的色彩进行取样后，即可对采集到的颜色根据亮度、色相、饱和度等进行调整。图 4-53 为调色前后的效果对比图。

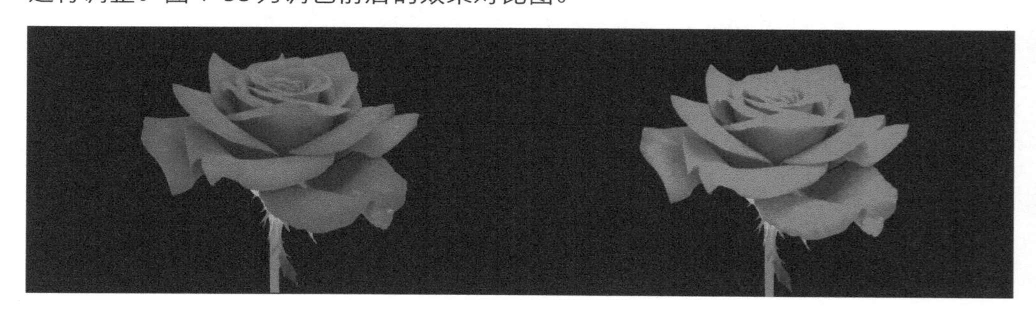

图 4-53

步骤 01 启动达芬奇，打开“玫瑰花开”项目文件，如图 4-54 所示。在预览窗口中，可以查看打开项目的效果，如图 4-55 所示。

图 4-54

图 4-55

步骤 02 切换至“调色”界面，单击“限定器”按钮，展开“限定器-HSL”面板，在该面板中单击“3D”按钮，展开“限定器-3D”面板，如图 4-56 所示。

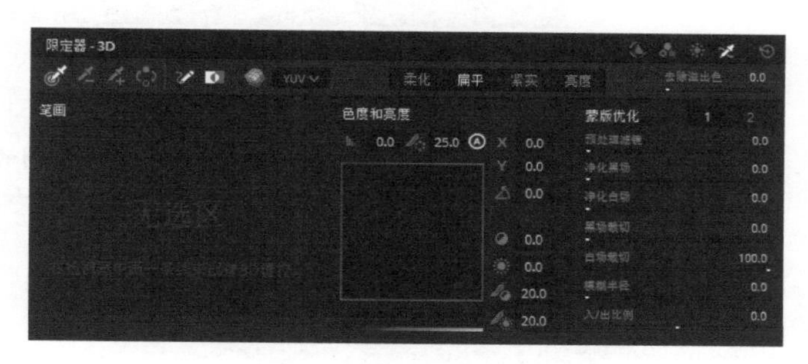

图 4-56

步骤 03 在“限定器-3D”面板中，单击“拾取器”按钮，在预览窗口的色彩画面上画一条线，如图 4-57 所示。

步骤 04 执行操作后，即可将采集到的颜色显示在“限定器-3D”面板中，创建色块选区，如图 4-58 所示。

图 4-57

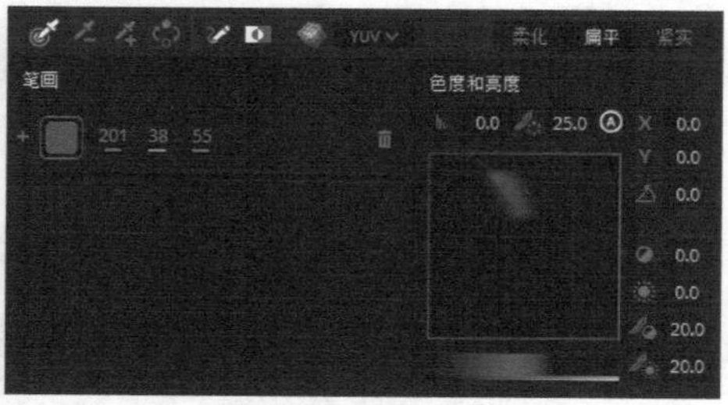

图 4-58

步骤 05 在“检查器”面板的左上方，单击“突出显示”按钮，在预览窗口中可以查看被选取的区域画面，如图 4-59 所示。

图 4-59

步骤 06 切换至“一级-校色轮”面板，按住“亮部”色轮中间的白色圆圈，向左上方的红色拖曳，至合适位置后释放鼠标，如图 4-60 所示。执行操作后，可以在预览窗口中查看最终效果。

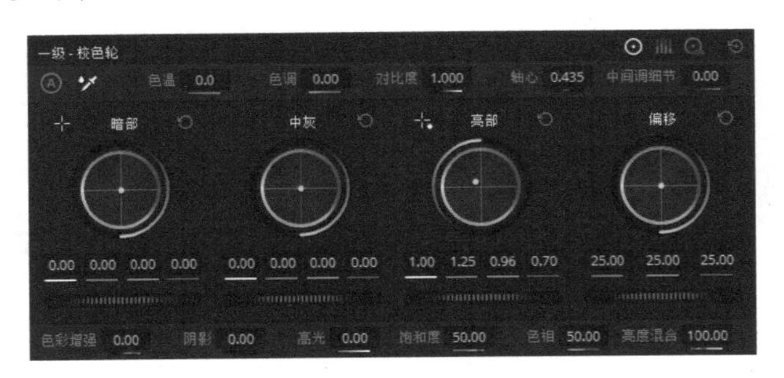

图 4-60

提示

3D限定器支持用户在素材画面上画多条线，每条线采集到的颜色都会显示在“限定器-3D”面板中，同时该面板中还会显示采集颜色的RGB参数值。用户如果多采集了一种颜色，可以单击采集样条右边的“删除”按钮进行清除。

知识专题：认识“窗口”面板

在达芬奇软件的“调色功能”面板中单击“窗口”按钮，即可展开“窗口”面板，如图 4-61 所示。用户可以使用“四边形”工具、“圆形”工具、“多边形”工具、“曲线”工具及“渐变”工具在素材画面中绘制蒙版遮罩，对蒙版遮罩区域进行调色。

面板的右侧有两个选项区，分别是“变换”选项区和“柔化”选项区。用户绘制蒙版遮罩时，可以在这两个选项区中对遮罩大小、宽高比、边缘柔化等参数进行微调，使需要调色的遮罩画面的色彩更加精准。

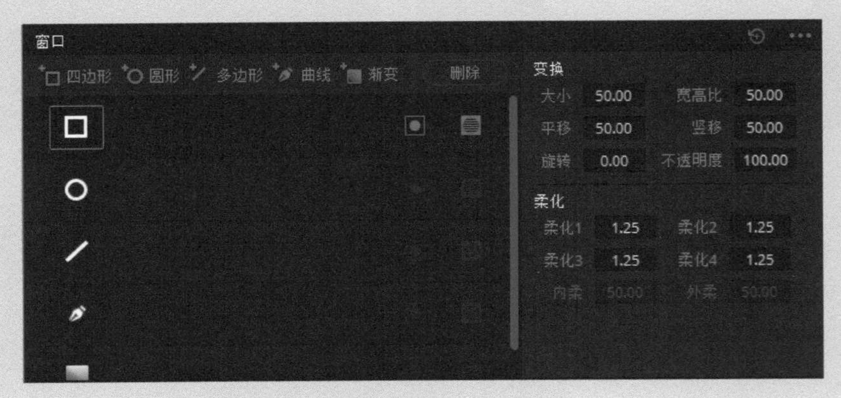

图 4-61

在“窗口”面板中，用户需要了解以下几个按钮的作用。

◇ 形状工具按钮 四边形 圆形 多边形 曲线 渐变：“窗口”面板的上方有四边形、圆形、多边形、曲线及渐变5个形状工具的按钮，单击任意一个形状工具的按钮，即可在“窗口”面板中新增一个相应的形状窗口。

◇ “删除”按钮：在“窗口”面板中选择新增的形状窗口，单击“删除”按钮，即可将该形状窗口删除。

◇ “反向”按钮：单击该按钮，可以反向选中素材画面上蒙版遮罩选区之外的画面区域。

◇ “遮罩”按钮：单击该按钮，可以将素材画面上的蒙版设置为遮罩，可以用于多个蒙版窗口进行布尔运算。

◇ “全部重置”按钮：单击该按钮，可以将素材画面上绘制的形状窗口全部清除重置。

4.10 遮罩蒙版 城市天空

应用“窗口”面板中的形状工具在素材画面上绘制蒙版，用户可以根据需要调整默认蒙版的大小、位置和形状。下面将介绍具体的操作方法，图 4-62 为调色前后的效果对比图。

图4-62

步骤 01 启动达芬奇，打开“城市天空”项目文件，如图 4-63 所示。

步骤 02 在预览窗口中，可以查看打开项目的效果，如图 4-64 所示。可以将视频画面分为两部分：一部分是城市，属于阴影区域；另一部分是天空，属于明亮区域。画面中天空的颜色比较淡，没有蓝天白云的光彩，需要将明亮区域的饱和度调高一些。

图4-63

图4-64

步骤 03 切换至“调色”界面，单击“窗口”按钮，展开“窗口”面板，如图 4-65 所示。

步骤 04 在“窗口”面板中选择“多边形”工具，如图 4-66 所示。

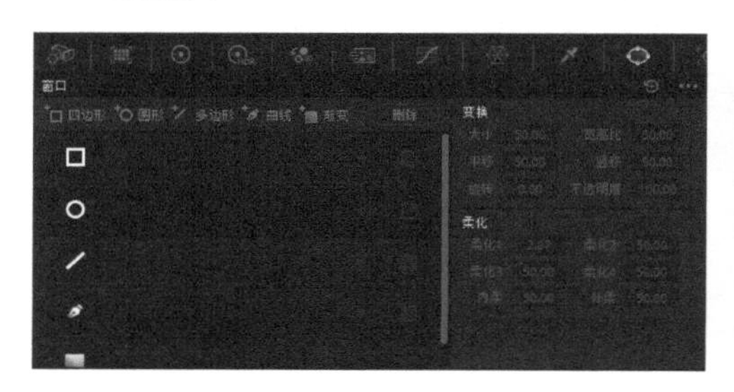

图4-65

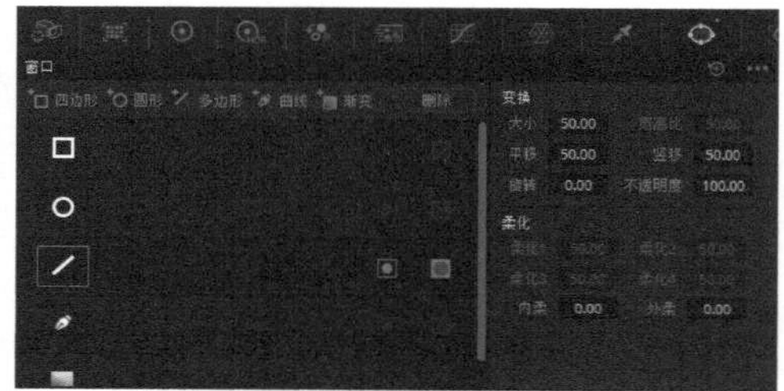

图4-66

步骤 05 执行操作后，预览窗口中的素材画面上会出现一个矩形蒙版，如图 4-67 所示。

步骤 06 拖曳蒙版四周的控制柄，调整蒙版的位置和大小，如图 4-68 所示。

图4-67

图4-68

步骤 07 执行操作后，展开“一级-校色轮”面板，将“中灰”色轮的参数均调整至1.07，按住“偏移”色轮中间的白色圆圈，向右下方的蓝色拖曳，至合适位置后释放鼠标，并在面板下方设置“高光”参数为20.00，如图 4-69 所示。执行操作后，可以在预览窗口中查看最终效果。

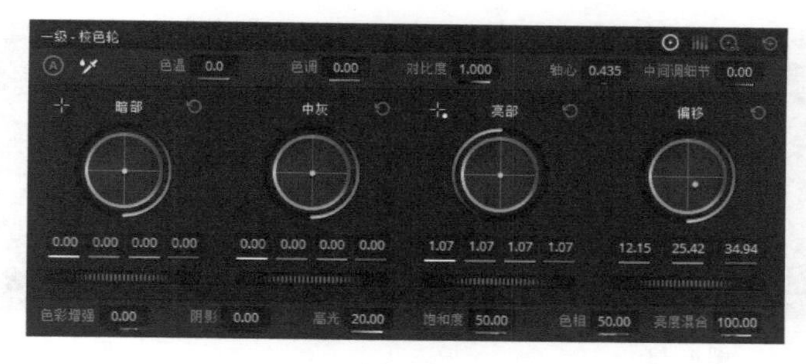

图4-69

4.11 跟踪对象 蝴蝶和花

在“跟踪器-窗口”面板中，“跟踪”模式可以用来锁定跟踪对象的多种运动变化。下面将介绍使用达芬奇软件的跟踪功能辅助二级调色的方法，图 4-70为调色前后的效果对比图。

图4-70

步骤 01 启动达芬奇，打开“蝴蝶和花”项目文件，如图 4-71所示。

步骤 02 在预览窗口中，可以查看打开项目的效果，如图 4-72所示。下面将对画面中的花进行调色。

图4-71

图4-72

步骤 03 切换至“调色”界面，在“窗口”面板中选择“多边形”工具，如图 4-73所示。

步骤 04 在预览窗口中，沿花的边缘绘制一个蒙版遮罩，如图 4-74所示。

图 4-73

图 4-74

步骤 05 创建选区之后，切换至“曲线-色相 对 色相”面板，单击黄色色块，在曲线上添加3个控制点，并将第2个和第3个控制点向上拖曳，直至“输入色相”参数显示为17.03、“色相旋转”参数显示为21.60，如图 4-75 所示。

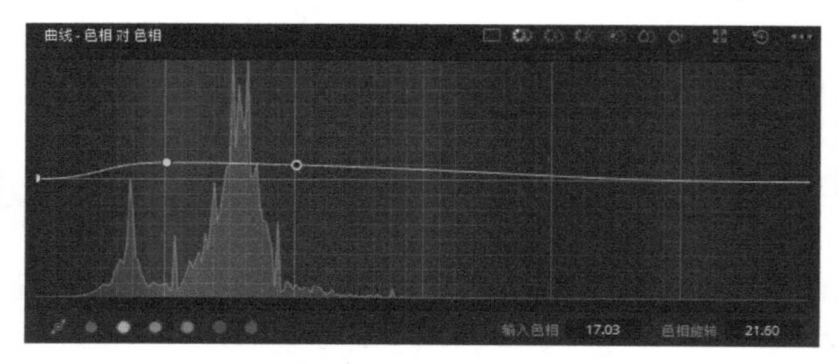

图 4-75

步骤 06 在“检查器”面板中，单击“播放”按钮▶播放视频，在预览窗口中可以看到，当画面中花的位置发生变化时，绘制的蒙版依旧停留在原处，蒙版位置没有发生任何变化，此时花与蒙版分离，调整后的效果只作用于蒙版选区，与蒙版分离的花将恢复原样，如图 4-76 所示。

图 4-76

步骤 07 单击“跟踪器”按钮，展开“跟踪器”面板，在面板的下方勾选“交互模式”复选框，单击“插入”按钮，如图 4-77 所示。

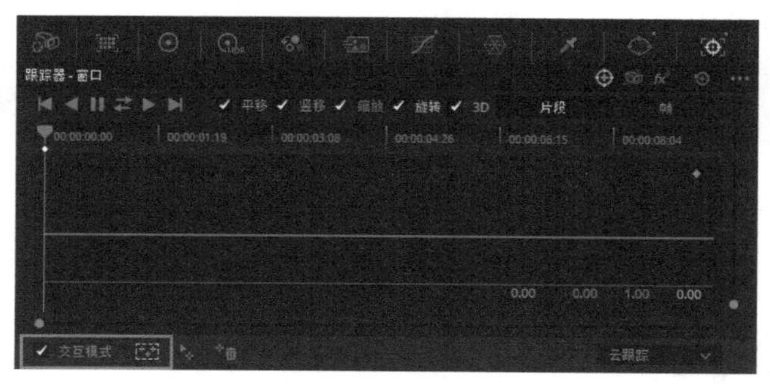

图 4-77

步骤 08 在面板的上方，单击“正向跟踪”按钮▶，如图 4-78 所示。

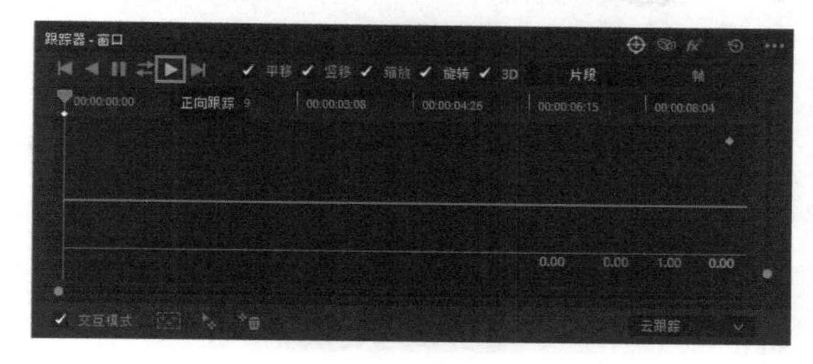

图 4-78

步骤 09 执行操作后，即可在曲线图上查看跟踪对象曲线的变化情况，如图 4-79 所示。

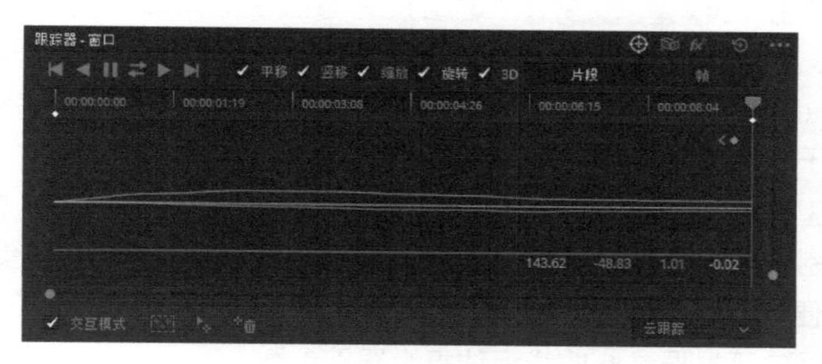

图 4-79

步骤 10 在“检查器”面板中，单击“播放”按钮▶播放视频，查看添加跟踪器后的蒙版效果，如图 4-80 所示。

图 4-80

知识专题：“跟踪器”面板的各项功能

“跟踪器”面板提供了“平移”跟踪类型、“竖移”跟踪类型、“缩放”跟踪类型、“旋转”跟踪类型及“3D”跟踪类型等，跟踪对象的运动路径会显示在面板中的曲线图上，“跟踪器”面板如图 4-81 所示。

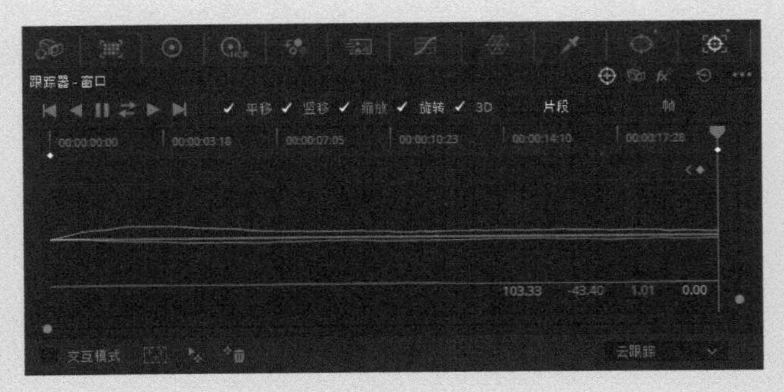

图4-81

“跟踪器”面板的各项功能如下。

◇ 跟踪操作按钮：这组按钮与监视器窗口中的“播放”按钮虽然相似，但作用却是不一样的，从左至右分别是“向后跟踪一帧”“反向跟踪”“停止跟踪”“正向跟踪与反向跟踪”“正向跟踪”“向前跟踪一帧”按钮，它们用于跟踪指定对象的运动画面。

◇ 跟踪类型 ✓ 平移 ✓ 竖移 ✓ 缩放 ✓ 旋转 ✓ 3D ：“跟踪器”面板中共有5种跟踪类型，分别是“平移”“竖移”“缩放”“旋转”“3D”，勾选相应类型左侧的复选框，便可以开始跟踪指定对象，跟踪完成后，面板中会显示相应类型的曲线，用户可根据这些曲线评估每个跟踪参数。

◇ “片段”按钮：跟踪器默认为“片段”模式，方便对添加的蒙版进行整体移动。

◇ “帧”按钮：单击该按钮，切换为“帧”模式，对窗口的位置和控制点进行关键帧制作。

◇ “设置跟踪点”按钮：单击该按钮，可以在素材画面的指定位置或指定对象上添加一个或多个跟踪点。

◇ “删除”按钮：单击该按钮，可以删除在画面上添加的跟踪点。

◇ 跟踪模式下拉按钮：单击该按钮，弹出的下拉列表中有两个选项，一个是“点跟踪”，另一个是“云跟踪”。“点跟踪”模式可以在画面上创建一个或多个十字形跟踪点，并且可以手动定位画面上比较特别的跟踪点；“云跟踪”模式可以自动跟踪画面上的全部跟踪点。

◇ 缩放滑块：曲线图右边和下边各有一个缩放滑块，拖曳纵向的滑块可以缩放曲线之间的间隙，拖曳横向的滑块可以拉长或缩短曲线。

◇ “窗口”按钮：单击该按钮，系统默认为“窗口”模式面板。

◇ “清除所有跟踪点”按钮：单击该按钮，将重置在“跟踪器”面板中做的所有操作。

◇ “设置”按钮：单击该按钮，将弹出“跟踪器”面板的隐藏设置菜单。

4.12 模糊处理 国宝熊猫

在“模糊-模糊”面板中，通过调整通道控制条上的滑块，可以为素材制作出高斯模糊效果。将“半径”通道控制条上的滑块向上拖曳，可以增加素材的模糊度；将“半径”通道控制条上的滑块向下拖曳，则可以降低素材的模糊度，增加锐化度。将“水平/垂直比率”通道控制条上的滑块向上拖曳，被模糊或被锐化后的素材会沿水平方向扩大影响范围；将“水平/垂直比率”通道控制条上的滑块向下拖曳，被模糊或被锐化后的素材则会沿垂直方向扩大影响范围。下面将通过案例的形式讲解对视频的局部画面进行模糊处理的操作方法，图 4-82 为进行模糊处理前后的效果对比图。

图 4-82

步骤 01 启动达芬奇，打开“国宝熊猫”项目文件，如图 4-83 所示。

步骤 02 在预览窗口中，可以查看打开项目的效果，如图 4-84 所示。下面将对熊猫的背景进行模糊处理。

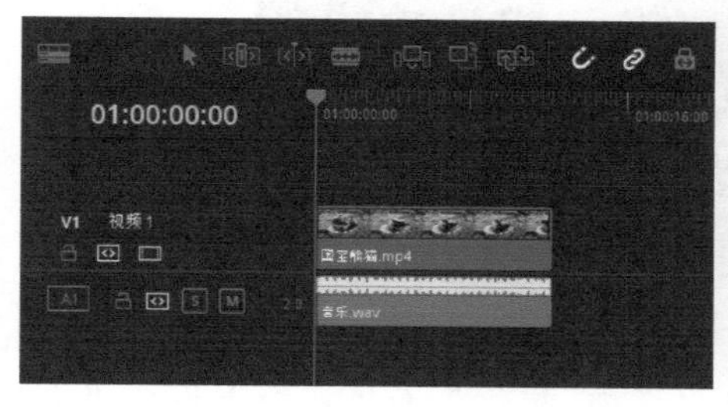

图 4-83

图 4-84

步骤 03 切换至“调色”界面，在“窗口”面板中选择“圆形”工具，如图 4-85 所示。

步骤 04 在预览窗口中，创建一个圆形蒙版遮罩，如图 4-86 所示。

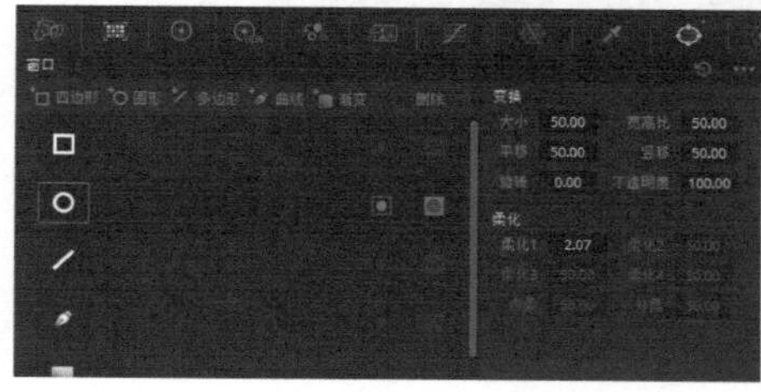

图 4-85

图 4-86

步骤 05　在“窗口”面板中，单击“反向”按钮，如图 4-87 所示，反向选取熊猫。

步骤 06　在“变换”选项区中，设置“大小”参数为54.78、“宽高比”参数为55.30、“平移”参数为49.68、“竖移”参数为50.18；在“柔化”选项区中，设置“柔化1”参数为3.97，柔化选区边缘，如图 4-88 所示。

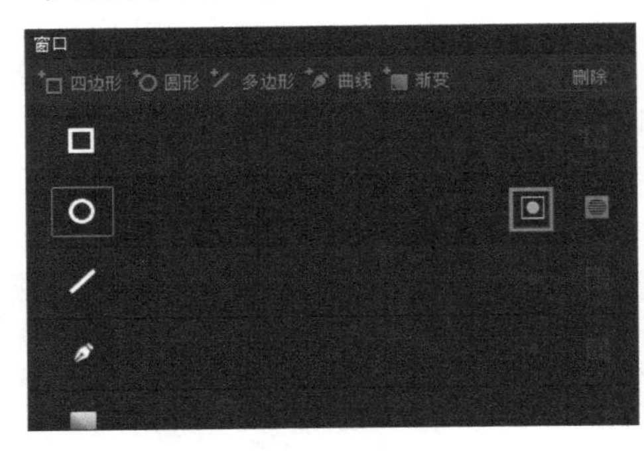

图4-87

图4-88

步骤 07　切换至“跟踪器”面板，在面板的下方勾选“交互模式”复选框，单击“插入”按钮，插入特征跟踪点，单击“正向跟踪”按钮，跟踪素材运动路径，如图 4-89 所示。

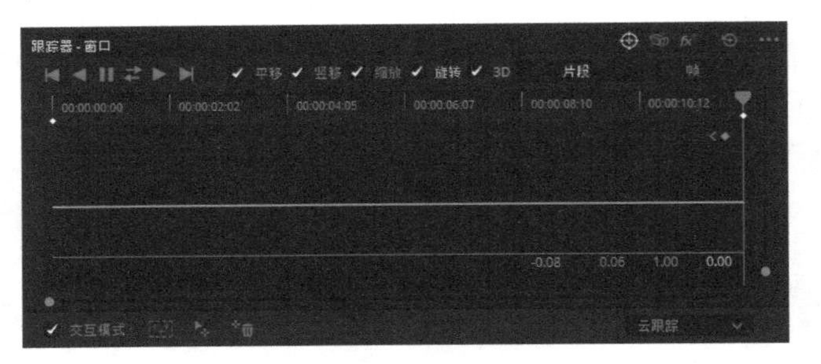

图4-89

步骤 08　单击“模糊”按钮，展开“模糊-模糊”面板，向上拖曳“半径”通道控制条上的滑块，直至参数均显示为0.74，如图 4-90 所示，即可完成对视频的局部画面进行模糊处理的操作。

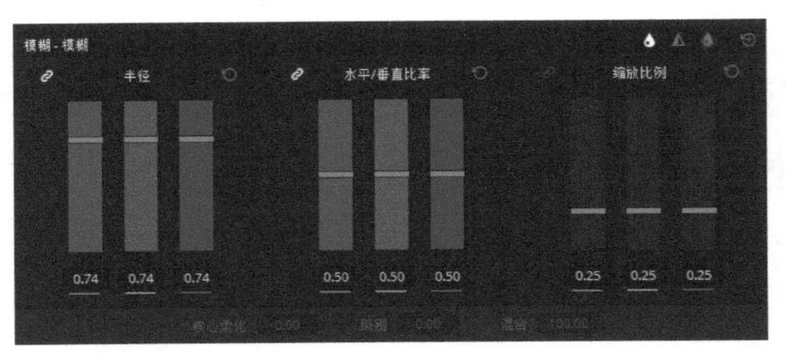

图4-90

4.13 锐化处理 紫色花朵

虽然在“模糊-模糊”面板中，减小“半径”通道的RGB参数可以提高素材画面的锐化度，但达芬奇中有一个“模糊-锐化”面板是专门用来调整画面锐化度的。相较于“模糊-模糊”面板，“模糊-锐化”面板中除了“混合”参数无法调控设置外，“核心柔化”“级别”参数均可进行调控设置。下面将通过案例的形式介绍对视频的局部画面进行锐化处理的操作方法，图4-91为进行锐化处理前后的效果对比图。

图4-91

步骤 01 启动达芬奇，打开“紫色花朵”项目文件，如图4-92所示。

步骤 02 在预览窗口中，可以查看打开项目的效果，如图4-93所示。下面将对画面中的花朵进行锐化处理。

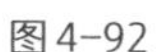

图4-92

图4-93

步骤 03 切换至“调色”界面，单击“限定器”按钮，打开“限定器HSL”面板，在预览窗口中拖曳选取花朵，单击“突出显示”按钮，画面中未被选取的区域将显示为灰色，如图4-94和图4-95所示。

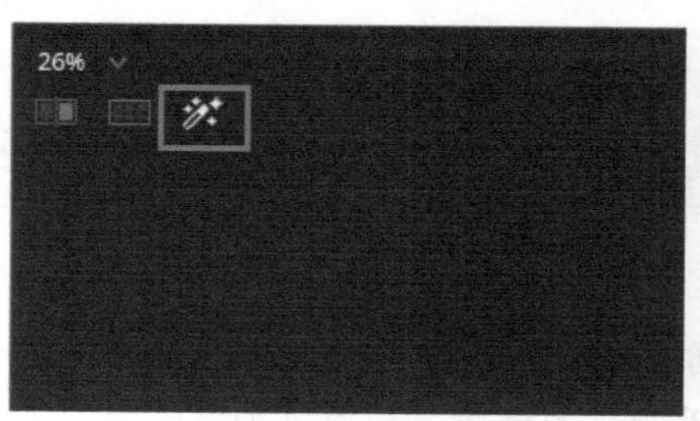

图4-94

图4-95

步骤 04 切换至“模糊-模糊”面板，单击“锐化”按钮▲，如图 4-96所示。

步骤 05 切换至“模糊-锐化”面板，向下拖曳“半径”通道控制条上的滑块，直至参数均显示为0.00，如图 4-97所示，即可完成对视频的局部画面进行锐化处理的操作。

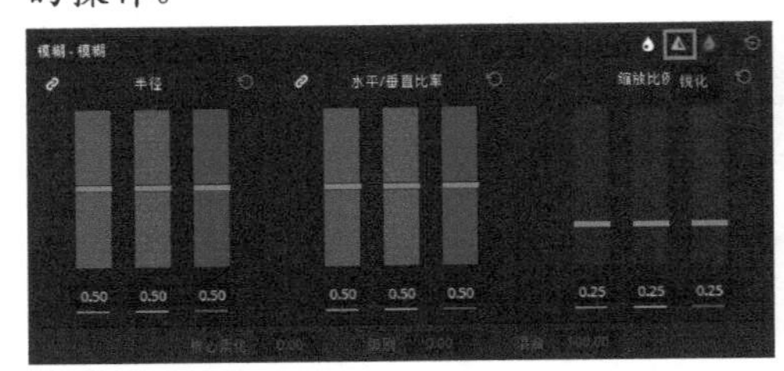

图4-96

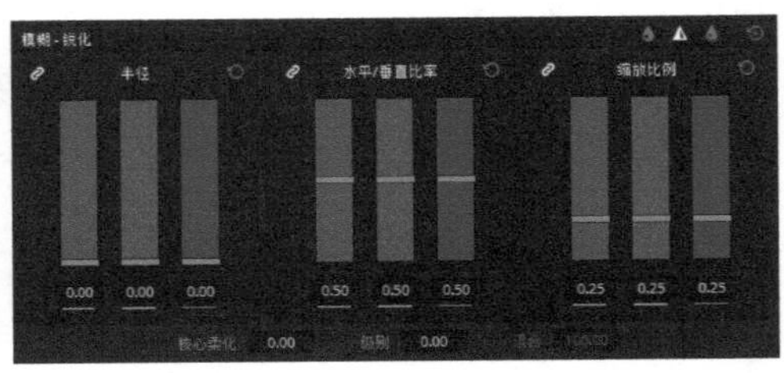

图4-97

提示

“缩放比例”通道的作用取决于“半径”通道的参数设置。当“半径”通道的RGB参数为0.50或以上时，“缩放比例”通道不会起作用；当“半径”通道的RGB参数在0.50以下时，向上拖曳“缩放比例”通道控制条上的滑块，可以增加素材画面锐化的量，向下拖曳“缩放比例”通道控制条上的滑块，可以减少素材画面锐化的量。“核心柔化”和“级别”是配合使用的，两者是相互影响的关系，“核心柔化”主要用于调节画面中没有锐化的细节区域，“级别”参数越大（最大值为100.0），“核心柔化”能锐化的细节区域越大。

4.14 雾化处理 冬日初雪

“半径”通道的默认RGB参数为0.50，向上拖曳滑块可以制作模糊效果，向下拖曳滑块可以制作锐化效果。在“模糊-雾化”面板中，当用户向下拖曳“半径”通道控制条上的滑块使参数变小时，减小“混合”参数，即可制作出画面雾化的效果。下面将通过案例的形式介绍对视频画面进行雾化处理的操作方法，图 4-98为进行雾化处理前后的效果对比图。

图4-98

步骤 01 启动达芬奇，打开“冬日初雪”项目文件，如图 4-99所示。

步骤 02 在预览窗口中，可以查看打开项目的效果，如图 4-100所示。下面将为素材画面制作雾化效果。

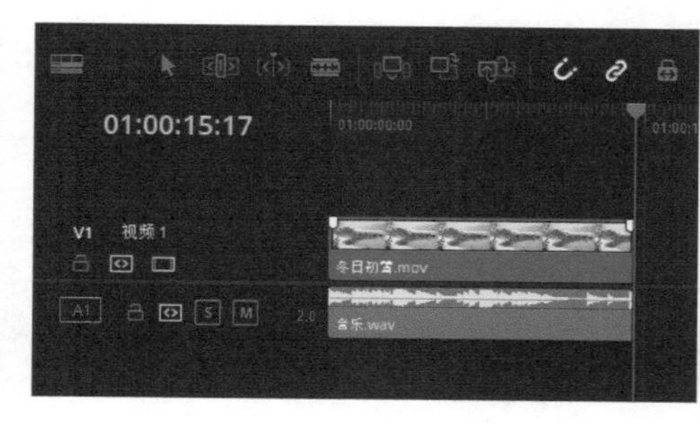

图 4-99

图 4-100

步骤 03 切换至“调色”界面，单击“模糊”按钮，展开“模糊-模糊”面板，单击“雾化”按钮，如图 4-101 所示。

步骤 04 展开“模糊-雾化”面板，将“混合”参数设置为0.00，如图 4-102 所示。

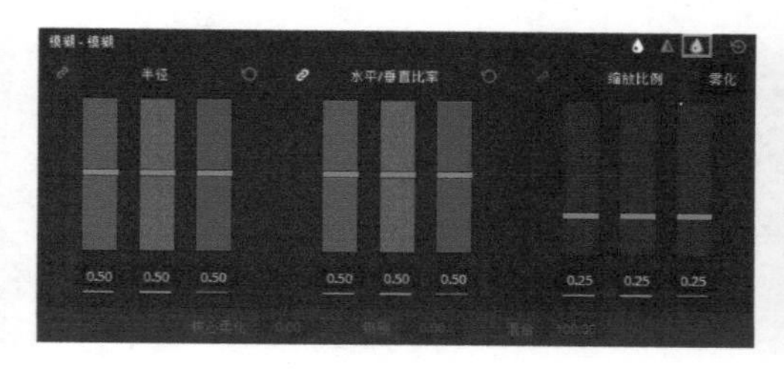

图 4-101

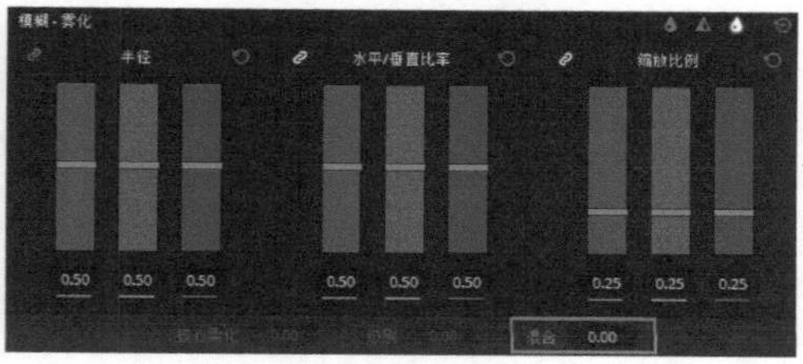

图 4-102

步骤 05 执行操作后，单击“半径”通道左上方的“取消链接”按钮，断开控制条的链接，如图 4-103 所示。

步骤 06 向下拖曳“半径”通道控制条上的滑块，将参数分别设置为0.62、0.21、0.58，如图 4-104 所示，即可完成对视频画面进行雾化处理的操作。

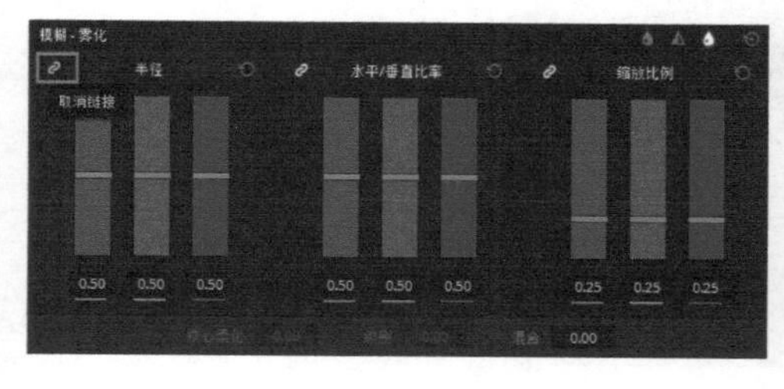

图 4-103

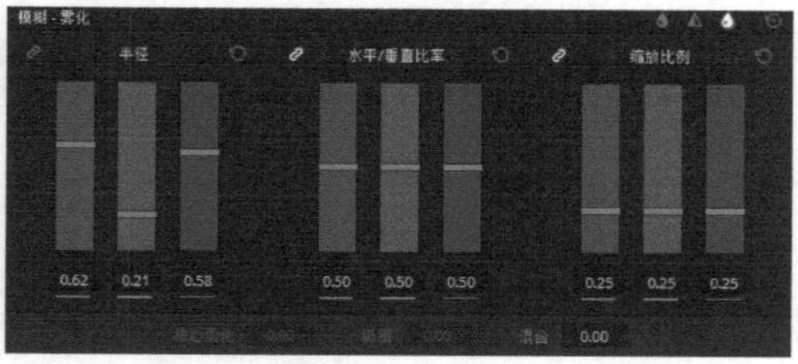

图 4-104

第 5 章

高手进阶：通过节点对视频进行调色

节点是达芬奇软件中非常重要的功能之一，它可以帮助用户更好地对素材画面进行调色处理。用户灵活使用达芬奇的调色节点，可以实现各种精彩的视频效果，提高调色效率。本章主要介绍通过节点对视频进行调色的操作方法。

5.1 串行节点 唯美落日余晖

在达芬奇软件中，串行节点是最简单的节点组合，上层节点的RGB调色信息会通过RGB信息连接线进行传递，作用于下层节点。下面介绍使用串行节点调色的操作方法，图5-1为调色前后的效果对比图。

图5-1

步骤 01 打开"唯美落日余晖"项目文件，进入达芬奇的"剪辑"界面，如图5-2所示。

步骤 02 在预览窗口中，查看打开项目的效果，如图5-3所示。视频画面明显偏暗，地景不清晰，需要通过调色节点逐步调整，使地景更清晰。

图5-2

图5-3

步骤 03 切换至"调色"界面，在界面右上方单击"节点"按钮，展开"节点"面板，如图5-4所示。

步骤 04 切换至"曲线-自定义"面板，在曲线上的合适位置添加一个控制点，并将其拖曳至合适位置，如图5-5所示。

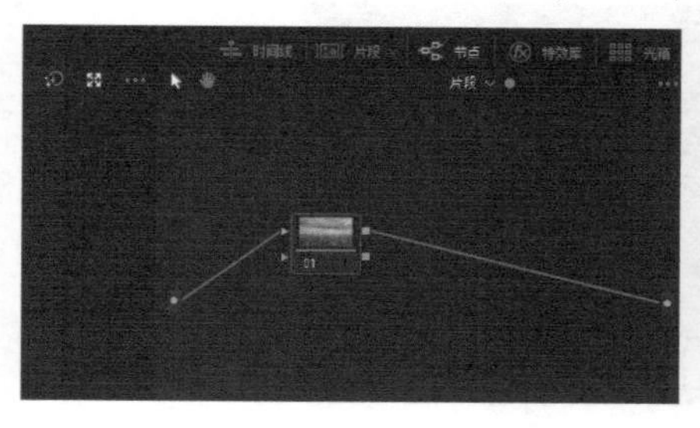

图5-4

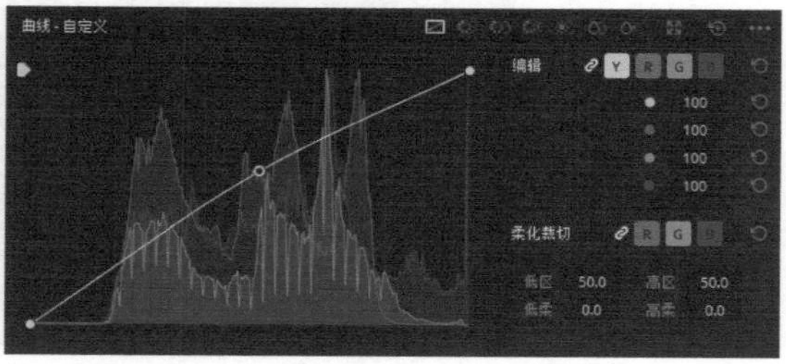

图5-5

步骤 05 执行操作后，即可提高画面的亮度，效果如图 5-6 所示。

图 5-6

步骤 06 在“节点”面板中编号为 01 的节点上用鼠标右键单击，弹出快捷菜单，选择“添加节点”|“添加串行节点”选项，执行操作后，即可添加一个编号为 02 的串行节点，如图 5-7 和图 5-8 所示。

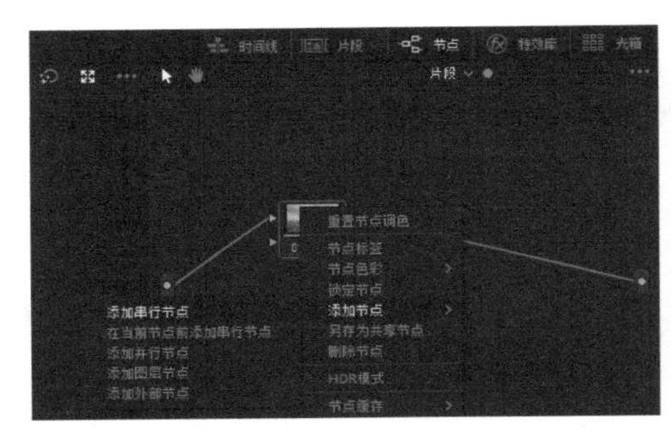

图 5-7

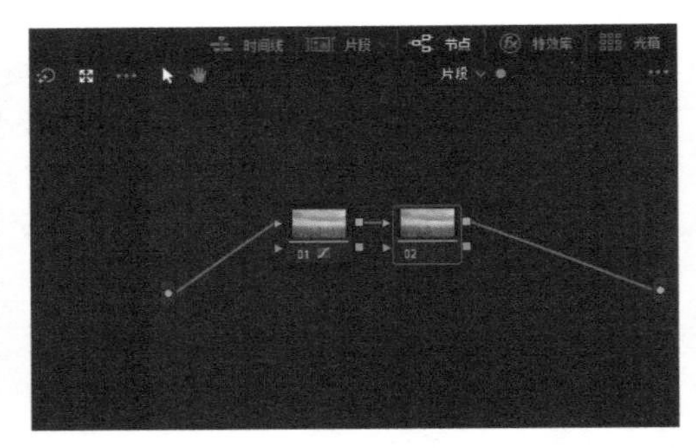

图 5-8

提示

由于串行节点间是上下层关系，上层节点的调色效果会传递给下层节点，因此新增的 02 节点会保持 01 节点的调色效果，在 01 节点的调色基础上，可继续在 02 节点上进行调色。

步骤 07 切换至“一级 - 校色轮”面板，将“暗部”色轮和“亮部”色轮的参数分别设置为 -0.08、1.08，如图 5-9 所示。

图 5-9

步骤 08 执行操作后，画面将更加明亮，色彩也更加浓郁，如图 5-10 所示。

步骤 09 在“节点”面板中，参照步骤06的操作方法添加一个编号为03的串行节点，如图 5-11 所示。

图5-10

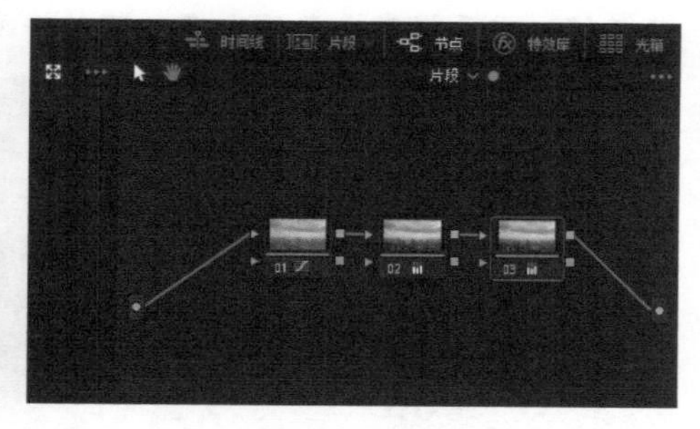

图5-11

步骤 10 在“一级-校色轮”面板中，设置“饱和度”参数为68.00，如图 5-12 所示。执行操作后，在预览窗口中可以查看使用串行节点调色的最终效果。

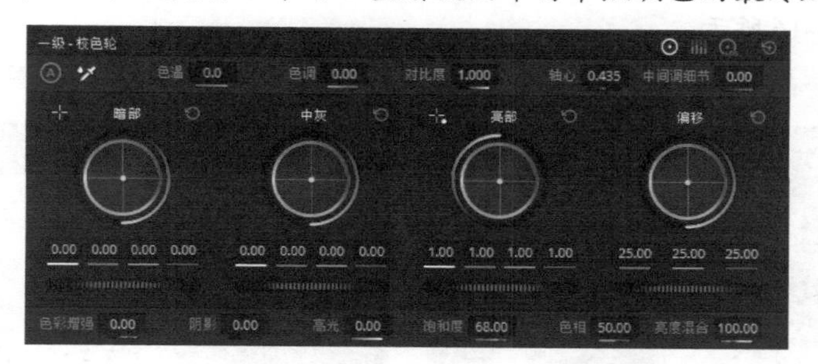

图5-12

5.2 并行节点 巍峨万里长城

在达芬奇中，并行节点的作用是对并行节点之间的调色结果进行叠加混合。下面介绍使用并行节点调色的操作方法，图 5-13 为调色前后的效果对比图。

图5-13

步骤 01 打开“巍峨万里长城”项目文件，进入达芬奇的“剪辑”界面，如图5-14所示。

步骤 02 在预览窗口中，查看打开项目的效果，如图5-15所示。视频画面饱和度不够，需要提高画面饱和度，可以将画面分为森林和天空两个区域进行调色。

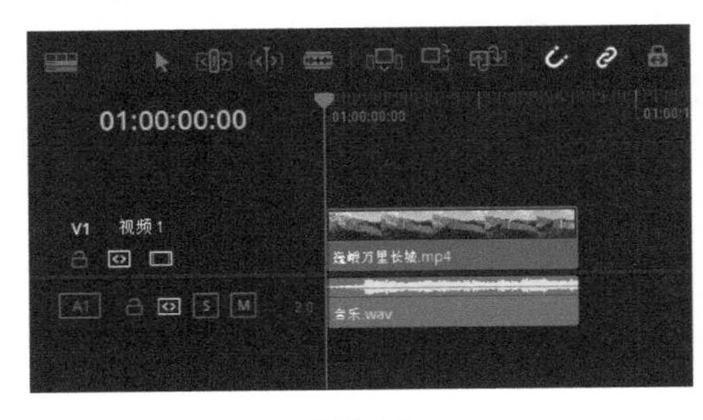

图5-14

图5-15

步骤 03 切换至“调色”界面，在界面右上方单击“节点”按钮，展开“节点”面板，如图5-16所示。

步骤 04 在“检查器”面板中，单击“突出显示”按钮，如图5-17所示。

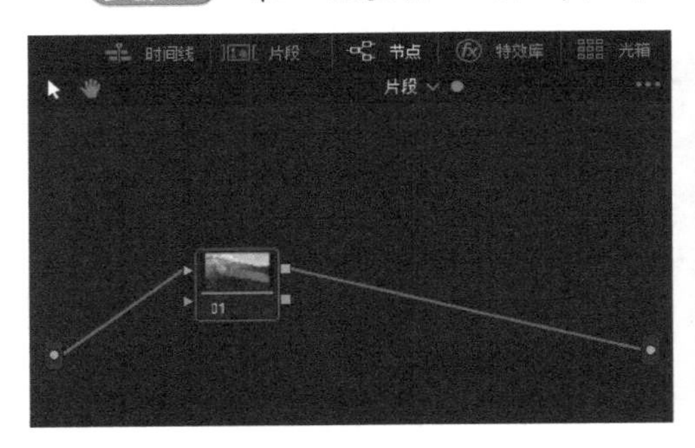

图5-16

图5-17

步骤 05 切换至“限定器”面板，应用“拾取器”工具在预览窗口中的画面上选取森林区域，如图5-18所示，未被选取的区域将呈灰色。

步骤 06 在“节点”面板中，可以查看选取森林区域后01节点的缩略图显示的画面效果，如图5-19所示。

图5-18

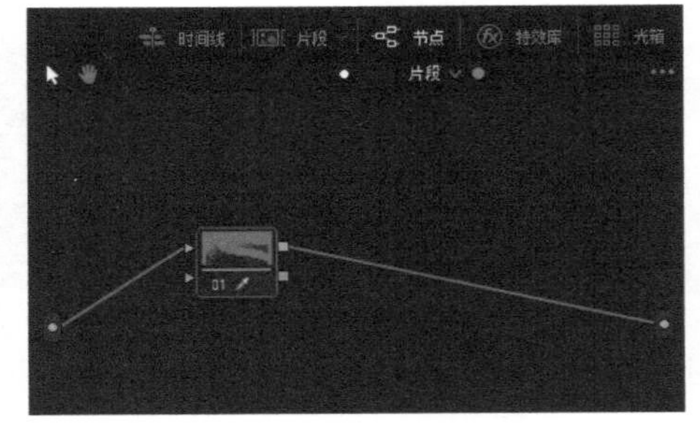

图5-19

步骤 07 切换至“一级-校色轮”面板，设置“饱和度”参数为88.00，如图5-20所示。

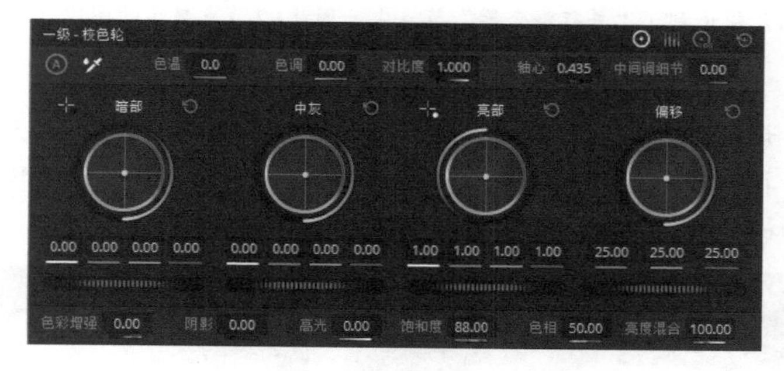

图5-20

步骤 08 在“检查器”面板中，再次单击“突出显示”按钮，即可在预览窗口中查看调色后的画面效果，如图5-21和图5-22所示。

图5-21

图5-22

步骤 09 在“节点”面板中选中01节点，用鼠标右键单击，弹出快捷菜单，选择“添加节点”|“添加并行节点”选项，如图5-23所示。

步骤 10 执行操作后，即可在01节点的下方和右侧分别添加一个编号为02的并行节点和一个“并行混合器”节点，如图5-24所示。

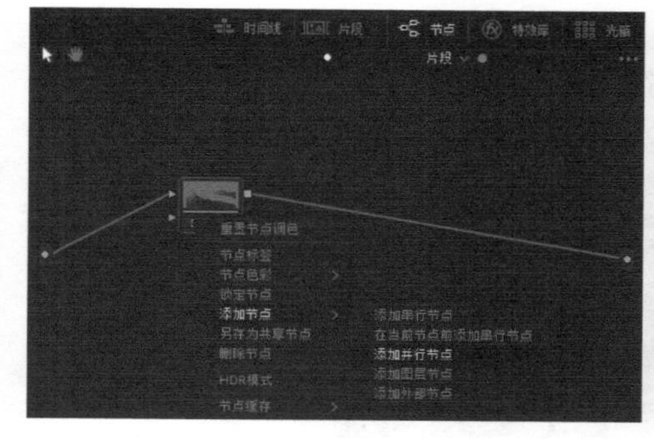

图5-23

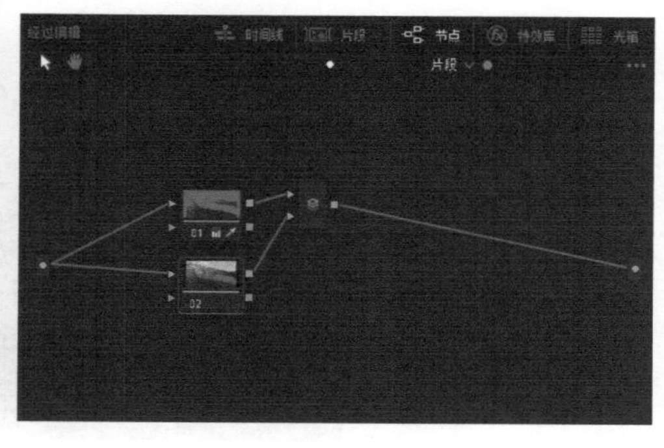

图5-24

提示

与串行节点不同，并行节点的RGB输入连接的是“源”图标，01节点调色后的效果并未输出到02节点上，而是输出到了“并行混合器”节点上，因此02节点显示的图像信息还是原素材的图像信息。

步骤 11 切换至“窗口”面板，选择“多边形”工具，如图5-25所示。

步骤 12 执行操作后，预览窗口中的素材画面上会出现一个矩形蒙版，拖曳蒙版四周的控制柄，调整蒙版的位置和大小，如图5-26所示。

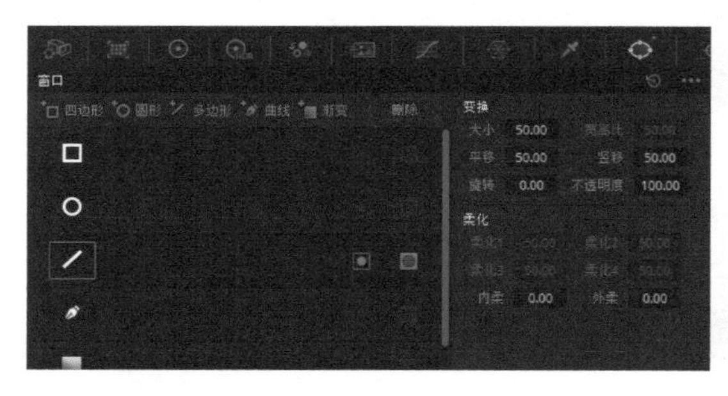

图5-25

图5-26

步骤 13 切换至“一级-校色轮”面板，设置“饱和度”参数为68.00，如图5-27所示。

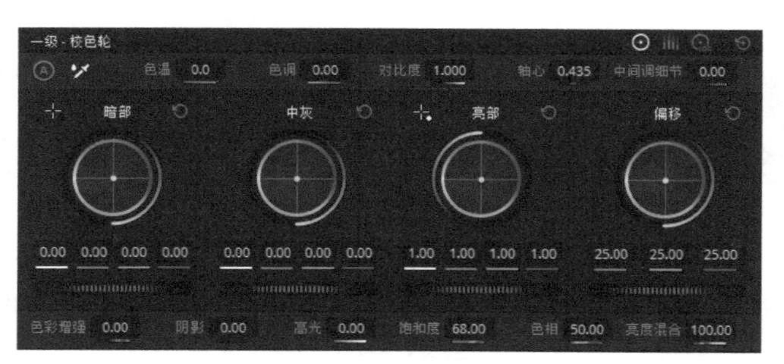

图5-27

步骤 14 在预览窗口中，可以查看天空区域的饱和度提高后的效果，如图5-28所示。

图5-28

5.3 图层节点 清晨森林光影

在达芬奇中，图层节点的构架与并行节点相似，并行节点会将架构中每一个节点的调色结果叠加混合输出，而在图层节点的架构中，最后一个节点会覆盖上一个节点的调色结果。例如，第1个节点为红色，第2个节点为绿色，通过并行混合器输出的结果为两者叠加混合生成的黄色，而通过图层混合器输出的结果则为绿色。下面将通过一个风景视频向大家介绍使用图层节点进行柔光调整的操作方法，图5-29为调色前后的效果对比图。

图5-29

步骤 01 打开“清晨森林光影”项目文件，进入达芬奇的“剪辑”界面，如图5-30所示。

步骤 02 在预览窗口中，查看打开项目的效果，如图5-31所示。下面将为该视频制作柔光效果。

图5-30

图5-31

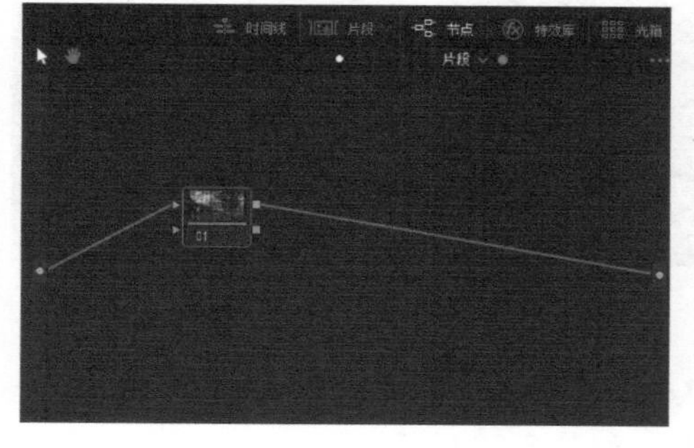

图5-32

步骤 03 切换至“调色”界面，在界面右上方单击“节点”按钮，展开“节点”面板，如图5-32所示。

步骤 04 展开“曲线-自定义”面板，选中曲线编辑器左上角的白色滑块，按住鼠标左键的同时向下拖曳滑块至合适位置，如图 5-33 所示。

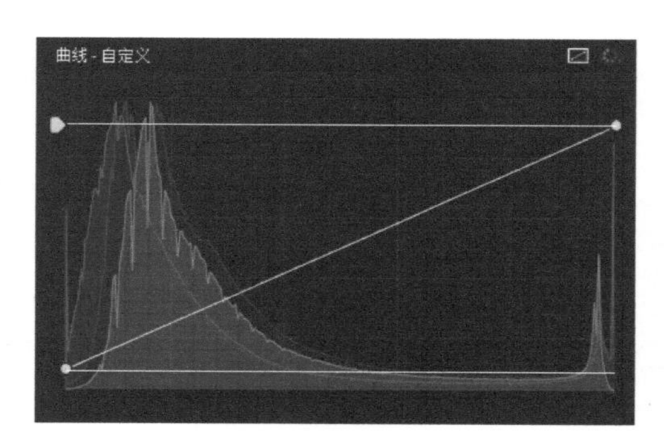

图 5-33

步骤 05 执行操作后，即可降低画面明暗反差，效果如图 5-34 所示。

步骤 06 在“节点”面板中的 01 节点上用鼠标右键单击，弹出快捷菜单，选择“添加节点”|“添加图层节点”选项，如图 5-35 所示。

图 5-34

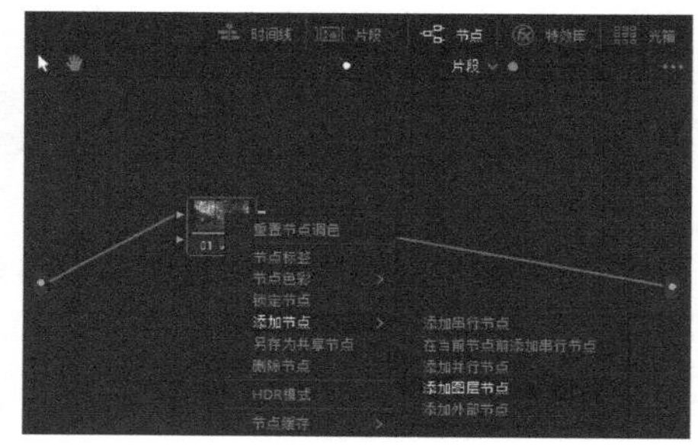

图 5-35

步骤 07 执行操作后，即可在“节点”面板中添加一个“图层混合器”节点和一个编号为 02 的图层节点，如图 5-36 所示。

步骤 08 在“节点”面板中的“图层混合器”节点上用鼠标右键单击，弹出快捷菜单，选择“合成模式”|“强光”选项，如图 5-37 所示。

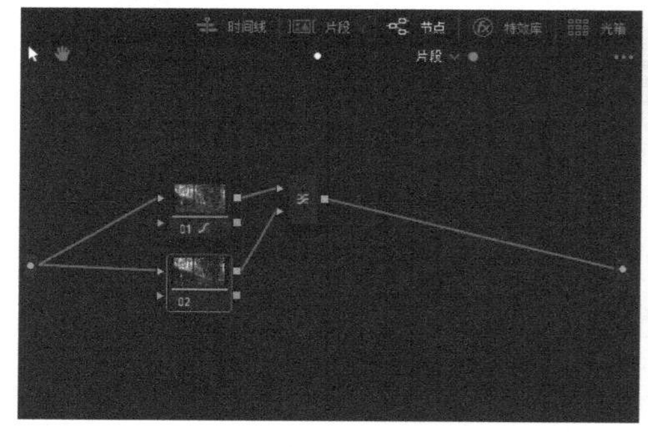

图 5-36

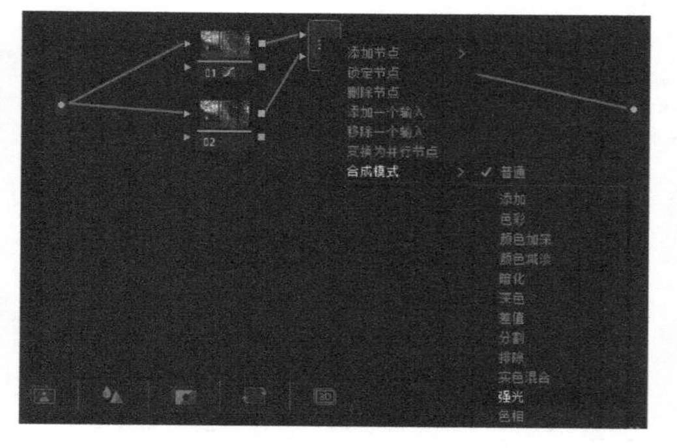

图 5-37

步骤 09 执行操作后，即可在预览窗口中查看强光效果，如图 5-38 所示。

步骤 10 在“节点”面板中选中 02 节点，如图 5-39 所示。

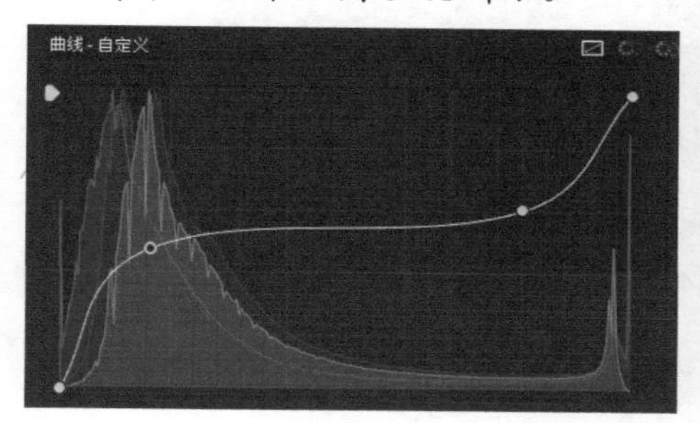

图 5-38

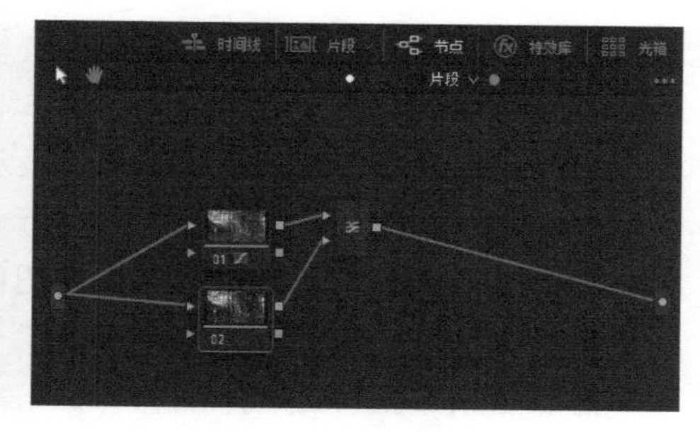

图 5-39

步骤 11 展开“曲线 - 自定义”面板，在曲线上添加两个控制点并将其调整至合适位置，如图 5-40 所示。

步骤 12 执行操作后，即可对画面的明暗反差进行修正，使亮部与暗部的画面更加柔和，效果如图 5-41 所示。

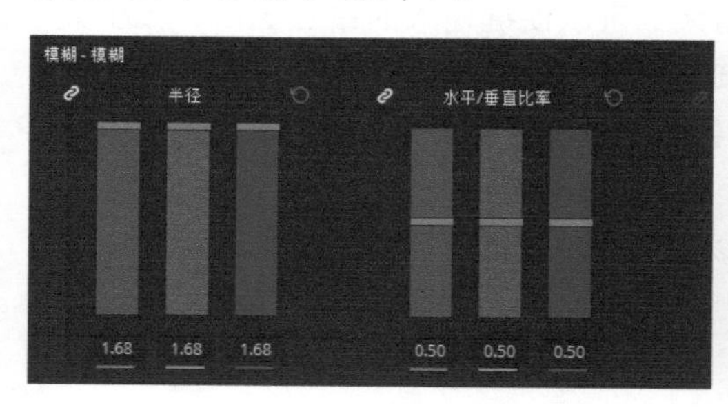

图 5-40

图 5-41

步骤 13 展开“模糊 - 模糊”面板，向上拖曳“半径”通道控制条上的滑块，直至 RGB 参数均显示为 1.68，如图 5-42 所示。执行操作后，即可在画面中制作出柔光效果，如图 5-43 所示。

图 5-42

图 5-43

提示

在“曲线 - 自定义”面板的曲线编辑器中，曲线的两端各有一个默认的控制点，除了可以调整在曲线上添加的控制点，也可以调整两端的两个控制点的位置来调整画面的明暗。

知识专题：认识“键”面板

一般来说，图片和视频都带有表示颜色信息的RGB通道和表示透明信息的Alpha通道。Alpha通道用黑白灰表示图片和视频的图像画面，其中白色代表图像中完全不透明的区域，黑色代表图像中完全透明的区域，灰色代表图像中半透明的区域。在达芬奇软件中，“键”指的是Alpha通道，用户可以在节点上绘制遮罩窗口或抠像选区来制作“键”，通过调整节点控制素材画面调色的区域。图 5-44所示为达芬奇的“键”面板。

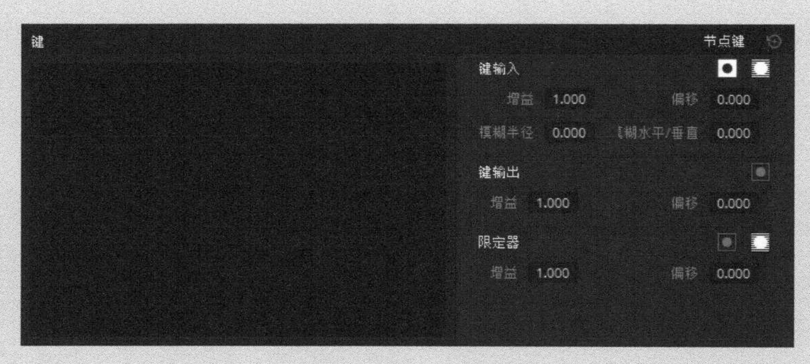

图5-44

“键”面板的各项功能如下。

◇ 键类型：选择不同的节点类型，键类型会随之转变。

◇ “全部重置”按钮：单击该按钮，将重置在“键”面板中做的所有操作。

◇ “蒙版/遮罩”按钮：单击该按钮，可以反向键输入的抠像。

◇ “键”按钮：单击该按钮，可以将键转换为遮罩。

◇ 增益：在右侧的文本框中将参数增大，可以使键输入的白点更白，减小文本框中的参数则相反，增益值不影响键的纯黑色。

◇ 模糊半径：设置该参数，可以调整键输入的模糊度。

◇ 偏移：设置该参数，可以调整键输入的整体亮度。

◇ 模糊水平/垂直：设置该参数，可以在键输入上横向控制模糊的比例。

◇ 键图示：直观显示键的图像，方便用户查看。

5.4 Alpha 通道 湖中的白天鹅

在达芬奇中，用户在“节点”面板中选择一个节点后，可以通过设置“键”面板中的参数来控制节点输入或输出Alpha通道信息。下面介绍使用Alpha通道制作暗角效果的操作方法，图5-45为调色前后的效果对比图。

图5-45

步骤 01 打开“湖中的白天鹅”项目文件，进入达芬奇的“剪辑”界面，如图5-46所示。

步骤 02 在预览窗口中，查看打开项目的效果，如图5-47所示。下面将为该视频制作暗角效果。

图5-46

图5-47

步骤 03 切换至“调色”界面，展开“窗口”面板，选择“圆形”工具，如图5-48所示。

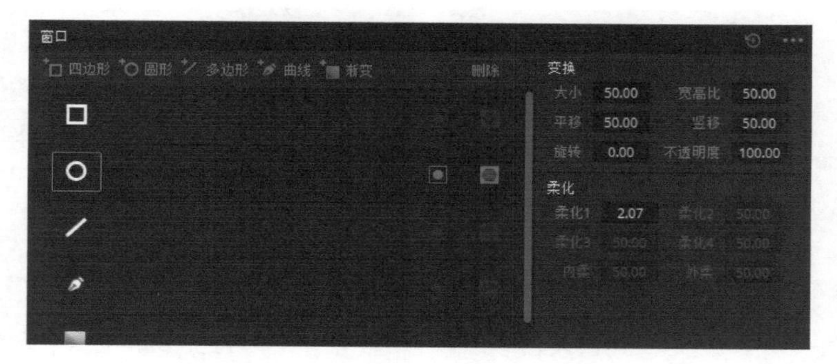

图5-48

步骤 04 在预览窗口中，拖曳圆形蒙版蓝色方框上的控制柄，调整蒙版大小和位置，如图 5-49 所示。

步骤 05 拖曳蒙版白色椭圆框上的控制柄，调整蒙版羽化区域，如图 5-50 所示。

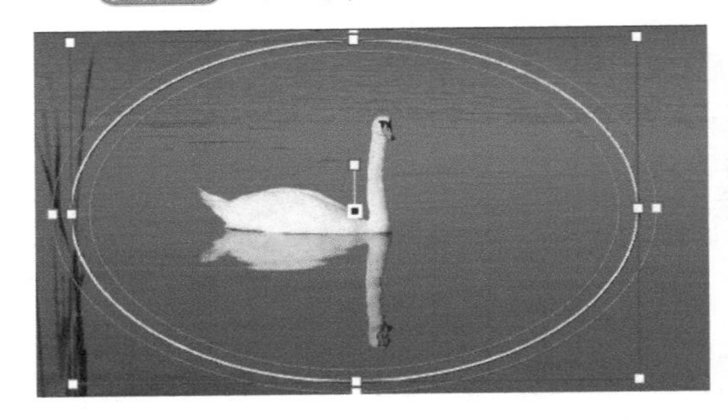

图 5-49

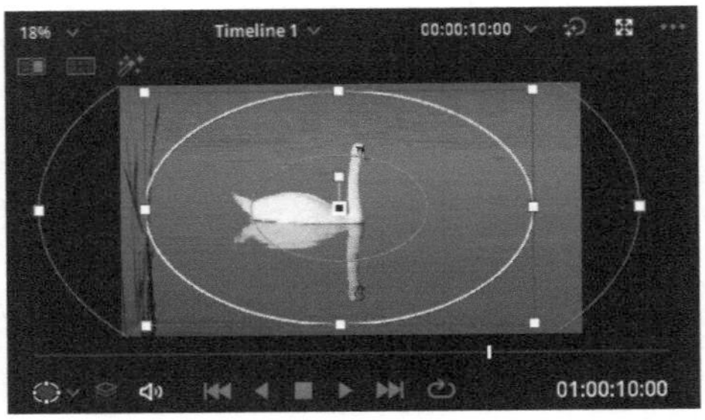

图 5-50

步骤 06 窗口绘制完成后，在界面右上方单击“节点”按钮，展开“节点”面板，如图 5-51 所示。

步骤 07 将 01 节点上的“键输入”图标与“源”图标相连，如图 5-52 所示。

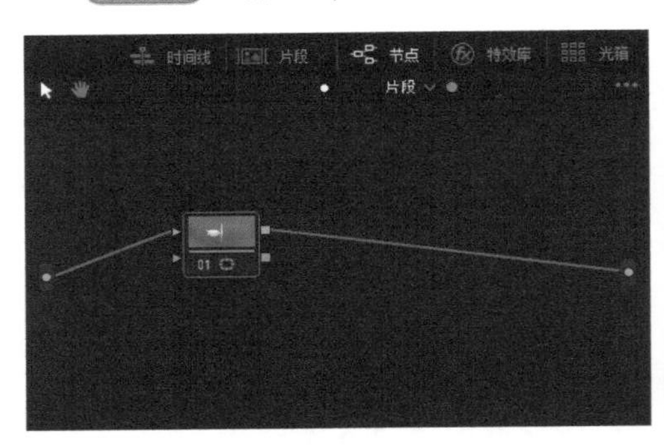

图 5-51

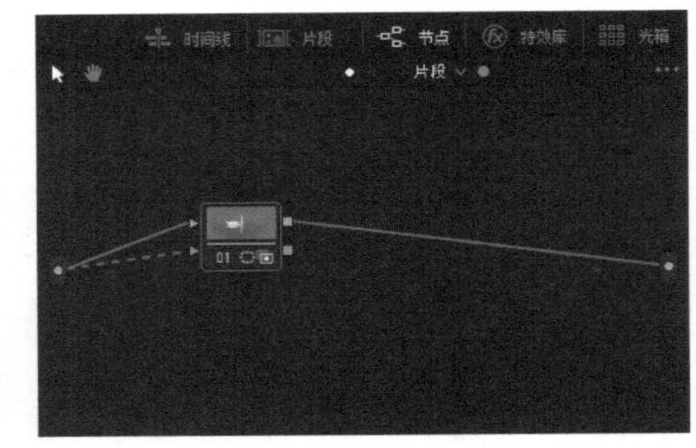

图 5-52

步骤 08 在“节点”面板的空白位置用鼠标右键单击，弹出快捷菜单，选择“添加 Alpha 输出”选项，如图 5-53 所示。

步骤 09 执行操作后，即可在面板上添加一个“Alpha 最终输出”图标，如图 5-54 所示。

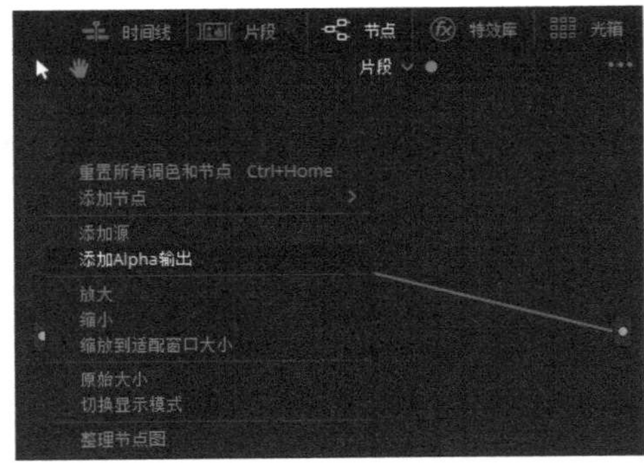

图 5-53

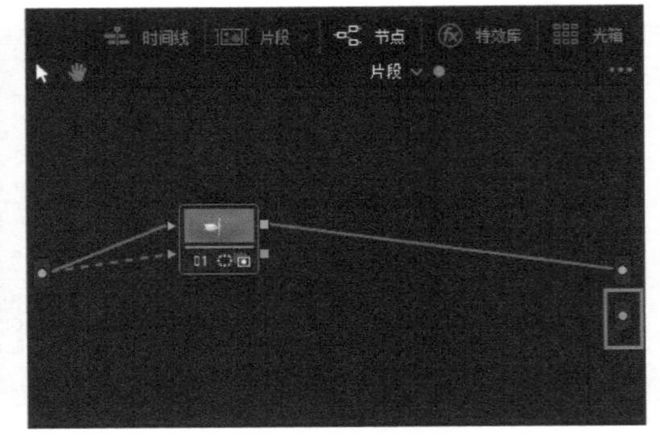

图 5-54

步骤 10　将01节点上的“键输出”图标与“Alpha最终输出”图标相连，如图5-55所示。

步骤 11　在预览窗口中，可以查看应用Alpha通道的初步效果，如图5-56所示。

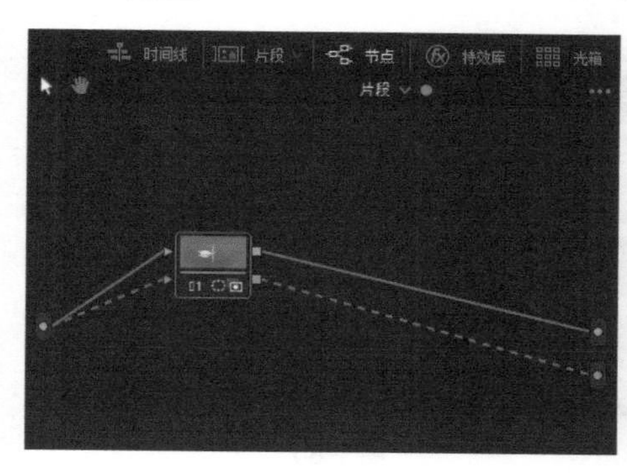

图5-55

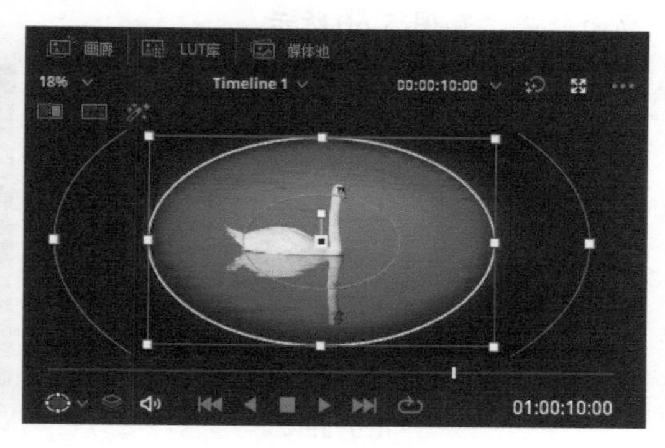

图5-56

步骤 12　切换至“键”面板，在“键输入”选项区中设置“增益”参数为0.783，设置“偏移”参数为-0.068，如图5-57所示。执行操作后，即可在预览窗口查看最终的画面效果。

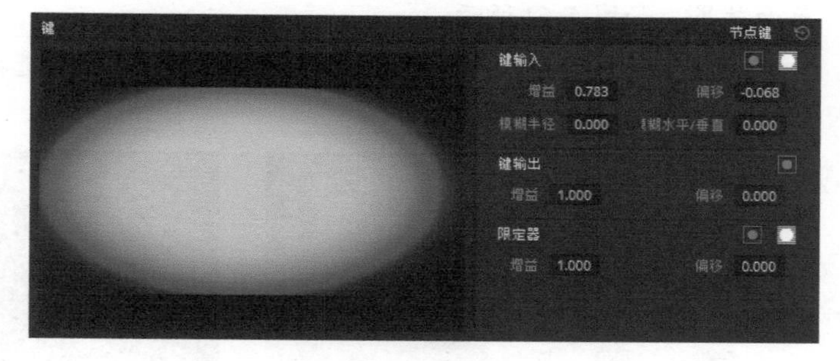

图5-57

5.5　人物抠像 星空下的情侣

通过上一节的学习，可以了解到达芬奇是可以对含有Alpha通道信息的素材画面进行调色处理的。除此之外，达芬奇还可以对含有Alpha通道信息的素材画面进行抠像处理。图5-58为进行抠像处理前后的效果对比图。

图5-58

步骤 01 打开“星空下的情侣”项目文件，进入达芬奇的“剪辑”界面，如图 5-59 所示。

步骤 02 在 V1 轨道中的背景素材上双击，即可在预览窗口中查看背景素材的画面效果，如图 5-60 所示。

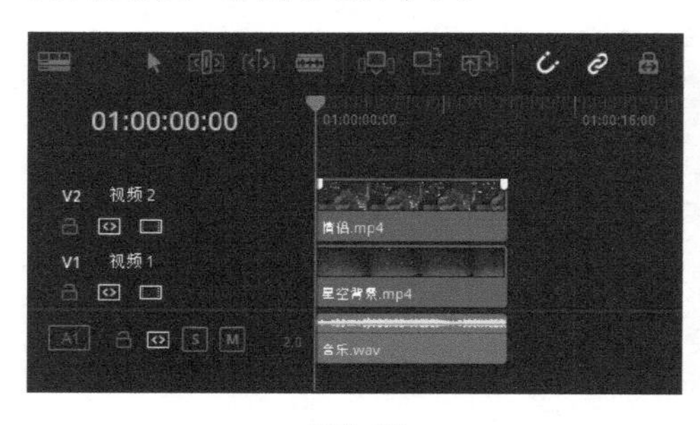

图 5-59

图 5-60

步骤 03 在 V2 轨道中的情侣素材上双击，即可在预览窗口中查看情侣素材的画面效果，如图 5-61 所示。

步骤 04 切换至“调色”界面，展开“窗口”面板，选择“曲线”工具，如图 5-62 所示。

图 5-61

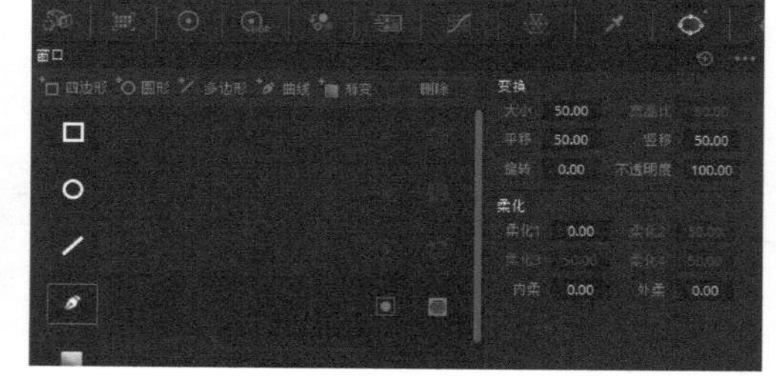

图 5-62

步骤 05 在预览窗口的画面上沿人物边缘绘制一个蒙版，如图 5-63 所示。

步骤 06 在界面右上方单击“节点”按钮，展开“节点”面板，如图 5-64 所示。

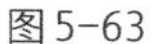
图 5-63

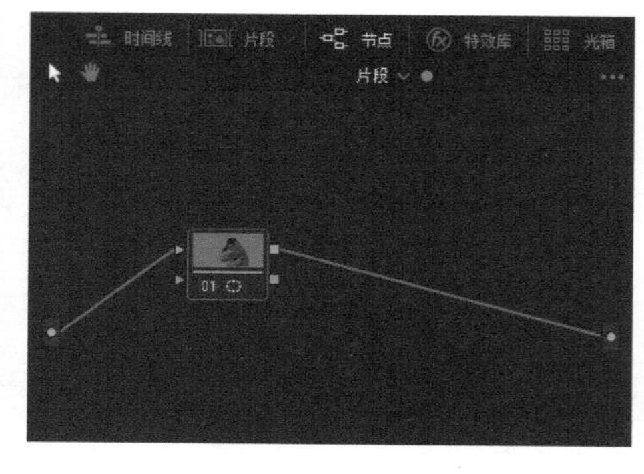

图 5-64

步骤 07 在“节点”面板的空白位置用鼠标右键单击，弹出快捷菜单，选择“添加Alpha输出”选项，如图5-65所示。

步骤 08 执行操作后，即可在“节点”面板的右侧添加一个“Alpha最终输出”图标，如图5-66所示。

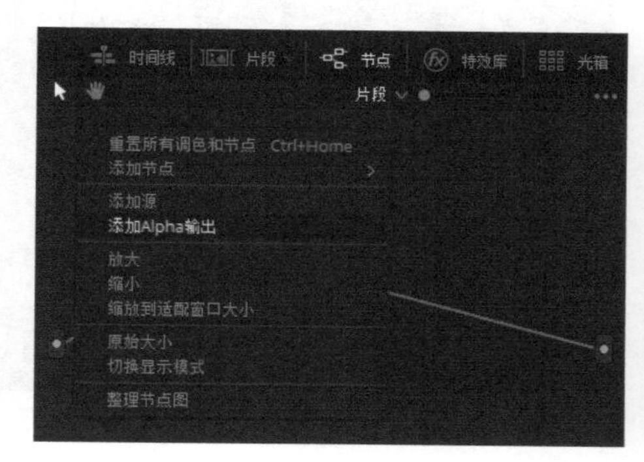

图5-65

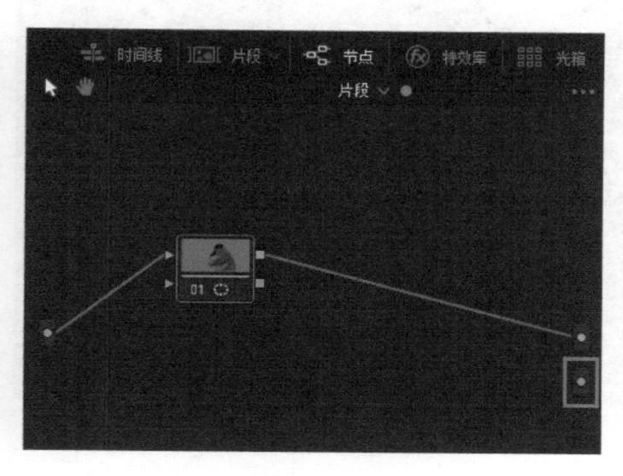

图5-66

步骤 09 将01节点上的“键输出”图标与“Alpha最终输出”图标相连，如图5-67所示。

步骤 10 执行操作后，在预览窗口中可以查看素材抠像后的画面效果，如图5-68所示。

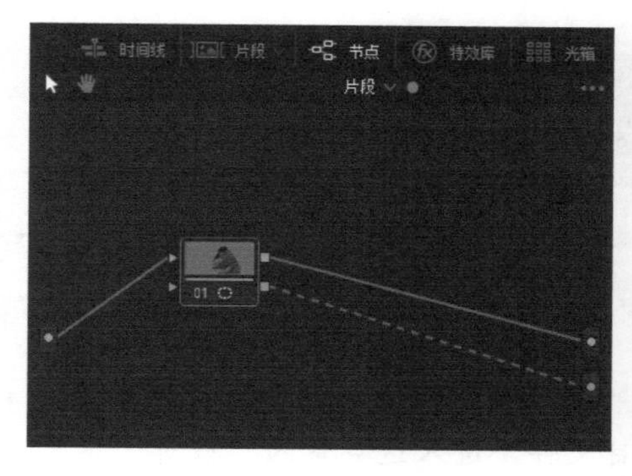

图5-67

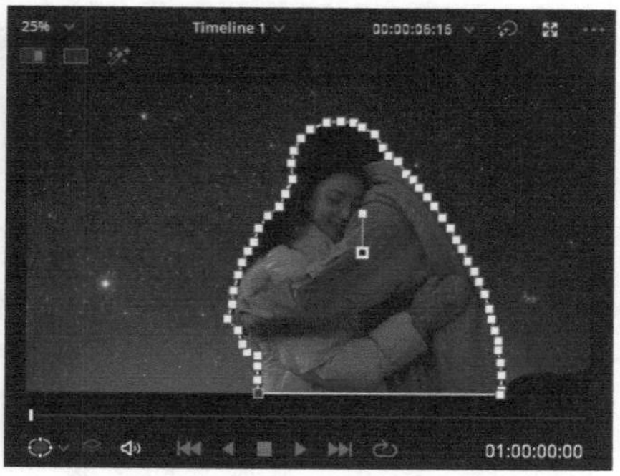

图5-68

步骤 11 展开“跟踪器”面板，在面板的下方勾选“交互模式”复选框，单击“插入”按钮，再在面板的上方单击“正向跟踪”按钮。执行操作后，即可查看跟踪对象曲线的变化情况，如图5-69所示。

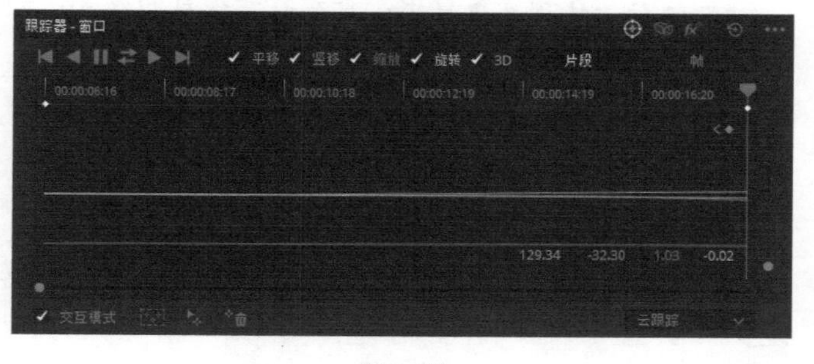

图5-69

步骤 12 切换至“剪辑”界面，在预览窗口的左下角单击“变换”按钮▣，如图 5-70 所示。在预览窗口中拖曳白色方框上的控制柄，调整好情侣素材的大小和位置，如图 5-71 所示。

图 5-70

图 5-71

5.6 透亮人像 看风景的女孩

当拍摄出来的人像视频画面比较灰暗时，可以在达芬奇中调出清透的色调，让视频画面变得清新透亮。图 5-72 为调色前后的效果对比图。

图 5-72

步骤 01 打开“看风景的女孩”项目文件，进入达芬奇的“剪辑”界面，如图 5-73 所示。

步骤 02 在预览窗口中，查看打开项目的效果，如图 5-74 所示，可以看到该视频的画面比较暗黄。

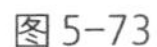

图 5-73

图 5-74

步骤03 切换至"调色"界面，在界面右上方单击"节点"按钮，展开"节点"面板，如图5-75所示。

步骤04 在"节点"面板的01节点上用鼠标右键单击，弹出快捷菜单，选择"添加节点"|"添加串行节点"选项，如图5-76所示。

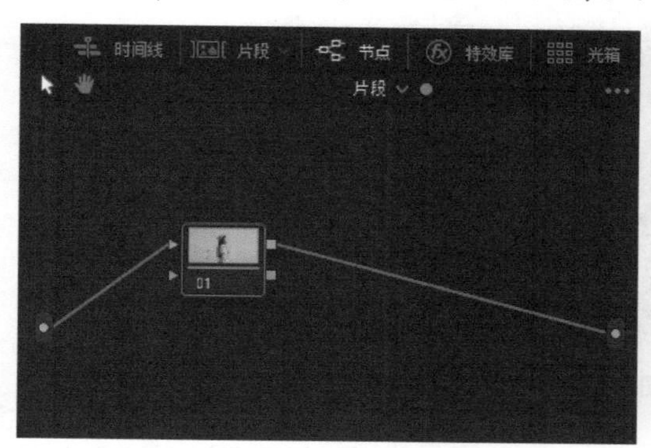

图5-75

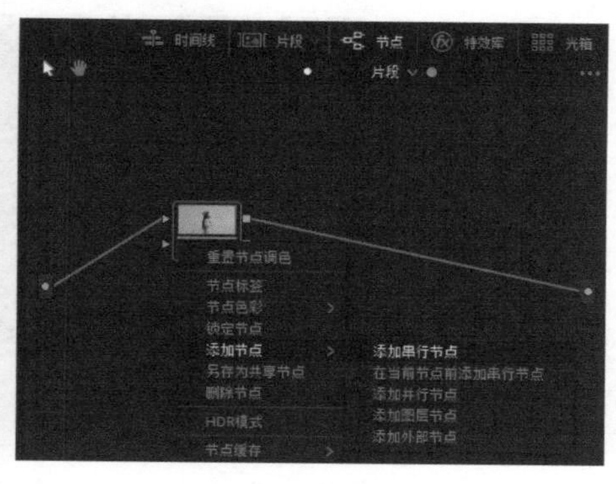

图5-76

步骤05 执行操作后，即可在"节点"面板中添加一个编号为02的串行节点，如图5-77所示。

步骤06 在02节点上用鼠标右键单击，弹出快捷菜单，选择"添加节点"|"添加图层节点"选项，如图5-78所示。

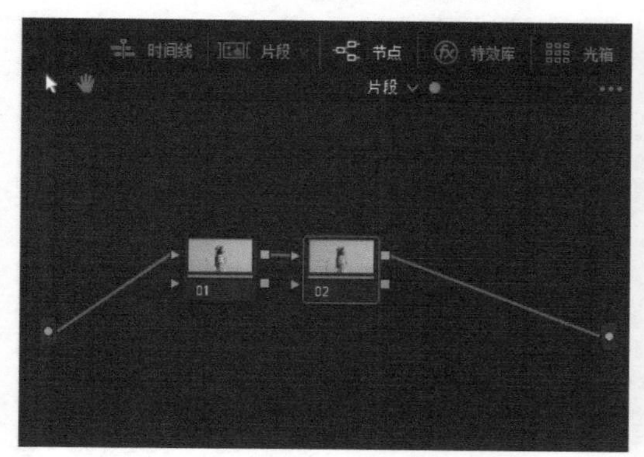

图5-77

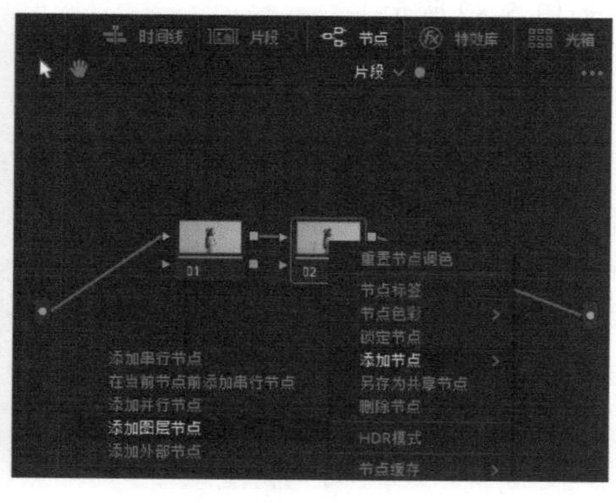

图5-78

步骤07 执行操作后，即可在"节点"面板中添加一个"图层混合器"节点和一个编号为03的图层节点，如图5-79所示。

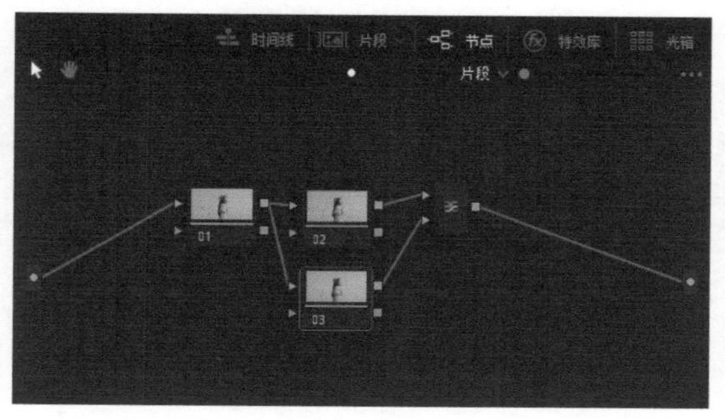

图5-79

步骤 08 选择编号为03的节点，展开“一级-校色轮”面板，选中“亮部”色轮中间的白色圆圈，按住鼠标左键的同时往青蓝色方向拖曳至合适位置，释放鼠标。再选中“偏移”色轮中间的白色圆圈，按住鼠标左键的同时往青蓝色方向拖曳至合适位置，释放鼠标，如图 5-80 所示。

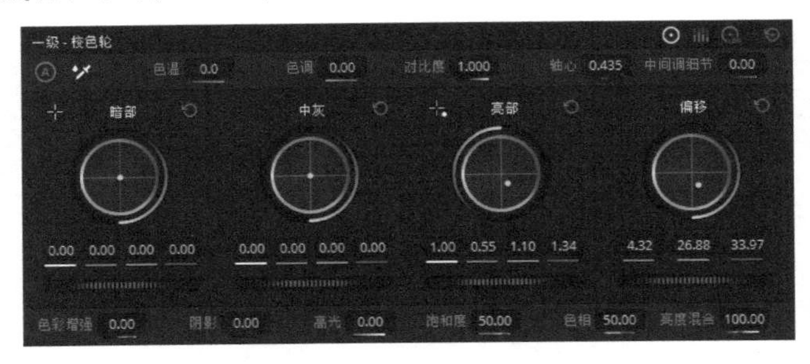

图 5-80

步骤 09 在预览窗口中，可以查看画面色彩调整后的效果，如图 5-81 所示。

步骤 10 在“节点”面板中，选择“图层混合器”节点，用鼠标右键单击，弹出快捷菜单，选择“合成模式”|“滤色”选项，如图 5-82 所示。

图 5-81

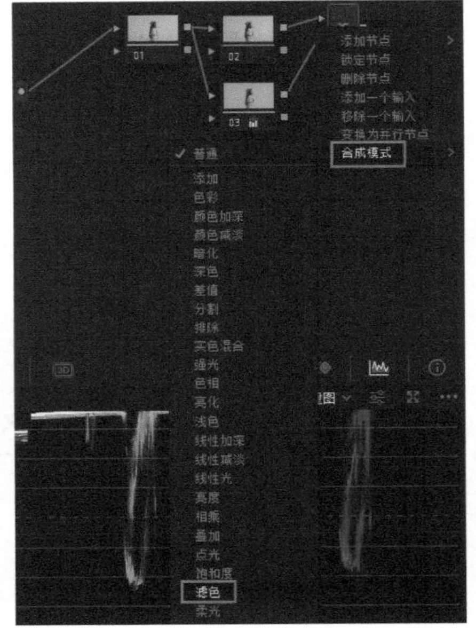

图 5-82

图 5-83

步骤 11 执行操作后，在预览窗口中查看应用滤色合成模式后的画面效果，如图 5-83 所示，可以看到画面有点偏亮，需要降低画面的亮度。

步骤 12 在“节点”面板中，选择编号为01的节点，如图 5-84 所示。

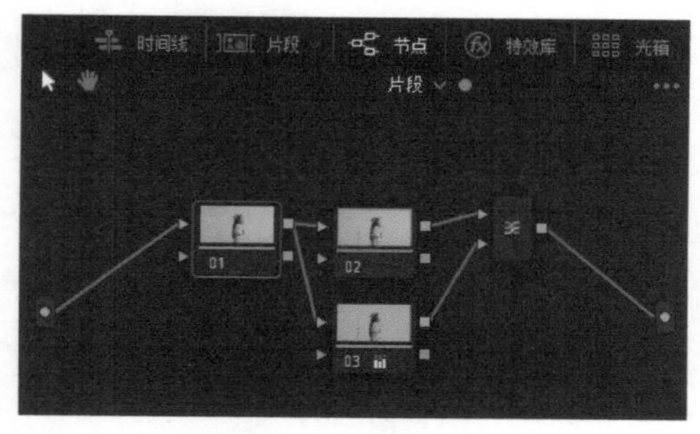

图 5-84

步骤 13 在“一级-校色轮”面板中，向左拖曳“亮部”色轮下方的轮盘，直至参数均显示为0.82，如图 5-85 所示。执行操作后，在预览窗口中可以查看视频画面效果。

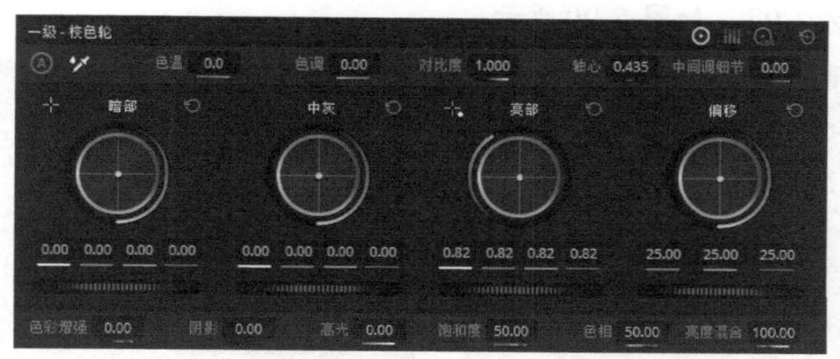

图 5-85

5.7 修复肤色 女孩莞尔一笑

前期拍摄人物时，或多或少都会受到周围环境、光线的影响，导致人物肤色不正常。在达芬奇的矢量图示波器中可以观察人物肤色指示线，用户可以通过矢量图示波器来修复人物肤色。图 5-86 为调色前后的效果对比图。

图 5-86

步骤 01 打开“女孩莞尔一笑”项目文件，进入达芬奇的“剪辑”界面，如图 5-87 所示。

步骤 02 在预览窗口中，查看打开项目的效果，如图 5-88 所示。画面中的人物肤色偏黄、偏暗，需要还原画面中人物的肤色。

图 5-87　　图 5-88

步骤 03 切换至“调色”界面，在界面右上角单击“节点”按钮，展开“节点”面板，如图 5-89 所示。

步骤 04 展开“一级 - 校色轮”面板，向右拖曳“亮部”色轮下方的轮盘，直至参数均显示为 1.02，如图 5-90 所示。

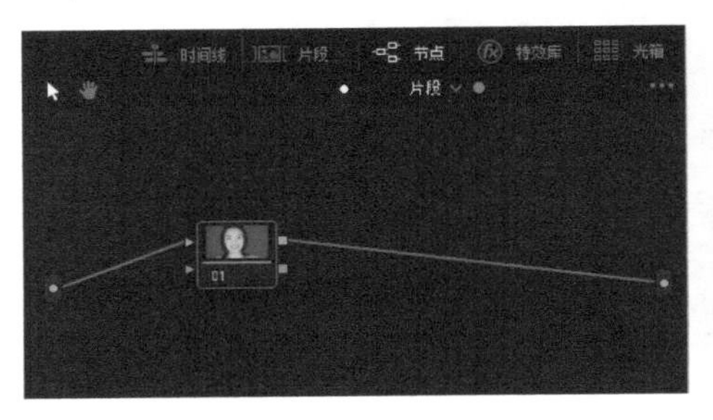

图 5-89　　图 5-90

步骤 05 执行操作后，即可提高人物肤色亮度，效果如图 5-91 所示。

步骤 06 在“节点”面板中的 01 节点上用鼠标右键单击，弹出快捷菜单，选择“添加节点”|“添加串行节点”选项，如图 5-92 所示。

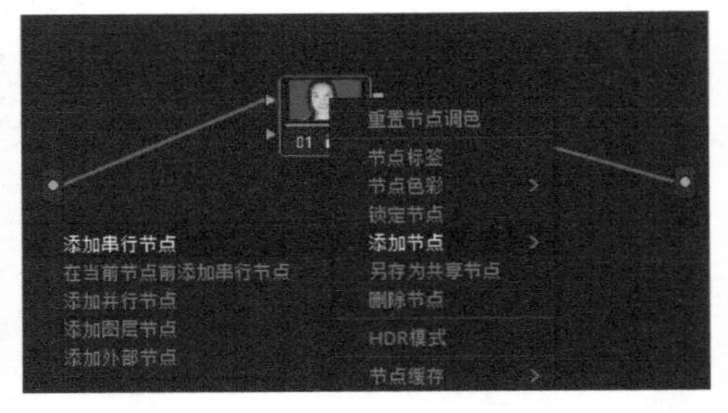

图 5-91　　图 5-92

步骤 07 执行操作后，即可在“节点”面板中添加一个编号为 02 的串行节点，如图 5-93 所示。

步骤 08 展开“示波器”面板，在面板的右上方单击下拉按钮，在下拉列表中选择“矢量图”选项，如图 5-94 所示。

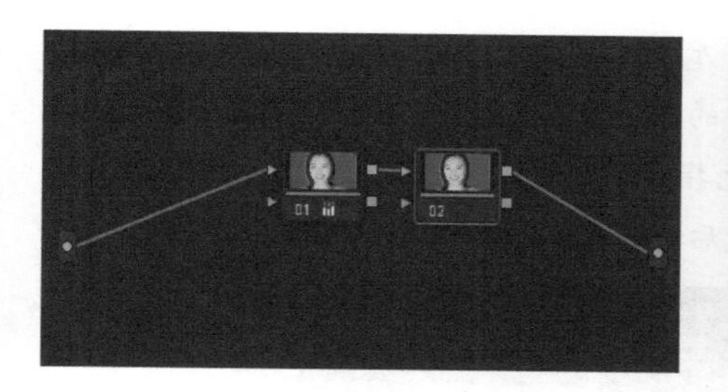

图5-93

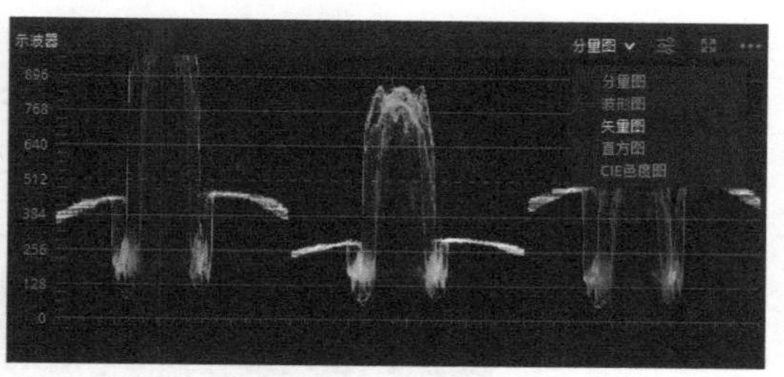

图5-94

步骤 09 执行操作后，即可展开“矢量图”示波器面板，如图 5-95所示。

步骤 10 在右上角单击“设置”按钮，展开“设置”面板，勾选“显示肤色指示线”复选框，如图 5-96所示。

图5-95

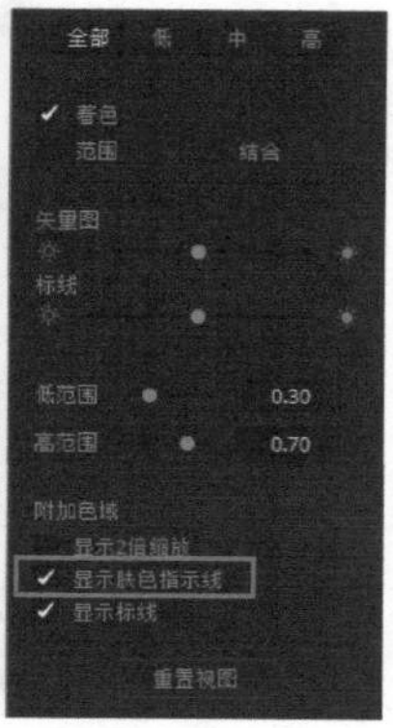

图5-96

步骤 11 执行操作后，即可在矢量图上显示肤色指示线，如图 5-97所示，可以看到色彩矢量波形明显偏离了肤色指示线。

步骤 12 在“检查器”面板的左上方单击“突出显示”按钮，如图 5-98所示。

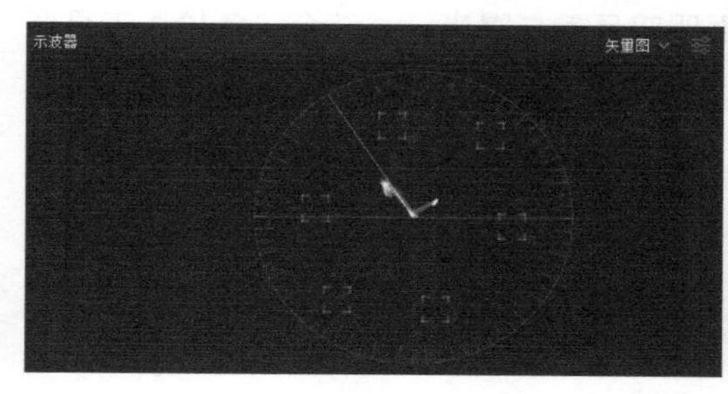

图5-97

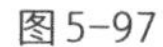

图5-98

步骤 13 展开“限定器-HSL”面板，在预览窗口中，按住鼠标左键的同时拖曳“拾取器”工具，选取人物皮肤。

步骤 14 展开“一级-校色轮”面板，在“矢量图”示波器面板中查看色彩矢量波形变化的同时，拖曳“亮部”色轮中心的白色圆圈，如图 5-99 所示，直至“矢量图”示波器面板中的色彩矢量波形与肤色指示线重叠，如图 5-100 所示。执行操作后，在预览窗口中可以查看人物肤色修复后的效果。

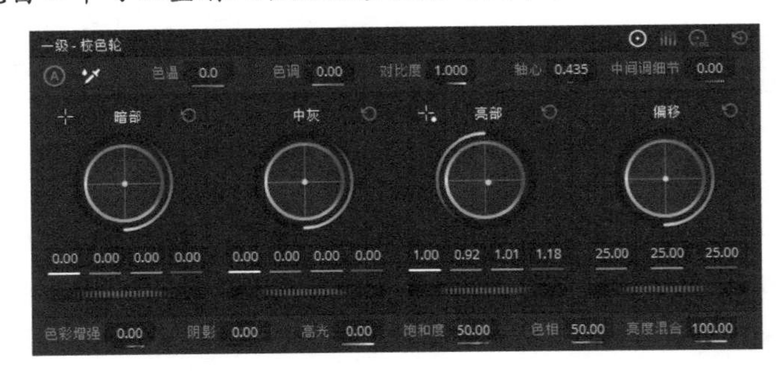

图 5-99

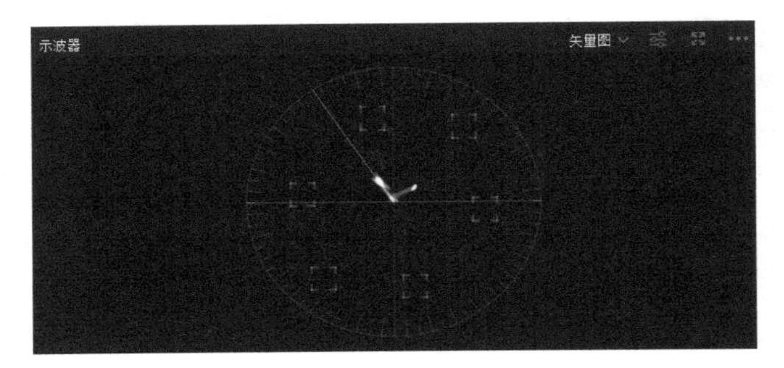

图 5-100

5.8 清新人像 喝咖啡的女孩

在达芬奇中，应用调色节点调整画面明暗反差与曝光，并结合“色轮”工具调整画面的色调，可以打造出唯美小清新效果。图 5-101 为调色前后的效果对比图。

图 5-101

步骤 01 打开“喝咖啡的女孩”项目文件，进入达芬奇的“剪辑”界面，如图 5-102 所示。

步骤 02 切换至“调色”界面，在界面右上方单击“节点”按钮，展开“节点”面板，如图 5-103 所示。

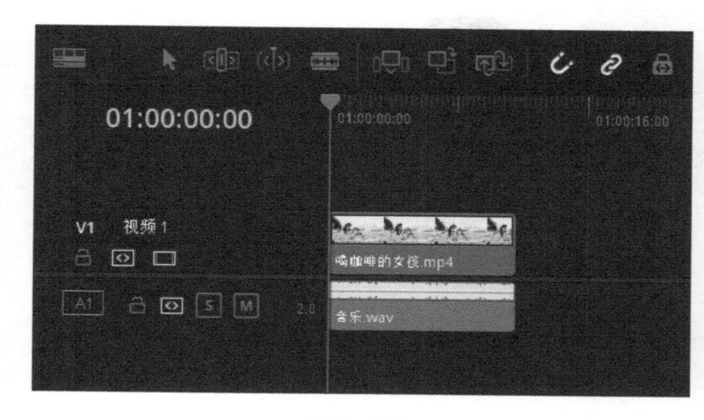

图 5-102

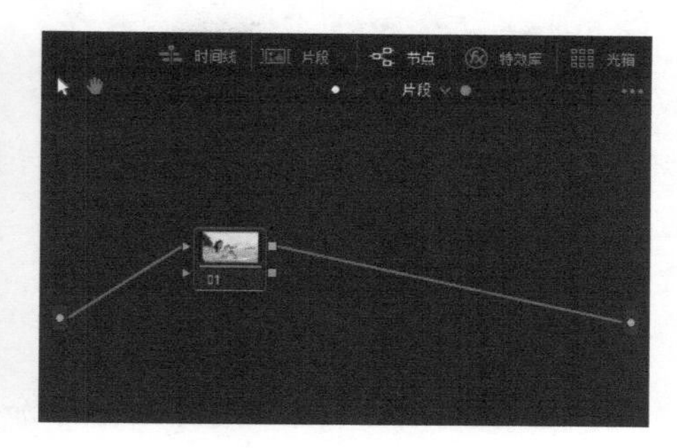

图 5-103

步骤 03 展开“一级 - 校色轮”面板，将“暗部”色轮的参数均设置为0.11、“中灰”色轮的参数均设置为0.04，如图 5-104 所示。

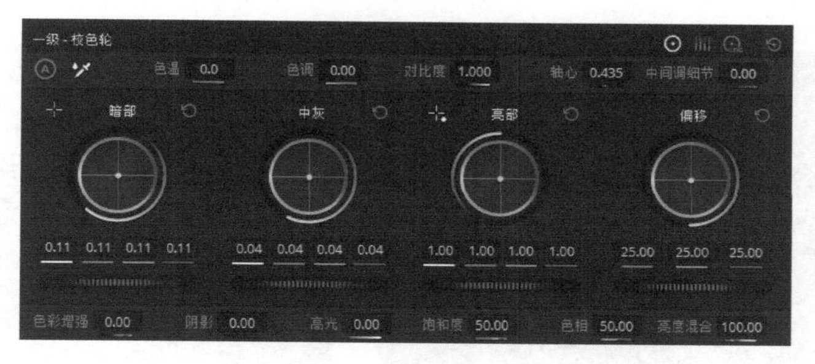

图 5-104

步骤 04 执行操作后，即可对画面明暗反差进行处理，让画面呈现出微微过曝的效果，如图 5-105 所示。

步骤 05 在“一级 - 校色轮”面板的下方设置“饱和度”参数为 88.00，如图 5-106 所示。

图 5-105

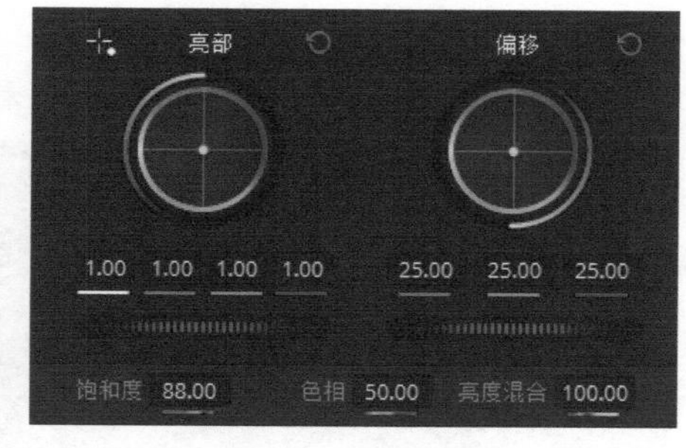

图 5-106

步骤 06 执行操作后，在面板上方设置“色温”参数为 –1000.0，如图 5-107 所示。

步骤 07 执行操作后，即可增加画面饱和度并降低色温，使画面微微偏冷色调，效果如图 5-108 所示。

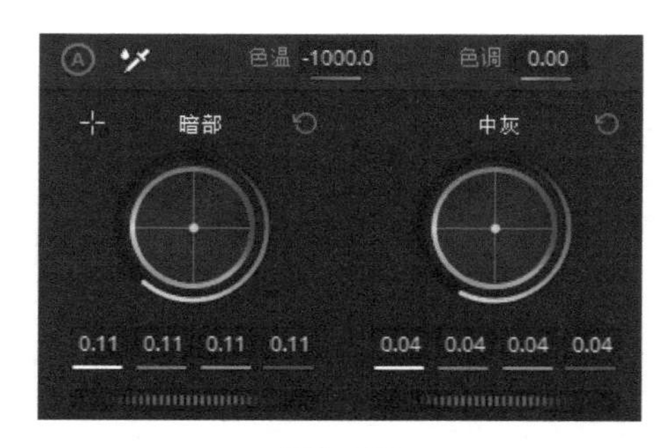

图 5-107

图 5-108

步骤 08 在“节点”面板中，添加一个编号为02的串行节点，如图 5-109 所示。

步骤 09 在“一级-校色轮”面板中，选中“暗部”色轮中心的白色圆圈，按住鼠标左键的同时往蓝色方向拖曳至合适位置，释放鼠标；选中“中灰”色轮中心的白色圆圈，按住鼠标左键的同时往青色方向拖曳至合适位置，释放鼠标，如图 5-110 所示。

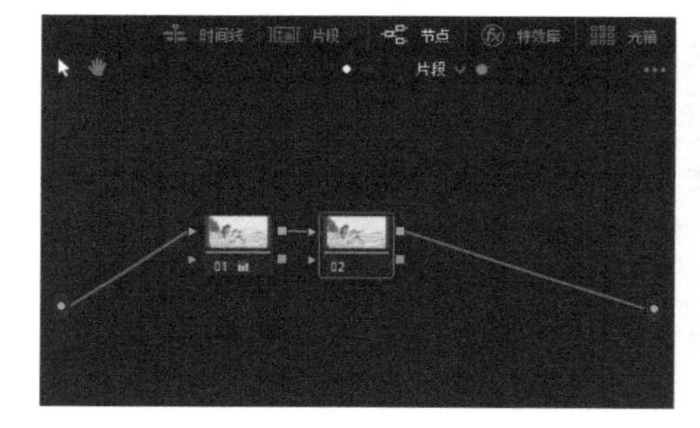

图 5-109

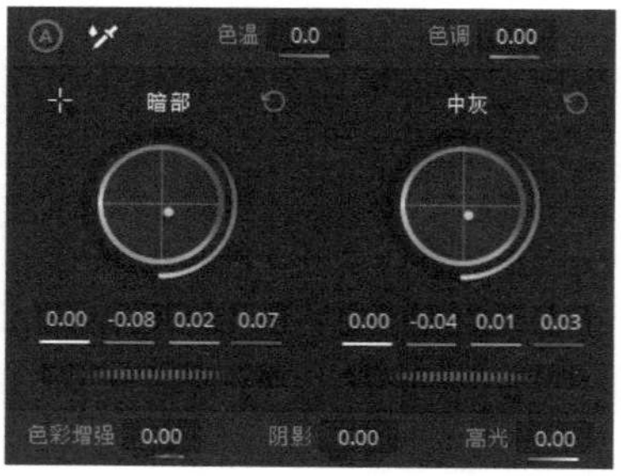

图 5-110

步骤 10 展开“一级-Log色轮”面板，选中“阴影”色轮中心的白色圆圈，按住鼠标左键的同时往绿色方向拖曳至合适位置，释放鼠标；选中“中间调”色轮中心的白色圆圈，按住鼠标左键的同时往红色方向拖曳至合适位置，释放鼠标，如图 5-111 所示。

步骤 11 在预览窗口中，可以查看画面色调调整后的效果，如图 5-112 所示。

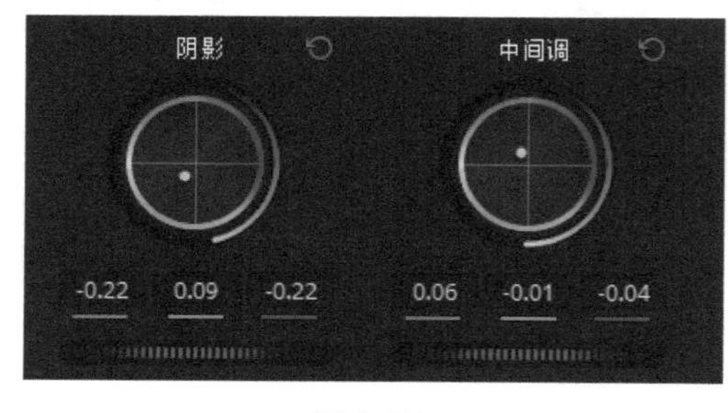

图 5-111

图 5-112

步骤 12 在“节点”面板中，添加一个编号为03的串行节点，如图 5-113 所示。

步骤 13　展开“限定器-HSL”面板，应用“拾取器”工具在预览窗口中选取人物皮肤，如图 5-114 所示。

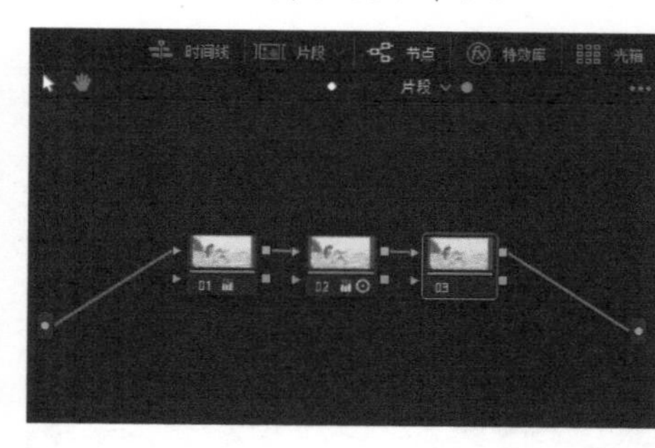

图 5-113

图 5-114

步骤 14　展开“运动特效”面板，在“空域降噪”选项区中，单击“模式”右侧的下拉按钮，在下拉列表中选择“更好”选项，如图 5-115 所示。

步骤 15　在“空域阈值”选项区中，将“亮度”和“色度”参数均设置为 100.0，如图 5-116 所示。

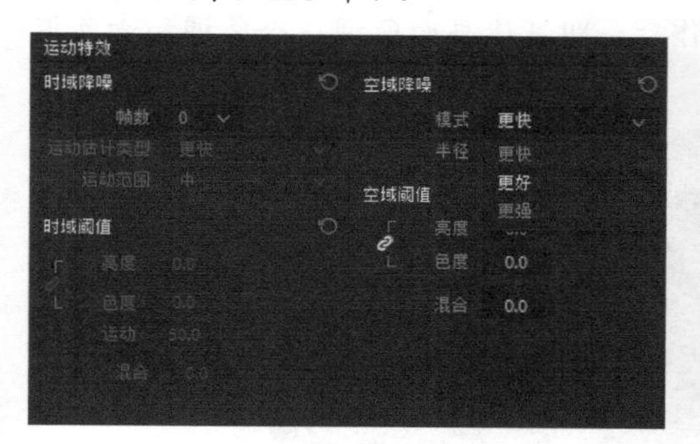

图 5-115

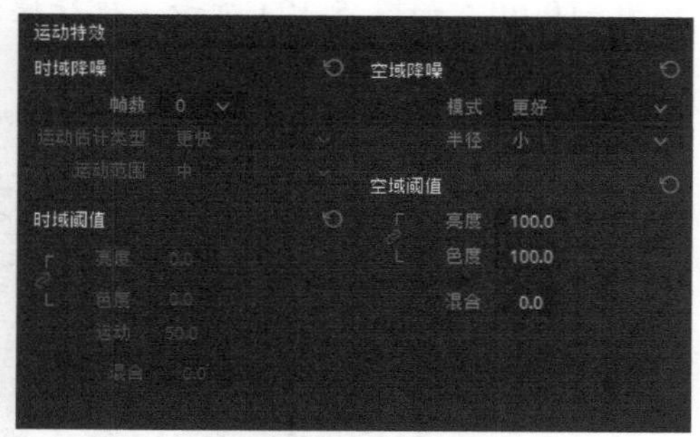

图 5-116

步骤 16　在“节点”面板中，添加一个编号为 04 的并行节点和一个“并行混合器”节点，如图 5-117 所示。

步骤 17　在“一级-校色轮”面板中，选中“中灰”色轮中心的白色圆圈，按住鼠标左键的同时往红色方向拖曳至合适位置，释放鼠标；选中“亮部”色轮中心的白色圆圈，按住鼠标左键的同时往蓝色方向拖曳至合适位置，释放鼠标，如图 5-118 所示。

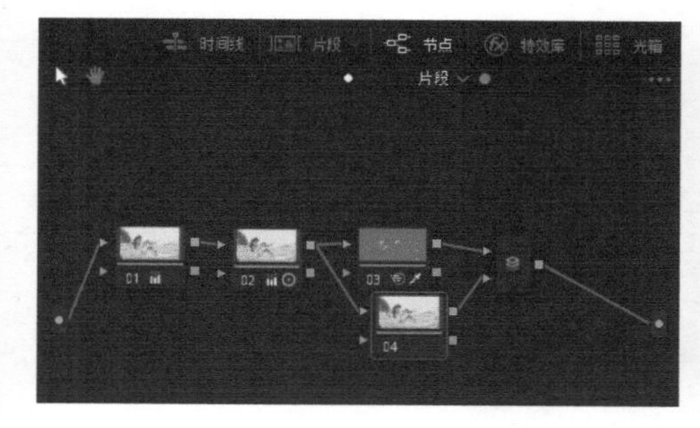

图 5-117

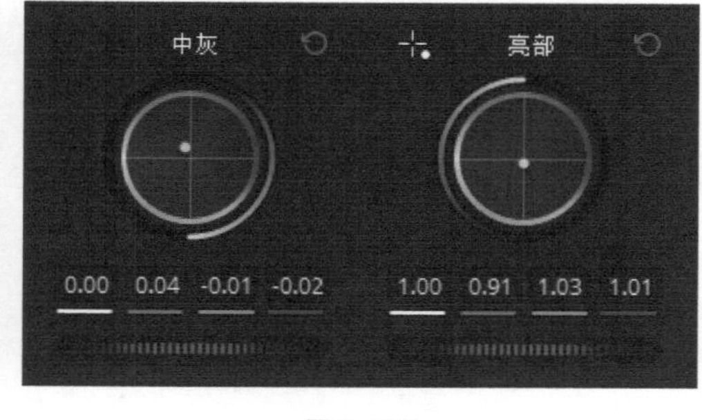

图 5-118

步骤 18　在“节点”面板中的“并行混合器”节点上用鼠标右键单击，弹出快捷菜单，选择“添加节点”|“添加串行节点”选项，如图 5-119 所示。

步骤 19　执行操作后，即可在“节点”面板中添加一个编号为06的串行节点，如图 5-120 所示。

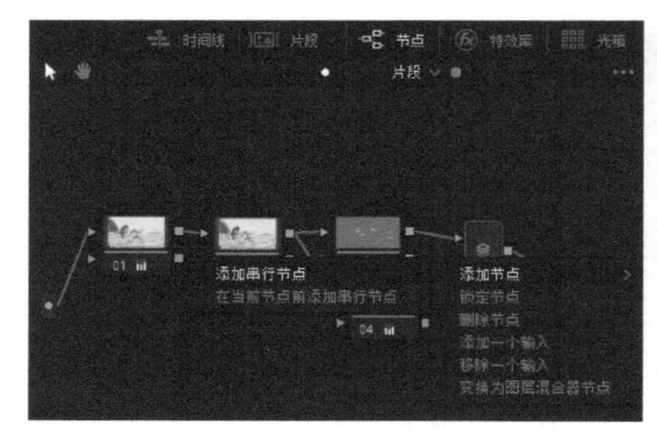

图 5-119

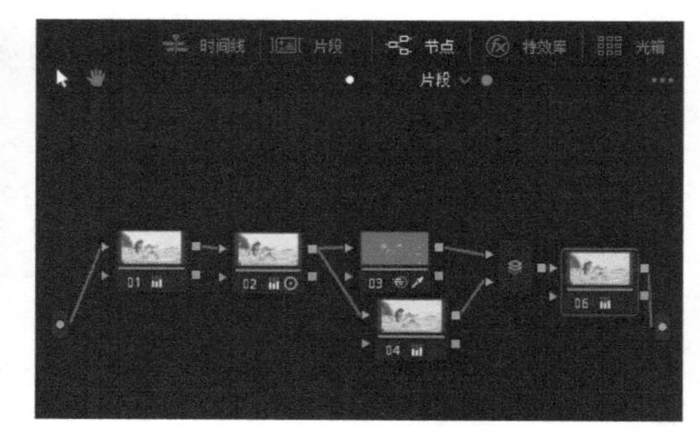

图 5-120

步骤 20　在“一级 - 校色轮”面板中，设置“色温”参数为 -50.0、“色调”参数为 -10.00，如图 5-121 所示。执行操作后，即可使画面色调往冷色调和青色调偏移。

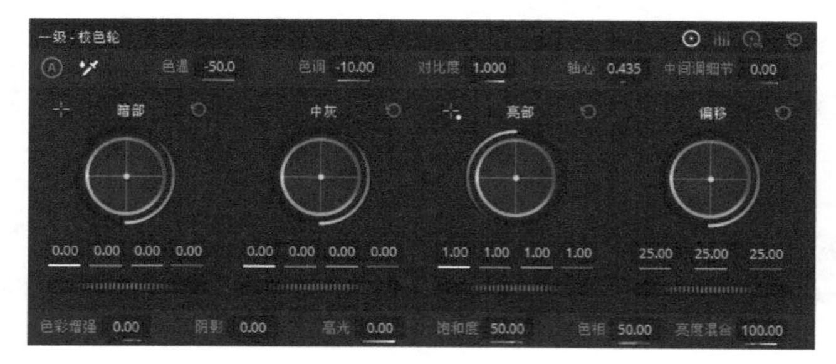

图 5-121

第 6 章

滤镜效果：制作视频的滤镜效果

滤镜是指应用到视频素材中的效果，它可以改变视频素材的外观。对视频素材进行编辑时，添加滤镜不仅可以掩饰视频素材的瑕疵，还可以令视频产生绚丽的视觉效果，使制作出来的视频更具表现力。

6.1 镜头光斑 新疆自然风光

达芬奇的“Resolve FX光线”滤镜组中有一个“镜头光斑”效果，应用该效果可以在素材画面上制作一个小太阳特效。图6-1为添加滤镜效果前后的对比图。

图6-1

步骤 01 打开“新疆自然风光”项目文件，进入达芬奇的“剪辑”界面，如图6-2所示。

步骤 02 在预览窗口中，查看打开项目的效果，如图6-3所示。

图6-2

图6-3

步骤 03 切换至“调色”界面，在界面右上方单击“节点”按钮，展开“节点”面板，如图6-4所示。

步骤 04 在界面右上方单击“特效库”按钮，展开“素材库”选项卡，在“Resolve FX光线”滤镜组中选择“镜头光斑”效果，如图6-5所示。

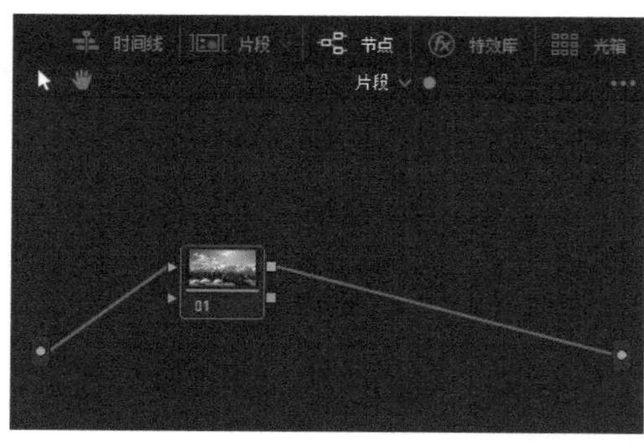

图6-4

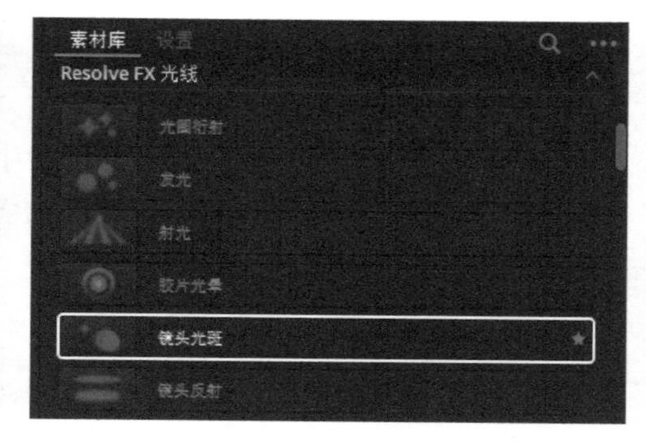

图6-5

步骤 05 按住鼠标左键，将“镜头光斑”效果拖曳至“节点”面板中的01节点上，调色提示区中会显示一个滤镜图标，表示添加的滤镜效果，如图6-6所示。

步骤 06 执行操作后，在预览窗口中可以查看添加的效果，如图6-7所示。

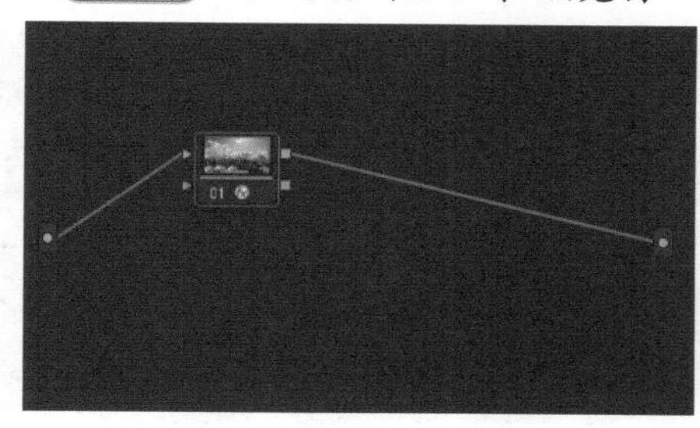

图6-6

图6-7

步骤 07 在预览窗口中，选择素材画面中的小太阳，按住鼠标左键将其拖曳至合适位置，如图6-8所示。

步骤 08 将鼠标指针移至小太阳外面的白色光圈上，按住鼠标左键的同时向右下角拖曳，增大小太阳的光晕发散范围，如图6-9所示。

图6-8

图6-9

提示

在添加滤镜效果后，系统会自动切换至“设置”选项卡，用户可以在其中根据素材图像特征对添加的滤镜效果进行微调。

6.2 人物瘦身 明媚可爱少女

达芬奇的“Resolve FX 扭曲”滤镜组中有一个“变形器”效果，该效果可以在人像上添加变形点，用户通过调整变形点可以将人像变瘦。图6-10为人物瘦身前后的效果对比图。

图6-10

步骤 01 打开“明媚可爱少女”项目文件，进入达芬奇的“剪辑”界面，如图 6-11 所示。

步骤 02 在预览窗口中，查看打开项目的效果，如图 6-12 所示。

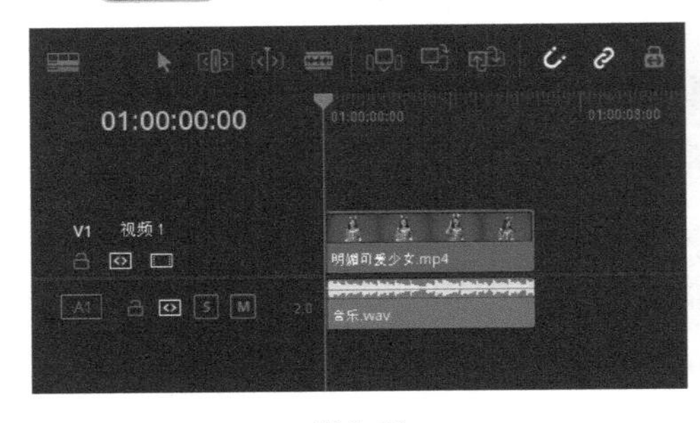

图 6-11

图 6-12

步骤 03 切换至“调色”界面，在界面右上方单击“节点”按钮，展开“节点”面板，如图 6-13 所示。

步骤 04 在界面右上方单击“特效库”按钮，展开“素材库”选项卡，在“Resolve FX 扭曲”滤镜组中选择“变形器”效果，如图 6-14 所示。

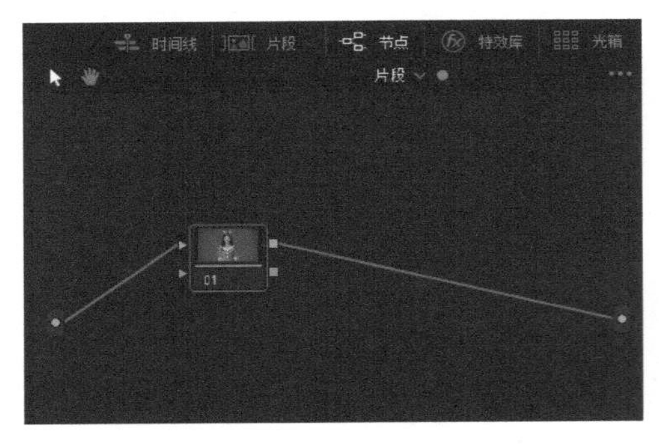

图 6-13

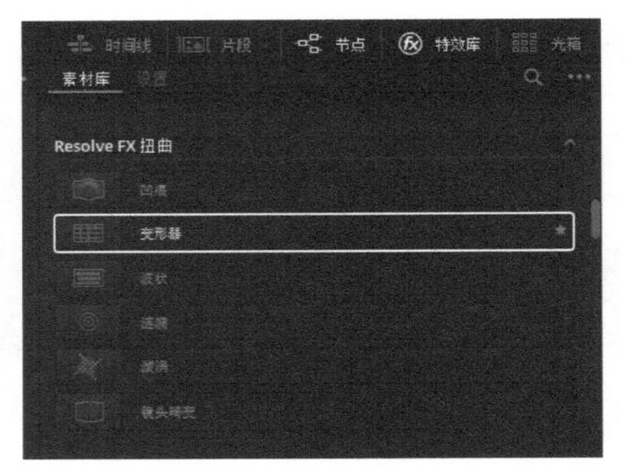

图 6-14

步骤 05 按住鼠标左键，将“变形器”效果拖曳至“节点”面板中的 01 节点上，调色提示区会显示一个滤镜图标，表示添加的滤镜效果，如图 6-15 所示。

步骤 06 在“检查器”面板的右上方，单击“增强检查器”按钮，如图 6-16 所示，即可扩大预览窗口。

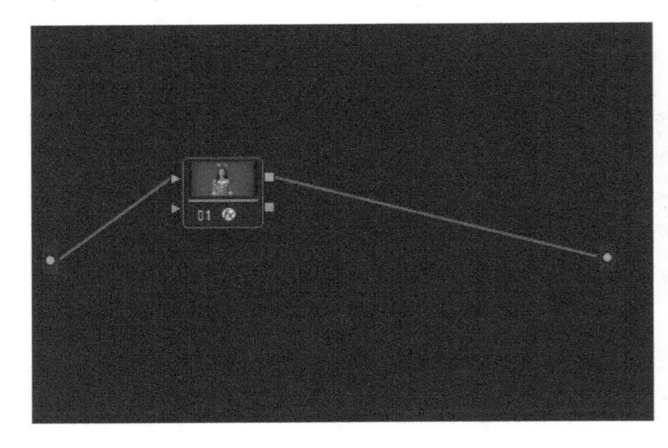

图 6-15

图 6-16

步骤07 将鼠标指针移至人物左肩处，单击，添加一个变形点，如图 6-17 所示。

步骤08 参照上述操作方法在人物的右肩添加第2个变形点，如图 6-18 所示。

图6-17

图6-18

步骤09 拖曳人物左肩上的变形点进行微调，使人物身形变瘦，如图 6-19 所示。

步骤10 参照上述操作方法，拖曳人物右肩上的变形点进行微调，为人物瘦身，使其身形变得协调，如图 6-20 所示。

图6-19

图6-20

6.3 人物磨皮 清纯女大学生

达芬奇的“Resolve FX美化”滤镜组中有一个“美颜”效果，该效果可以对人物进行磨皮处理，去除人物皮肤上的瑕疵，使人物的皮肤看起来更光洁、更亮丽。图 6-21 为磨皮前后的效果对比图。

图6-21

步骤 01 打开“清纯女大学生”项目文件，进入达芬奇的“剪辑”界面，如图 6-22 所示。

步骤 02 在预览窗口中，查看打开项目的效果，如图 6-23 所示。

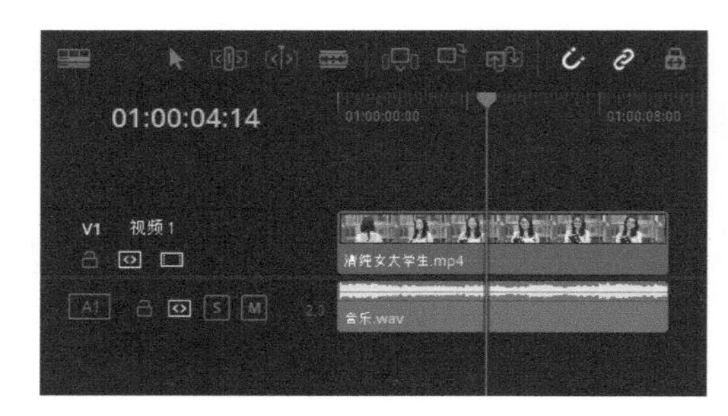

图 6-22

图 6-23

步骤 03 切换至“调色”界面，在界面右上方单击“节点”按钮，展开“节点”面板，如图 6-24 所示。

步骤 04 在界面右上方单击“特效库”按钮，展开“素材库”选项卡，在“Resolve FX 美化”滤镜组中选择“美颜”效果，如图 6-25 所示。

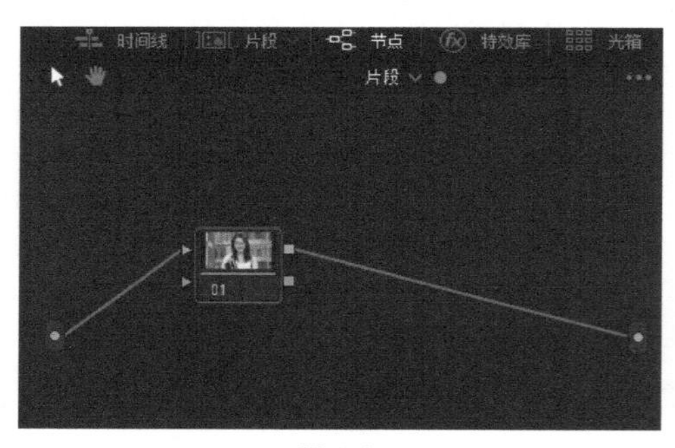

图 6-24

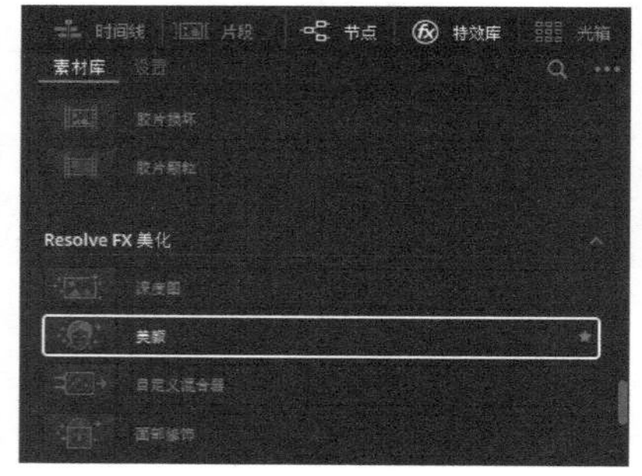

图 6-25

步骤 05 按住鼠标左键，将“美颜”效果拖曳至“节点”面板中的 01 节点上，调色提示区中将显示一个滤镜图标，表示添加的滤镜效果，如图 6-26 所示。

步骤 06 切换至“设置”选项卡，向右拖曳“Gamma”滑块至右端，设置参数为最大值，如图 6-27 所示。在预览窗口中可以查看人物磨皮后的效果。

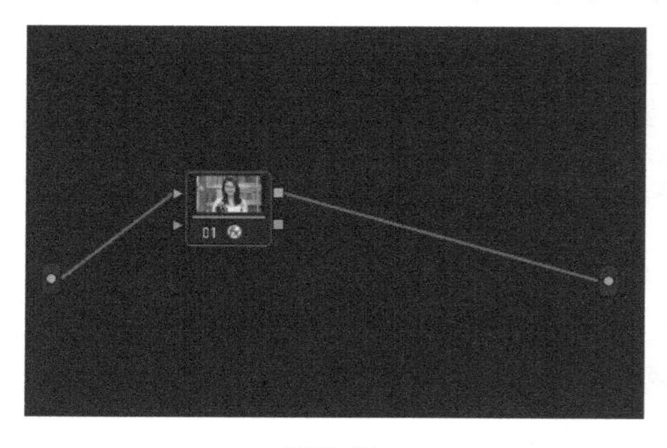

图 6-26

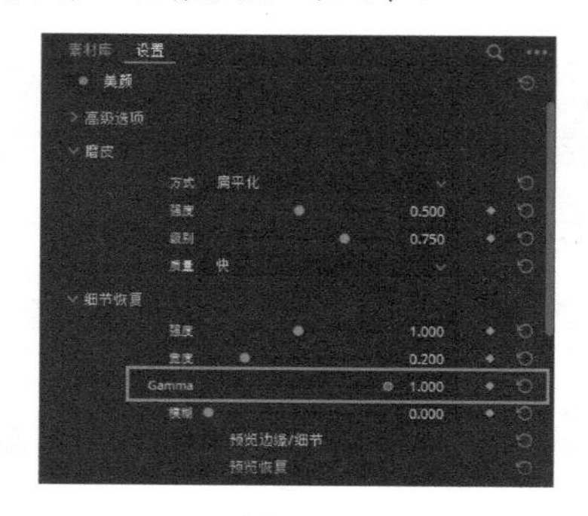

图 6-27

步骤 07 展开“曲线-自定义”面板，在曲线上单击，添加一个控制点，并按住鼠标左键向上拖曳，如图 6-28 所示，提高画面的亮度，使人物的皮肤更加白皙。

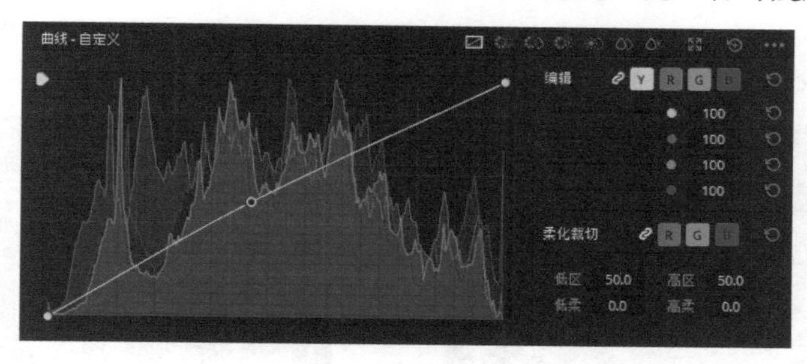

图6-28

6.4 暗角艺术 盛放的水芙蓉

“暗角”是一个摄影术语，是指画面的中间部分较亮、4个角渐暗的一种“老影像”艺术效果，能够突出画面中心。在达芬奇中，用户可以通过“Resolve FX风格化”滤镜组中的“暗角”效果来实现。下面将介绍制作暗角艺术视频效果的操作方法，图 6-29 为添加暗角前后的效果对比图。

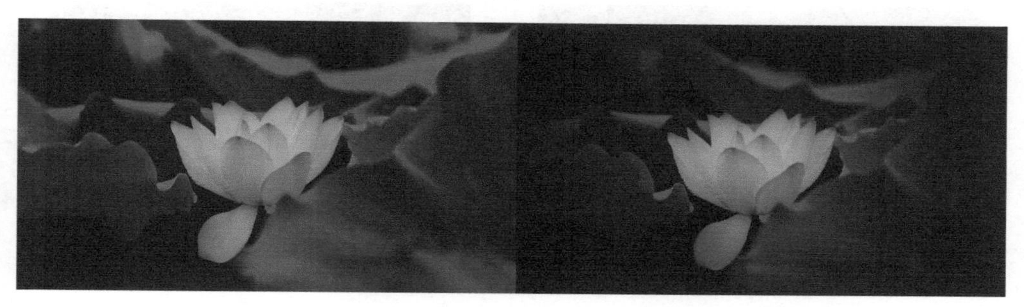

图6-29

步骤 01 打开“盛放的水芙蓉”项目文件，进入达芬奇的“剪辑”界面，如图 6-30 所示。

步骤 02 在预览窗口中，查看打开项目的效果，如图 6-31 所示。

图6-30

图6-31

步骤 03　切换至“调色”界面，在界面右上方单击“节点”按钮，展开“节点”面板，如图 6-32 所示。

步骤 04　在界面右上方单击“特效库”按钮，展开“素材库”选项卡，在“Resolve FX风格化”滤镜组中选择“暗角”效果，如图 6-33 所示。

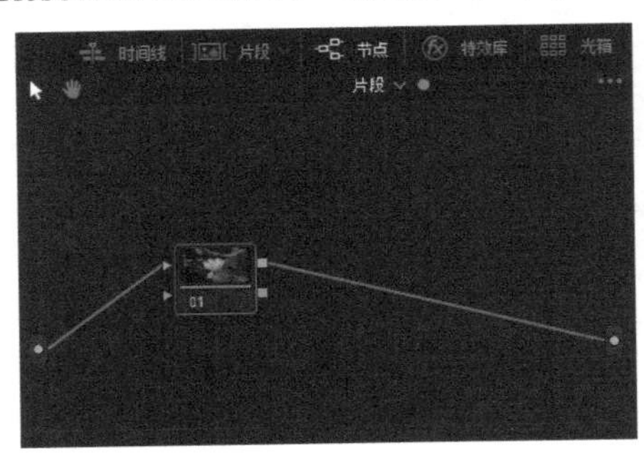

图6-32

图6-33

步骤 05　按住鼠标左键，将“暗角”效果拖曳至“节点”面板中的01节点上，调色提示区将显示一个滤镜图标，表示添加的滤镜效果，如图 6-34 所示。

步骤 06　切换至“设置”选项卡，设置“大小”参数为0.661、“柔化”参数为0.542，如图 6-35 所示。在预览窗口中可以查看所制作的暗角艺术视频效果。

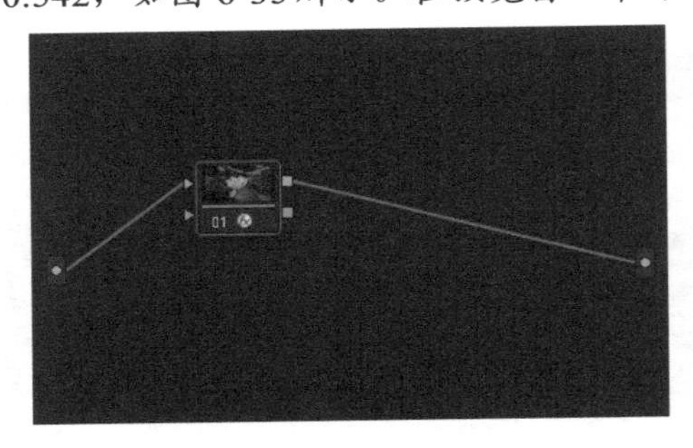

图6-34

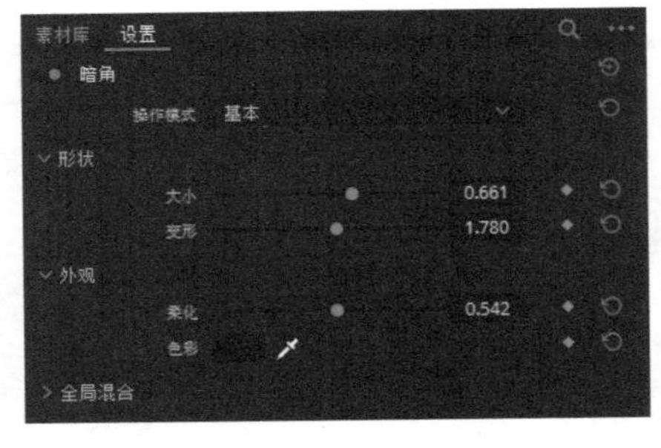

图6-35

6.5　镜像翻转 盗梦空间效果

达芬奇的“Resolve FX风格化”滤镜组中有一个“镜像”效果，该效果可以制作出“盗梦空间”效果。图 6-36 为添加镜像前后的效果对比图。

图6-36

步骤 01 打开“盗梦空间效果”项目文件，进入达芬奇的“剪辑”界面，如图 6-37 所示。

步骤 02 在预览窗口中，查看打开项目的效果，如图 6-38 所示。

图 6-37

图 6-38

步骤 03 切换至“调色”界面，在界面右上方单击“节点”按钮，展开“节点”面板，如图 6-39 所示。

步骤 04 在界面右上方单击“特效库”按钮，展开“素材库”选项卡，在“Resolve FX 风格化”滤镜组中选择“镜像”效果，如图 6-40 所示。

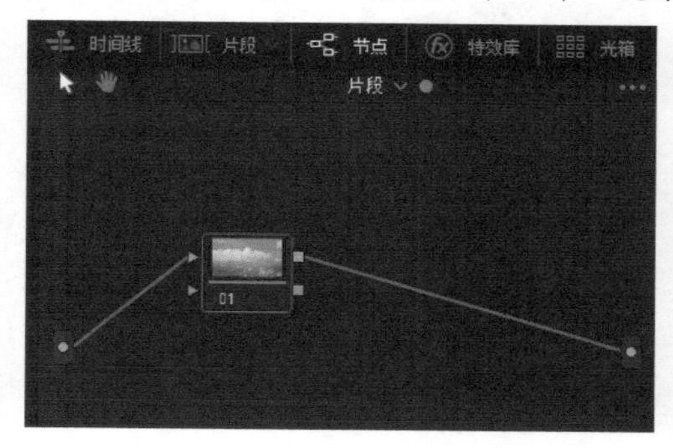

图 6-39

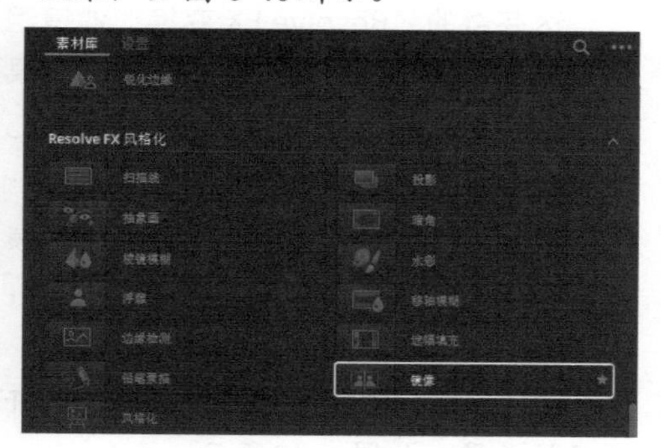

图 6-40

步骤 05 按住鼠标左键，将“镜像”效果拖曳至“节点”面板中的 01 节点上，调色提示区将显示一个滤镜图标，表示添加的滤镜效果，如图 6-41 所示。

步骤 06 在预览窗口中可以看到画面中出现了一个白色的控制柄，如图 6-42 所示。

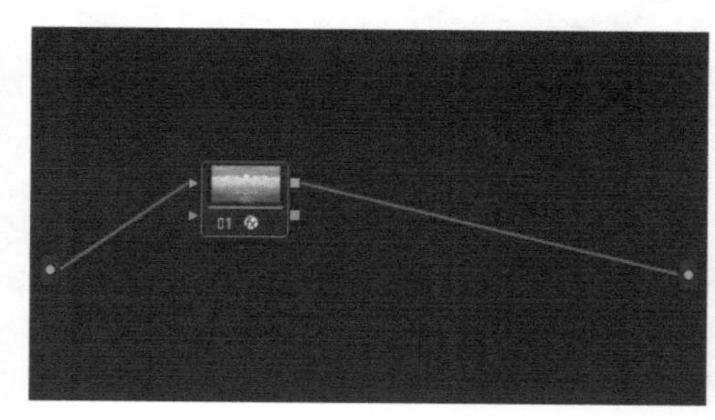

图 6-41

图 6-42

步骤 07 在预览窗口中，按住控制柄沿逆时针方向旋转90°，对画面进行镜像翻转，如图 6-43 所示。

步骤 08 切换至“设置”选项卡，设置“位置”Y 参数为0.540，如图 6-44 所示。

图 6-43

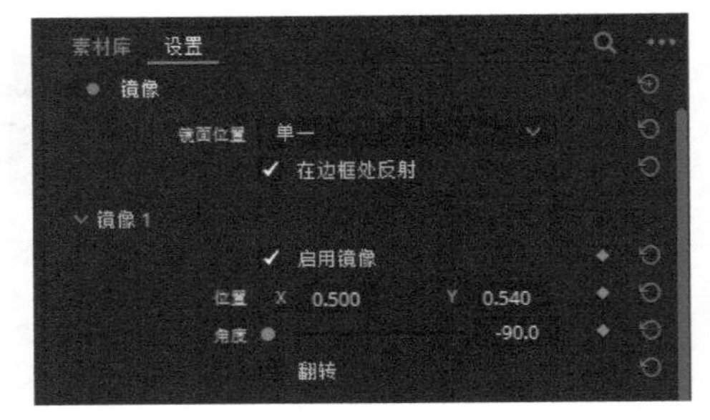

图 6-44

6.6 镜头晃动 公司欢乐团建

达芬奇的“Resolve FX 变换”滤镜组中有一个“摄影机晃动”效果，该效果可以用于制作镜头晃动效果，如图 6-45 所示。

图 6-45

步骤 01 打开“公司欢乐团建”项目文件，进入达芬奇的“剪辑”界面，如图 6-46 所示。

步骤 02 在预览窗口中，查看打开项目的效果，如图 6-47 所示。

图 6-46

图 6-47

步骤 03 切换至“调色”界面，在界面右上方单击“节点”按钮，展开“节点”面板，如图 6-48 所示。

步骤 04 在界面右上方单击“特效库”按钮，展开“素材库”选项卡，在“Resolve FX 变换”滤镜组中选择“摄影机晃动”效果，如图 6-49 所示。

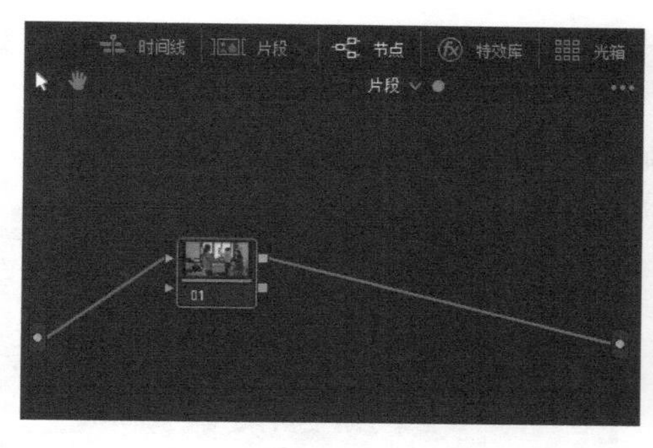

图 6-48

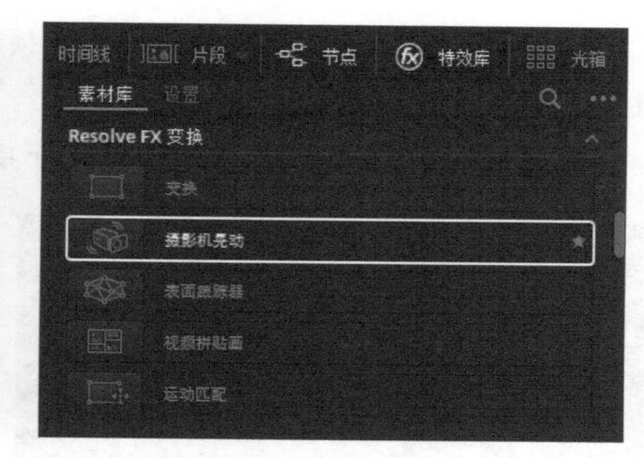

图 6-49

步骤 05 按住鼠标左键，将“摄影机晃动”效果拖曳至“节点”面板中的01节点上，调色提示区将显示一个滤镜图标，表示添加的滤镜效果，如图 6-50 所示。

步骤 06 切换至“设置”选项卡，设置“运动幅度”参数为1.248、“运动速度”参数为1.083，如图 6-51 所示。在预览窗口中可以查看所制作的视频效果。

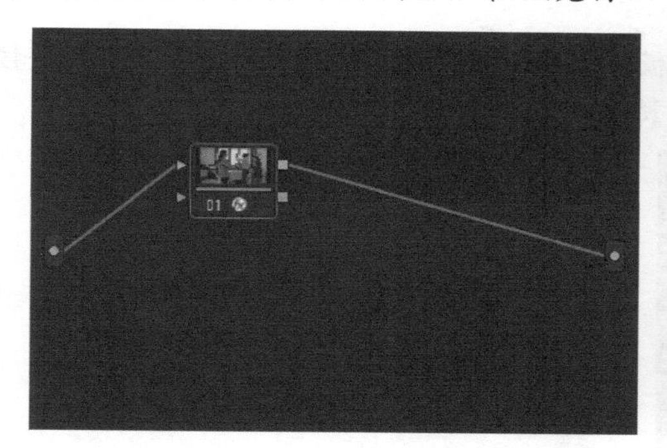

图 6-50

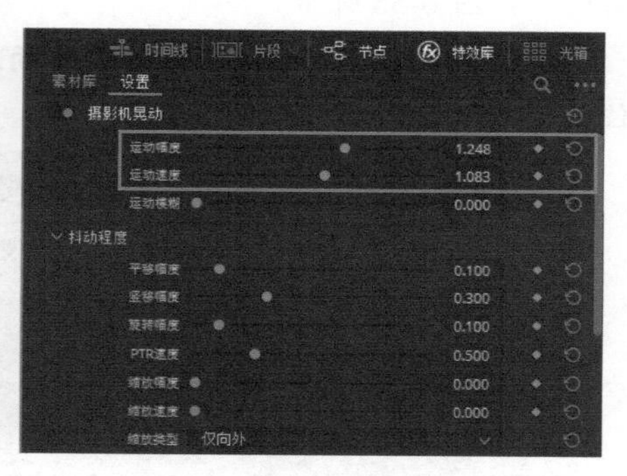

图 6-51

6.7 唯美光线 家乡田园风光

达芬奇的“Resolve FX 光线”滤镜组中有一个“射光”效果，该效果可以用于制作唯美的光线效果。图 6-52 为添加射光前后的效果对比图。

图 6-52

步骤 01 打开“家乡田园风光”项目文件，进入达芬奇的“剪辑”界面，如图 6-53 所示。

步骤 02 在预览窗口中，查看打开项目的效果，如图 6-54 所示。

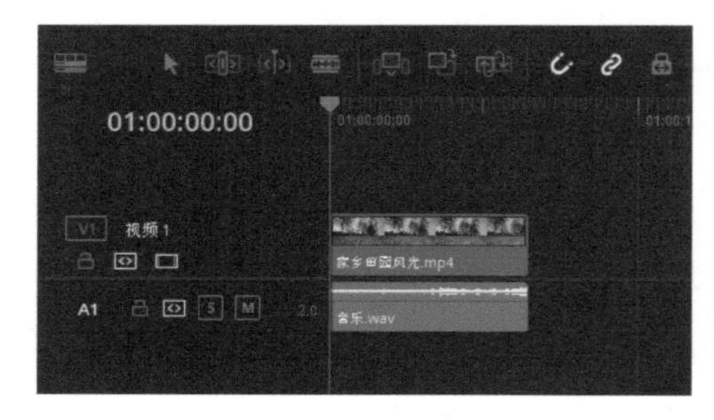

图6-53

图6-54

步骤 03 切换至“调色”界面，在界面右上方单击“节点”按钮，展开“节点”面板，如图 6-55 所示。

步骤 04 展开“曲线 - 自定义”面板，在曲线上单击，添加一个控制点，并按住鼠标左键向下拖曳，如图 6-56 所示，降低画面的亮度。

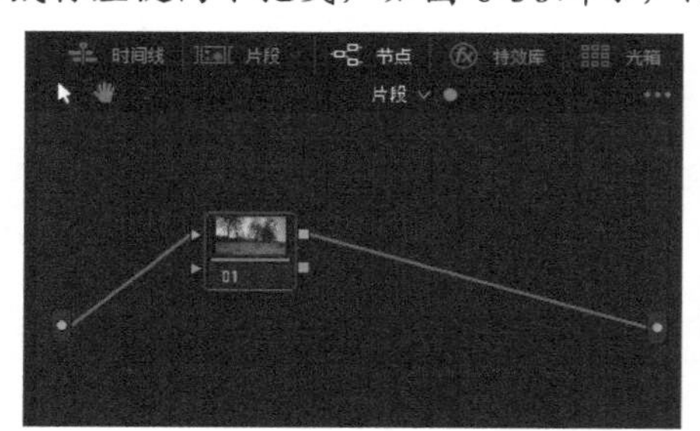

图6-55

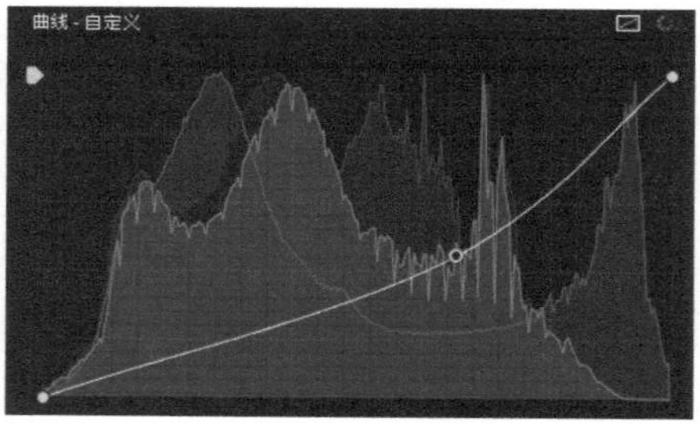

图6-56

步骤 05 在“节点”面板中，添加一个编号为 02 的串行节点，如图 6-57 所示。

步骤 06 在界面右上方单击“特效库”按钮，展开“素材库”选项卡，在“Resolve FX 光线”滤镜组中选择“射光”效果，如图 6-58 所示。

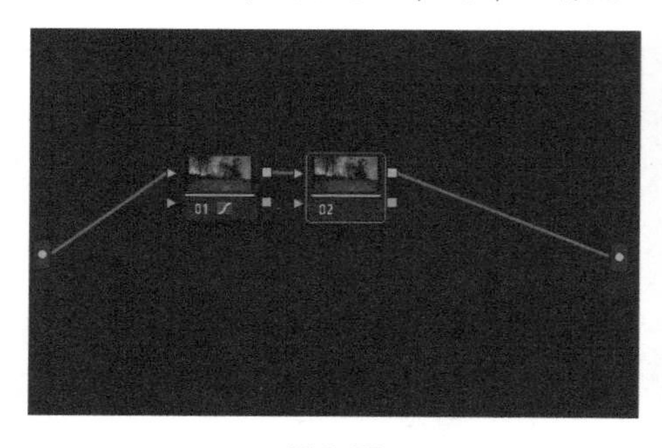

图6-57

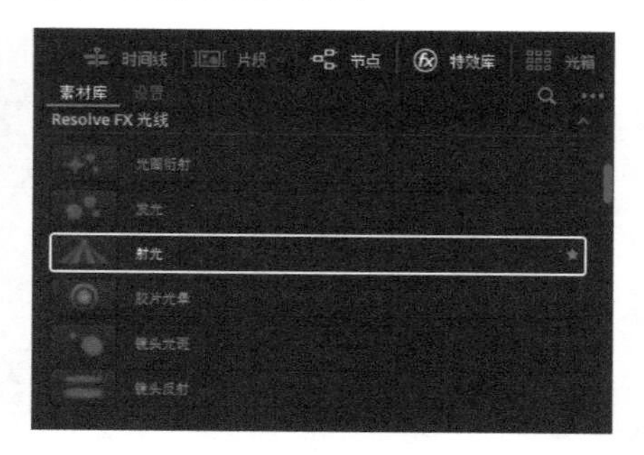

图6-58

步骤 07 按住鼠标左键，将“射光”效果拖曳至“节点”面板中的 02 节点上，调色提示区将显示一个滤镜图标，表示添加的滤镜效果，如图 6-59 所示。

步骤 08 切换至“设置”选项卡，设置“源阈值”参数为0.248、“位置”X和Y参数分别为0.377和1.390、“长度”参数为0.422、“亮度”参数为0.220，如图 6-60所示。

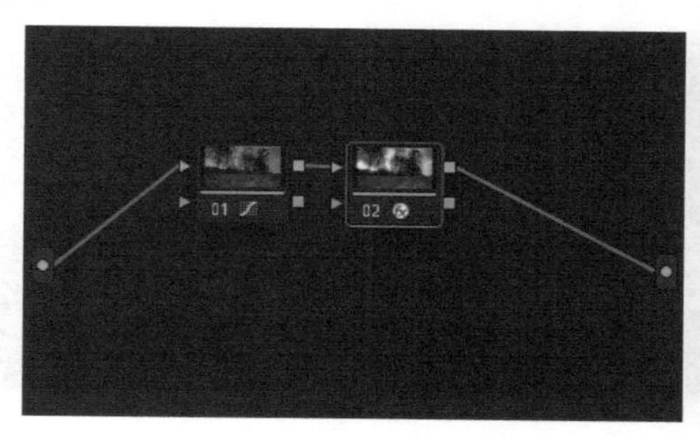

图6-59

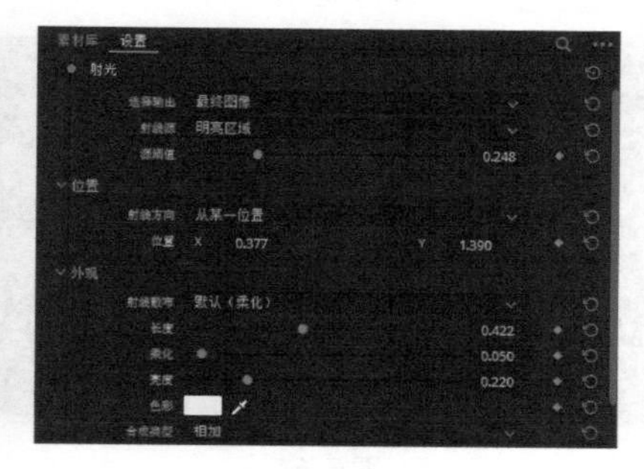

图6-60

步骤 09 执行操作后，在预览窗口中可以看到添加射光后的画面效果，如图 6-61所示。

步骤 10 在“设置”选项卡中单击“色彩”选项右侧的色块，在打开的“选择颜色”对话框中，选取合适的颜色，并单击“OK”按钮保存操作，如图 6-62所示。

图6-61

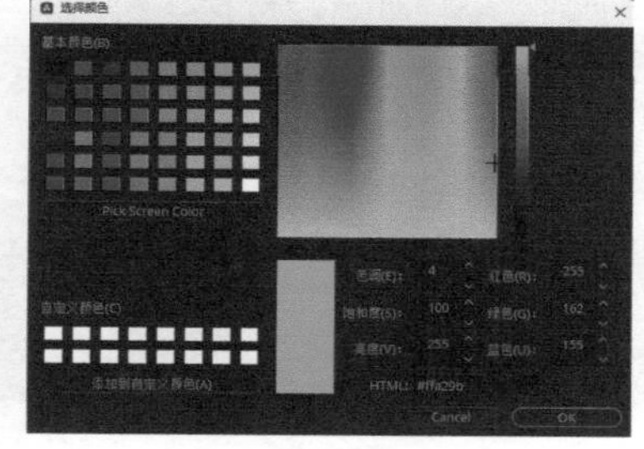

图6-62

6.8 定格拍照 浪漫情侣相册

达芬奇的“Resolve FX 生成”滤镜组中有一个“色彩生成器”效果，该效果可以用于制作定格拍照的效果。图 6-63为添加定格前后的效果对比图。

图6-63

步骤 01 打开“浪漫情侣相册”项目文件，进入达芬奇的“剪辑”界面，如图 6-64 所示。

步骤 02 在预览窗口中，查看打开项目的效果，如图 6-65 所示。

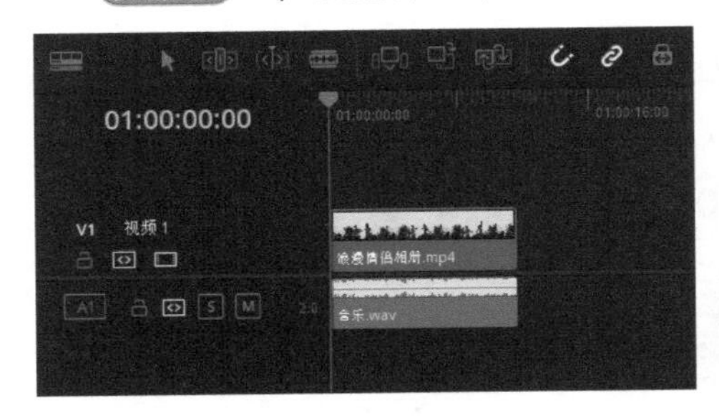

图 6-64

图 6-65

步骤 03 将时间指示器移至01:00:09:06处，如图 6-66 所示。在工具栏中单击“刀片编辑模式”按钮，并在时间指示器的位置单击视频素材，将视频素材一分为二，如图 6-67 所示。

图 6-66

图 6-67

步骤 04 选中分割出来的后半段视频，如图 6-68 所示；用鼠标右键单击，弹出快捷菜单，选择“更改片段速度”选项，如图 6-69 所示。

图 6-68

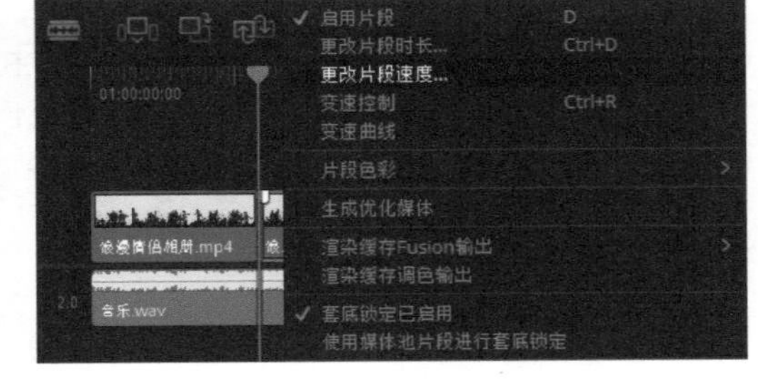

图 6-69

步骤 05 在打开的“更改片段速度”对话框中，勾选“冻结帧”复选框，单击“更改”按钮，如图 6-70 所示。

步骤 06 在“媒体池”面板的上方单击“特效库”按钮，如图 6-71 所示。

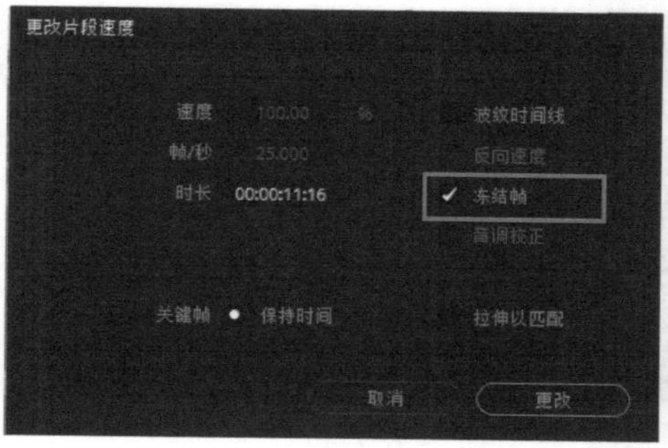

图 6-70

图 6-71

步骤 07 展开“Fusion特效”滤镜组，选择“Colored Border”效果，并将其拖曳至分割出来的后半段视频上，如图 6-72 和图 6-73 所示。

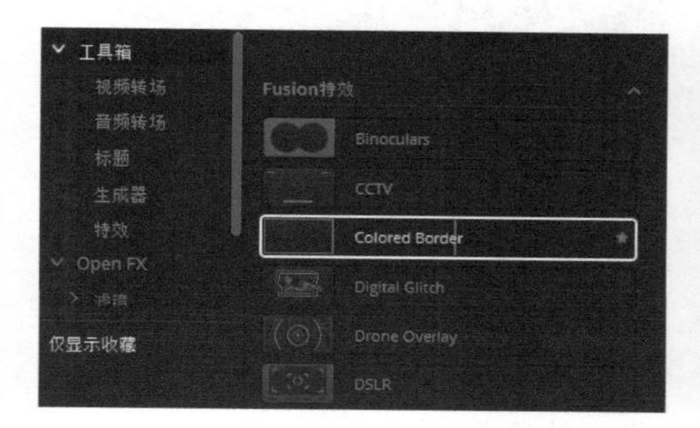

图 6-72

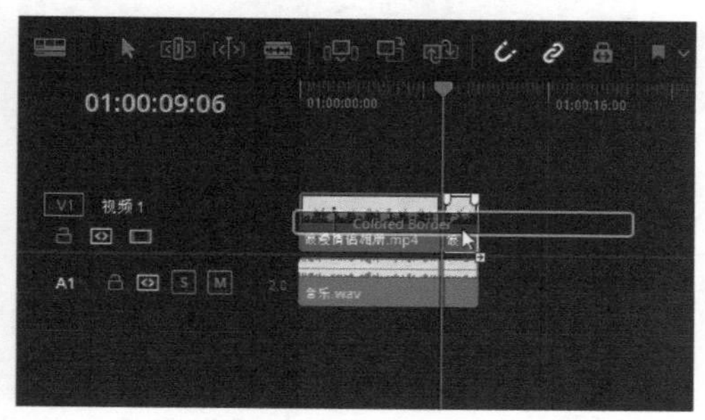

图 6-73

步骤 08 执行操作后，即可为视频画面添加一个白色边框，如图 6-74 所示。

步骤 09 切换至“调色”界面，在界面右上方单击“节点”按钮，展开“节点”面板，如图 6-75 所示。

图 6-74

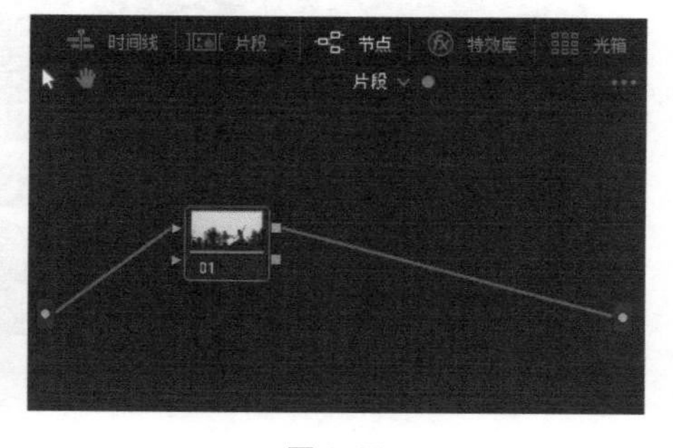

图 6-75

步骤 10 在界面右上方单击“特效库”按钮，展开“素材库”选项卡，在“Resolve FX 生成”滤镜组中选择“色彩生成器”效果，如图 6-76 所示。

步骤 11 按住鼠标左键，将“色彩生成器”效果拖曳至“节点”面板中的 01 节点上，调色提示区将显示一个滤镜图标，表示添加的滤镜效果，如图 6-77 所示。

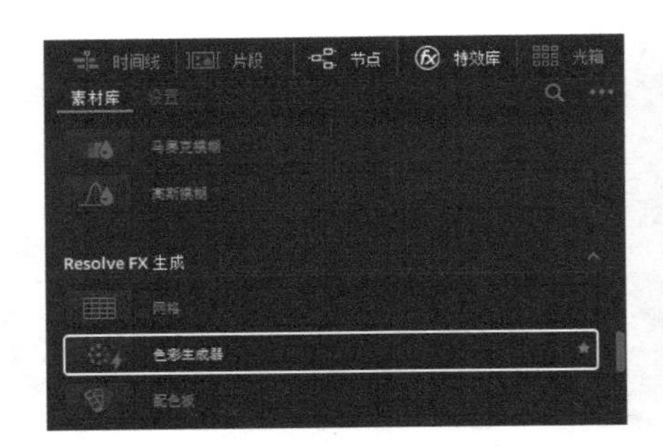

图6-76

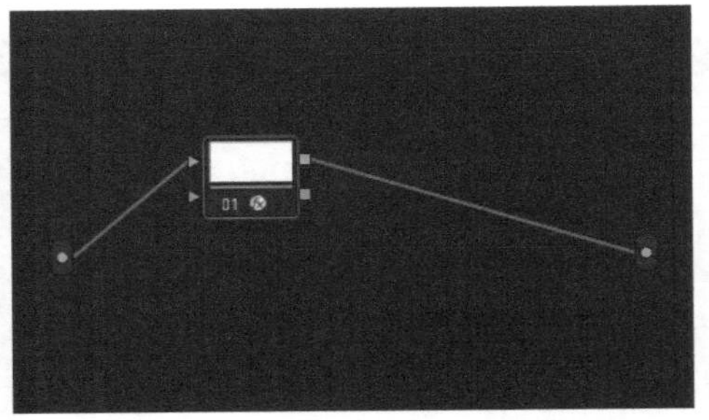

图6-77

步骤 12 切换至“设置”选项卡，单击“混合”滑块右侧的“关键帧”按钮◆，如图 6-78 所示。执行操作后，将“混合”滑块拖曳至最左边，如图 6-79 所示。

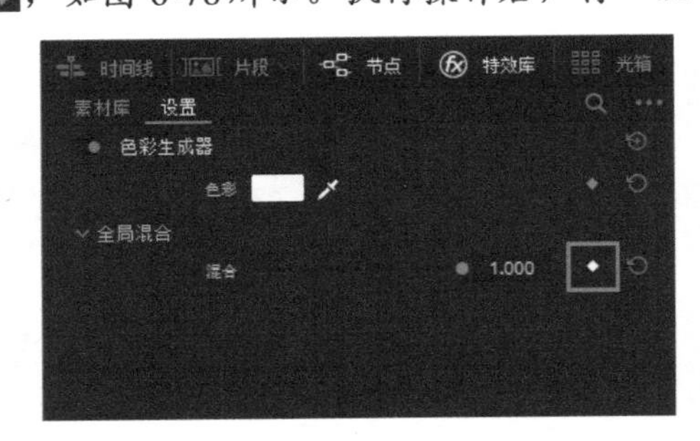

图6-78

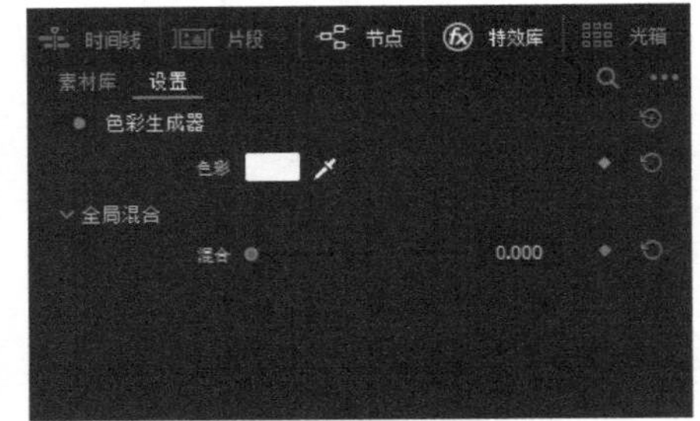

图6-79

步骤 13 切换至“剪辑”界面，将时间指示器移至01:00:09:11处，如图 6-80 所示。

步骤 14 切换至“调色”界面，在“设置”选项卡中，将“混合”滑块拖曳至最右边，如图 6-81 所示。

图6-80

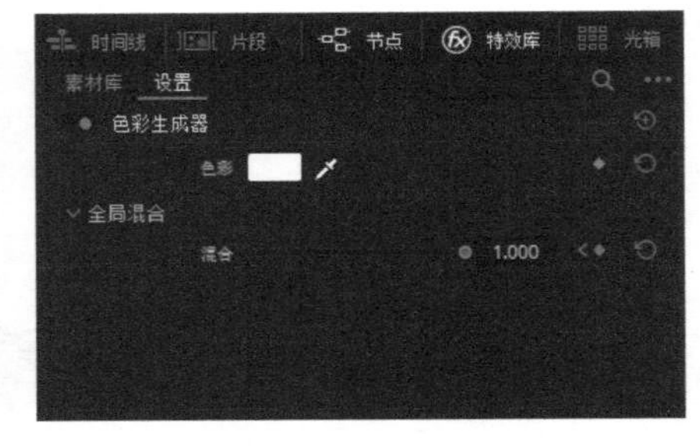

图6-81

步骤 15 切换至“剪辑”界面，将时间指示器移至01:00:09:14处，如图 6-82 所示。

步骤 16 切换至“调色”界面，在“设置”选项卡中，将“混合”滑块拖曳至最左边，如图 6-83 所示。

步骤 17 切换至“剪辑”界面，在工具栏中单击“刀片编辑模式”按钮，在时间指示器的位置单击视频素材，将视频素材分割成两段，如图 6-84 所示。

步骤 18 选中分割出来的后半段视频，切换至“调色”界面，在界面左上方单击“LUT库”按钮，展开“LUT库”面板，在“Blackmagic Design”选项卡中选择相应的滤镜样式，如图 6-85 所示。

图6-82

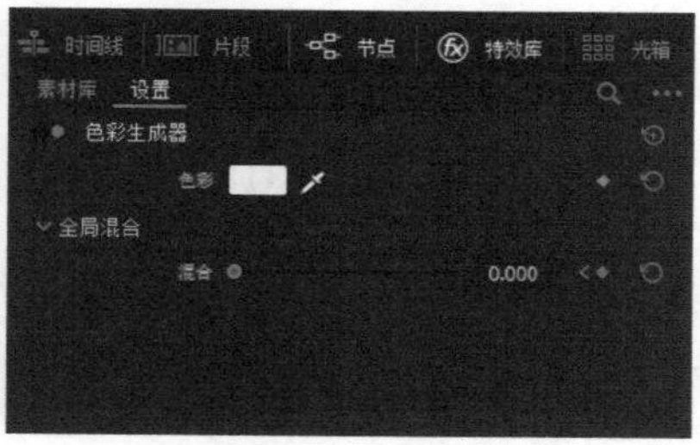

图6-83

图6-84

图6-85

步骤 19 按住鼠标左键，将所选的滤镜样式拖曳至预览窗口的素材画面上，如图 6-86 所示。执行操作后，即可将选择的滤镜样式添加至视频素材上。

图6-86

步骤 20 切换至“剪辑”界面，在“媒体池”面板中选中“音效”素材，按住鼠标左键，将其拖曳至“时间线”面板中，如图 6-87 所示。

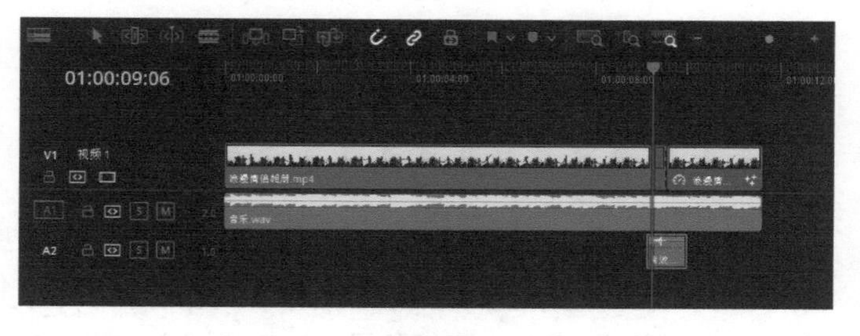

图6-87

提示

添加音效素材后，用户需仔细调整音效素材的位置，使快门声响起的时间点与时间指示器的位置对应。

第 7 章

视频转场：为视频添加转场效果

在影视后期特效的制作过程中，镜头之间的过渡或素材之间的转换称为转场。它使用一些特殊的效果，使素材与素材之间产生自然、流畅和平滑的过渡。本章主要介绍制作视频转场效果的操作方法。

7.1 叠化转场 春日出游短片

在达芬奇中，“交叉叠化”效果用于将素材A的不透明度由100% 转变到0%，将素材B的不透明度由0% 转变到100%。下面将介绍制作交叉叠化转场效果的操作方法，效果如图 7-1 所示。

图 7-1

步骤 01 打开“春日出游短片”项目文件，进入“剪辑”界面，如图 7-2 所示。

图 7-2

步骤 02 在“时间线”面板中选中素材01，将鼠标指针移至素材01的末端，当鼠标指针呈修剪形状时，按住鼠标左键并向左拖曳，如图 7-3 所示；至合适位置后释放鼠标，如图 7-4 所示。

图 7-3

图 7-4

步骤 03 单击V1轨道中的空白区域，如图 7-5 所示，按Delete键删除。

步骤 04 参照上述操作方法，将余下的5段素材修剪至合适时长，并将音频修剪至与视频同长，如图 7-6 所示。

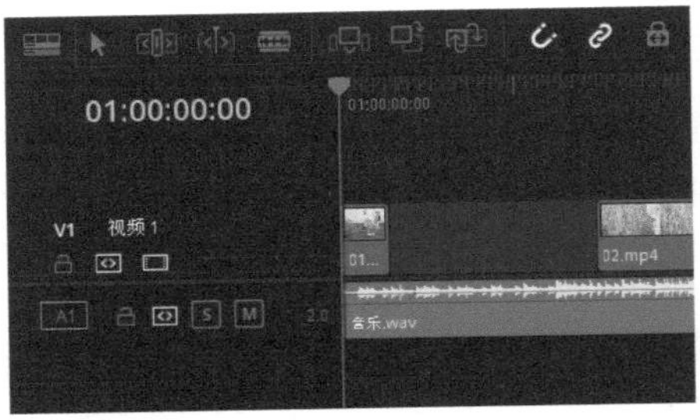

图7-5

图7-6

步骤 05 在“媒体池”面板的上方单击“特效库”按钮，如图 7-7 所示。

步骤 06 在“视频转场”选项卡的“叠化”效果组中，选择“交叉叠化”效果，如图 7-8 所示。

图7-7

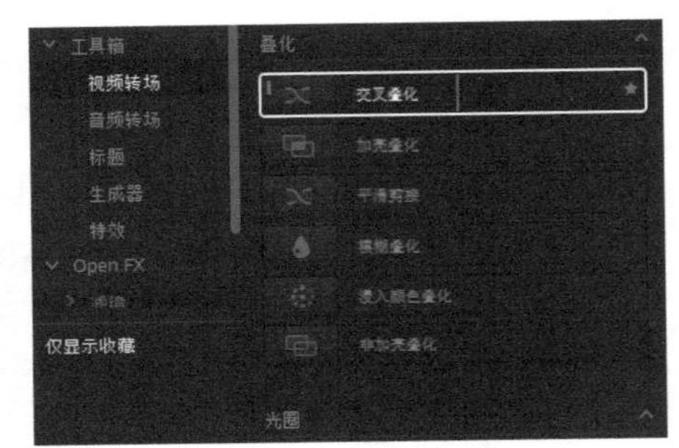

图7-8

步骤 07 按住鼠标左键，将选择的转场效果拖曳至素材01和素材02之间，如图 7-9 所示。执行操作后，即可添加“交叉叠化”效果。

图7-9

步骤 08 参照上述操作方法，在余下素材的中间和视频的开头、结尾处添加“交叉叠化”效果，如图 7-10 所示。

图7-10

提示

在达芬奇中，为两个视频素材添加转场效果时，视频素材需要经过剪辑才能应用转场效果，否则转场效果只能添加到视频素材的开始位置或结束位置，不能放置在两个视频素材的中间。

知识专题：认识转场效果

在视频后期的编辑工作中，素材与素材之间的连接称为切换。最常用的切换方法是将一个素材与另一个素材紧密连接在一起，使其直接过渡，这种方法称为“硬切换”；另一种方法称为“软切换”，它使用了一些特殊的视频过渡效果，从而保证了各个镜头的视觉连续性。

达芬奇提供了多种转场效果，它们都存放在“视频转场”选项卡中，分为“光圈”“划像”“叠化”“运动”“Fusion转场”“形状”“Resolve FX转场”7组，如图7-11所示。合理地运用这些转场效果，可以让素材之间的过渡更加生动、自然，从而制作出绚丽多姿的视频作品。

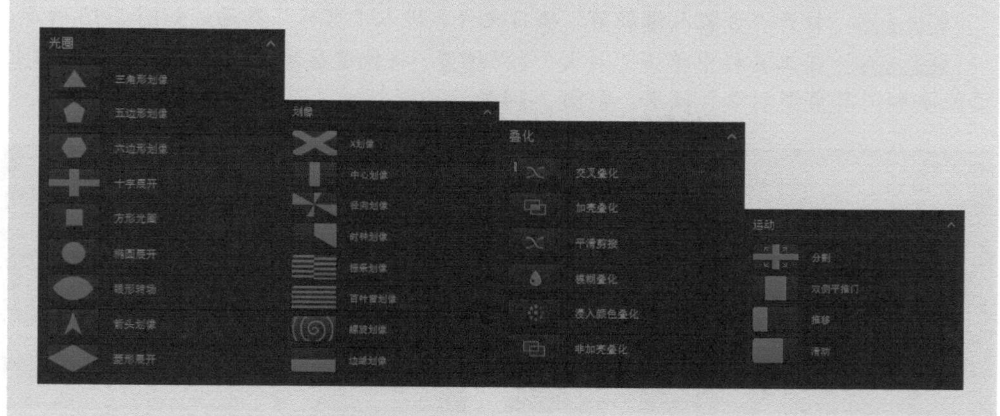

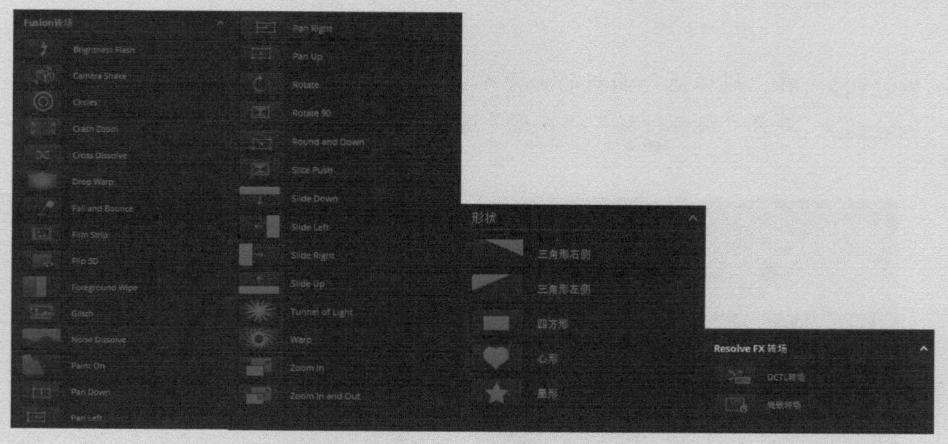

图7-11

7.2 替换转场 古装人像混剪

本节主要介绍“替换”转场效果的操作方法。在达芬奇中，用户可以将选择的转场效果拖曳至两个视频素材中间进行替换，也可以在“时间线”面板中删除不满意的转场效果后，再添加新的转场效果。图 7-12 为“椭圆展开”效果示意图。

图 7-12

步骤 01 打开“古装人像混剪”项目文件，进入“剪辑”界面，如图 7-13 所示。

步骤 02 在工具栏中单击“放大”按钮 ，将轨道区域放大，可以看到素材上已经添加“三角形划像”效果，如图 7-14 所示。

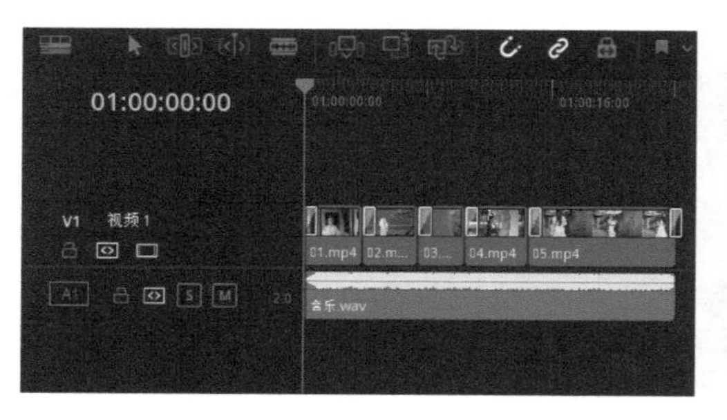

图 7-13

图 7-14

步骤 03 在“媒体池”面板的上方单击“特效库”按钮，如图 7-15 所示。

步骤 04 展开“视频转场”|“光圈”选项卡，选择“椭圆展开”效果，如图 7-16 所示。

图 7-15

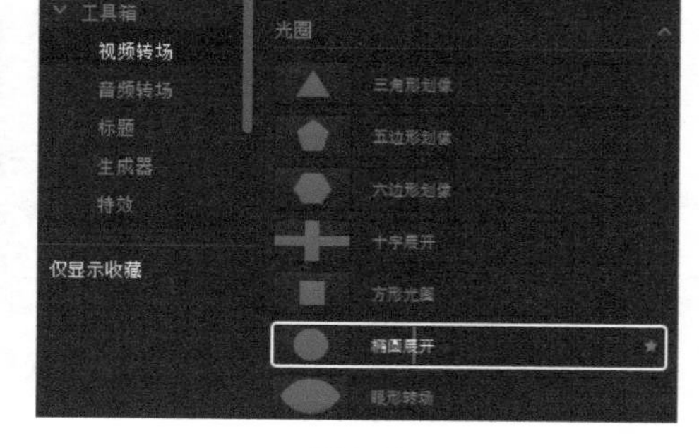

图 7-16

步骤 05 按住鼠标左键，将选择的转场效果拖曳至素材01和素材02之间，如图 7-17所示。执行操作后，即可替换原来的转场效果。

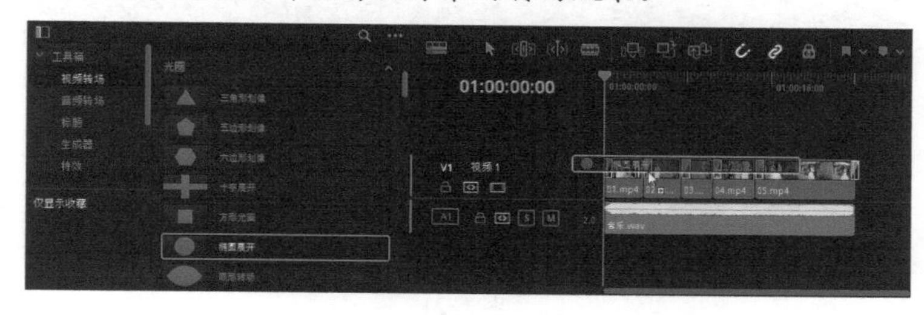

图7-17

步骤 06 参照上述操作方法，替换余下素材中间的转场效果。

步骤 07 在"时间线"面板中单击视频起始位置的转场效果，如图 7-18所示，按Delete键删除。

步骤 08 在"视频转场"|"叠化"选项卡中，选择"交叉叠化"效果，按住鼠标左键，将选择的转场效果拖曳至视频的起始位置，如图 7-19所示。执行操作后，即可添加"交叉叠化"效果。

步骤 09 参照上述操作方法，将视频末端的"三角形划像"效果替换为"交叉叠化"效果。

图7-18

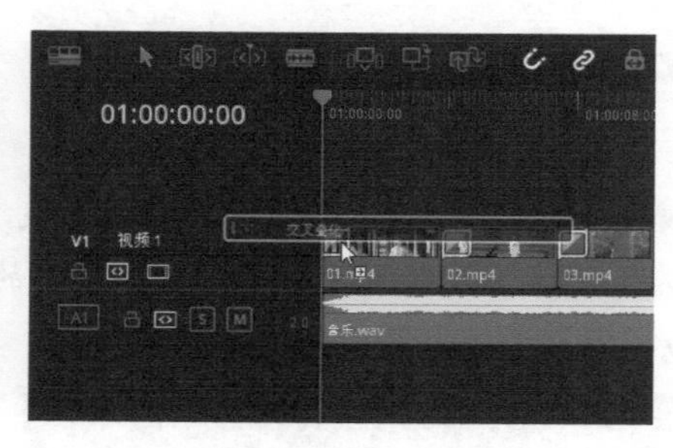

图7-19

7.3 光效转场 一年四季交替

在达芬奇中，在素材之间添加转场效果后，可以为转场效果设置相应的参数，控制转场的显示效果。下面将以光效转场为例，介绍具体的操作方法，效果如图 7-20所示。

图7-20

步骤 01 打开“一年四季交替”项目文件，进入“剪辑”界面，如图7-21所示。

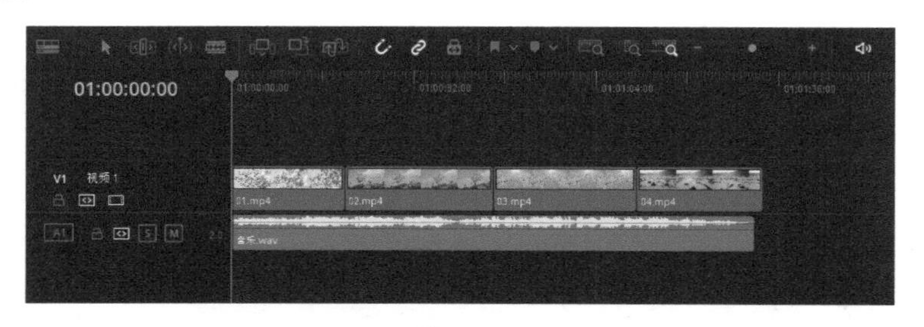

图7-21

步骤 02 将鼠标指针移至素材01的末端，当鼠标指针呈修剪形状时，按住鼠标左键并向左拖曳，如图7-22所示；至合适位置后释放鼠标，如图7-23所示。

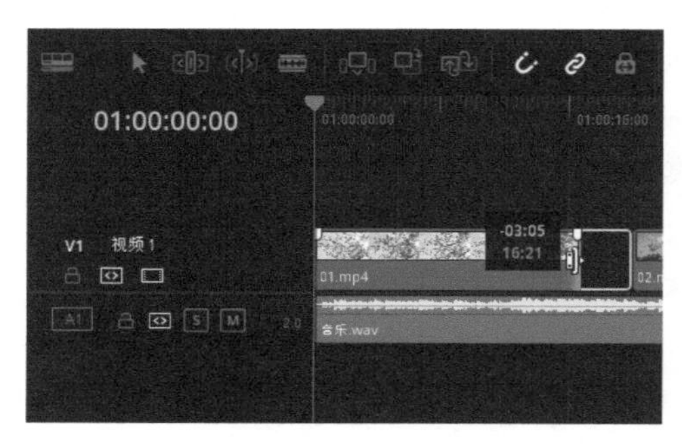

图7-22

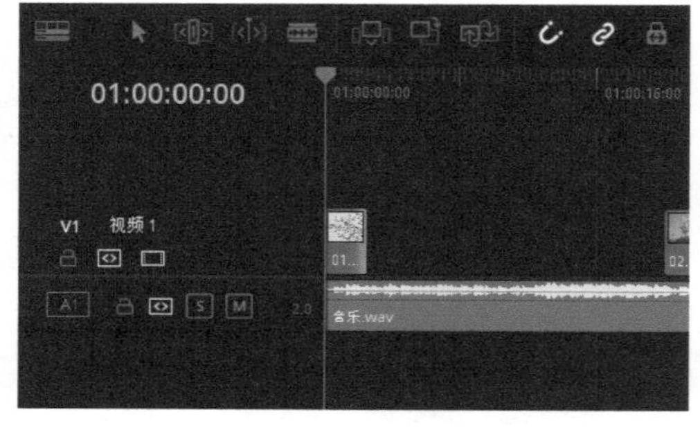

图7-23

步骤 03 单击V1轨道中的空白区域，如图7-24所示，按Delete键删除。

步骤 04 参照上述操作方法将余下的3段素材修剪至合适时长，并将音频修剪至与视频同长，如图7-25所示。

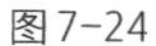
图7-24

图7-25

步骤 05 在“媒体池”面板的上方单击“特效库”按钮，如图7-26所示。

步骤 06 展开“视频转场”|“Fusion转场”选项卡，选择“Brightness Flash”效果，如图7-27所示。

图7-26

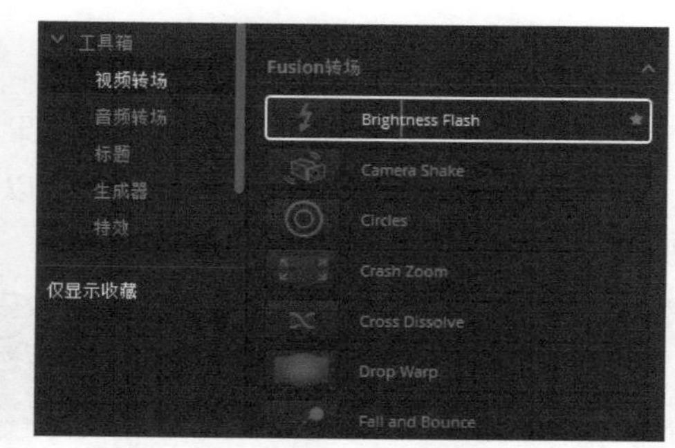

图7-27

步骤 07 按住鼠标左键，将选择的转场效果拖曳至素材01和素材02之间，如图 7-28 所示。执行操作后，即可添加“Brightness Flash”效果。

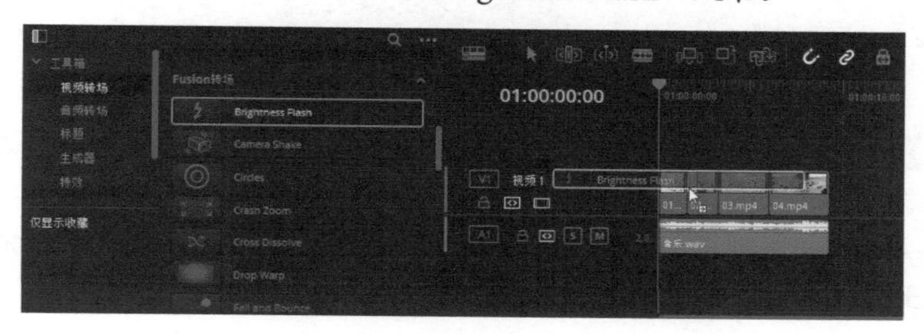

图7-28

步骤 08 参照上述操作方法，在余下素材之间和视频的结尾处添加“Brightness Flash”效果，如图 7-29 所示。

步骤 09 在“时间线”面板中选中转场效果，展开“检查器”|“转场”面板，通过拖曳“明度”和“饱和度”滑块，设置“明度”参数为1.0、“饱和度”参数为3.98，如图 7-30 所示。

步骤 10 参照步骤09的操作方法，将余下的转场效果的“明度”和“饱和度”参数都分别设置为1.0和3.98。

图7-29

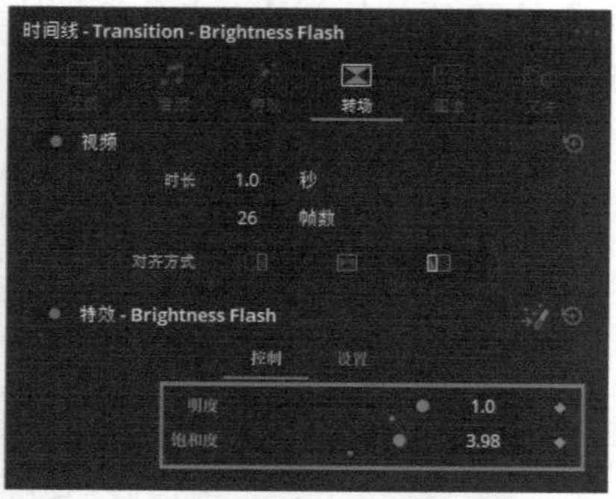

时间线 - Transition - Brightness Flash
转场
视频
时长 1.0 秒
26 帧数
对齐方式
特效 - Brightness Flash
控制
设置
明度 1.0
饱和度 3.98

图7-30

7.4 划像转场 怀旧复古人像

在达芬奇中，在素材之间添加转场效果后，可以为转场效果设置相应的边框样式，从而为转场效果锦上添花，而且还可以通过控制素材的入场时间，制作调色对比视频，效果如图 7-31 所示。

图 7-31

步骤 01 打开“怀旧复古人像”项目文件，进入“剪辑”界面，如图 7-32 所示。素材 01 是未调色的素材，素材 02 和素材 03 是调色后的素材。

步骤 02 在预览窗口中单击“播放”按钮▶播放视频，可以发现达芬奇软件优先播放最上方的素材，如图 7-33 所示。

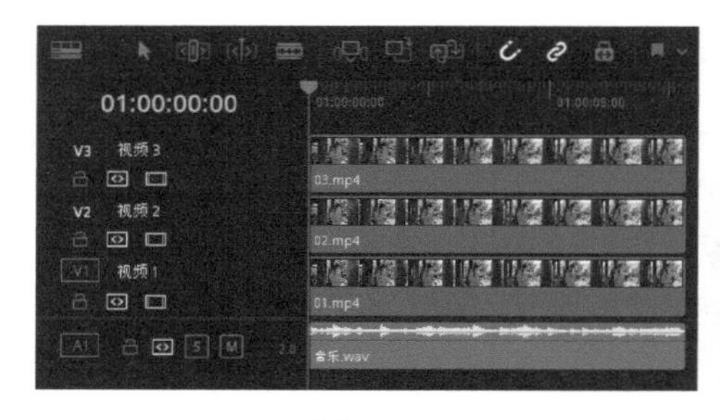

图 7-32

图 7-33

步骤 03 将时间指示器移至希望素材 02 入场的位置，选中素材 02，移动鼠标指针至素材 02 的起始位置，当鼠标指针呈修剪形状时，按住鼠标左键向右拖曳至时间指示器位置，如图 7-34 所示。

图 7-34

步骤 04 参照上述操作方法对素材 03 进行修剪，如图 7-35 所示。

步骤 05 展开"视频转场"|"划像"选项卡，选择其中的"边缘划像"效果，如图 7-36 所示。

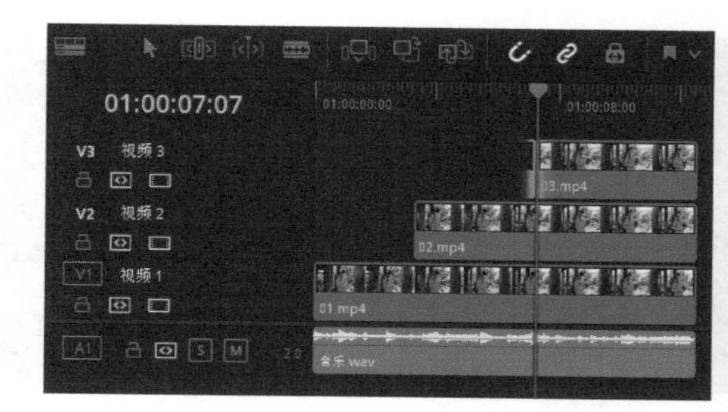

图 7-35

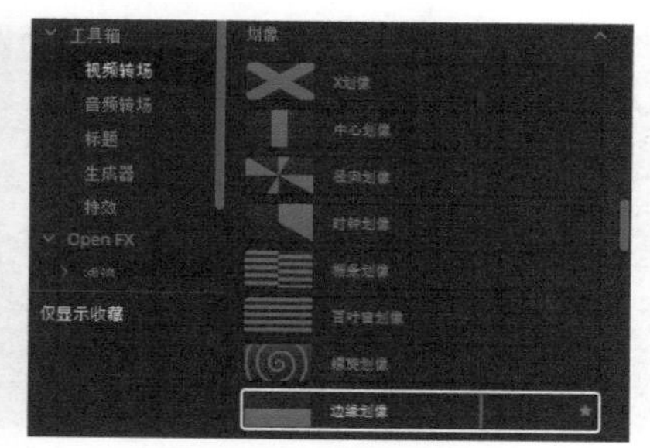

图 7-36

步骤 06 按住鼠标左键，将选择的转场效果拖曳至素材 02 的起始位置，如图 7-37 所示。执行操作后，即可为素材 02 添加"边缘划像"效果。

步骤 07 选中"转场"效果，展开"检查器"|"转场"面板，设置"时长"参数为 2.0、"角度"参数为 90、"边框"参数为 10.990，如图 7-38 所示。

步骤 08 参照步骤 06 和步骤 07 的操作方法，在素材 03 的起始位置添加"边缘划像"效果。

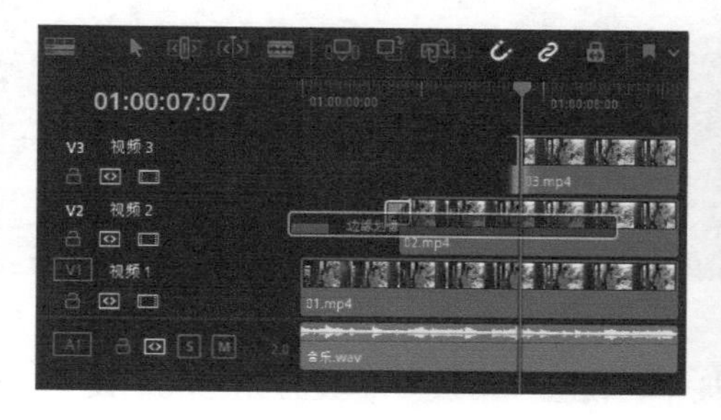

图 7-37

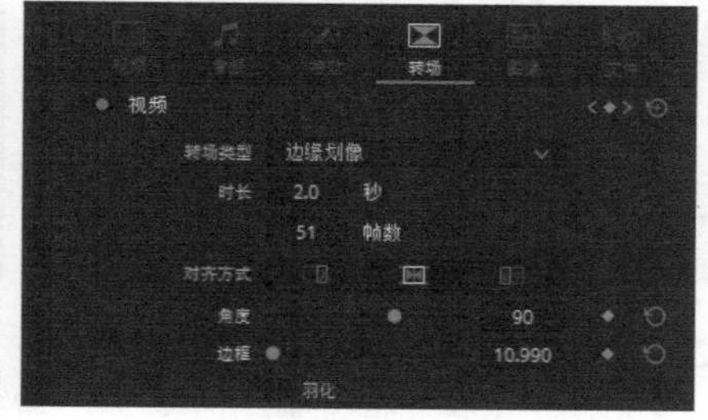

图 7-38

7.5 瞳孔转场 眼睛里的世界

在达芬奇中，灵活地使用软件自带的转场效果，可以制作出各种创意效果。例如，将"椭圆展开"效果与关键帧相结合，可以制作出炫酷的瞳孔转场效果，如图 7-39 所示。下面将讲解具体的操作方法。

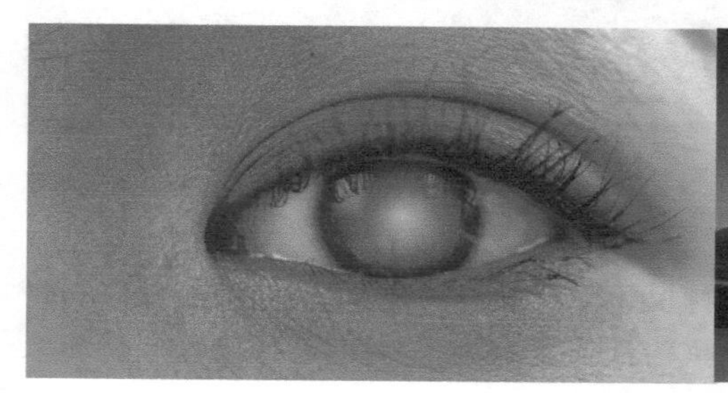

图 7-39

步骤 01 打开“眼睛里的世界”项目文件，进入“剪辑”界面，如图 7-40 所示。将时间指示器移至01:00:02:01 处，如图 7-41 所示。

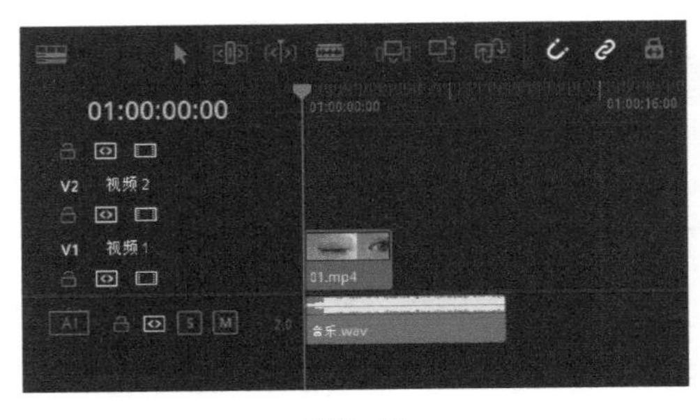

图 7-40

图 7-41

步骤 02 在“时间线”面板中选中视频素材，展开“检查器”|“视频”面板，单击“缩放”和“位置”选项旁边的“关键帧”按钮◆，如图 7-42 所示。

步骤 03 将时间指示器移至视频素材的末端，如图 7-43 所示。

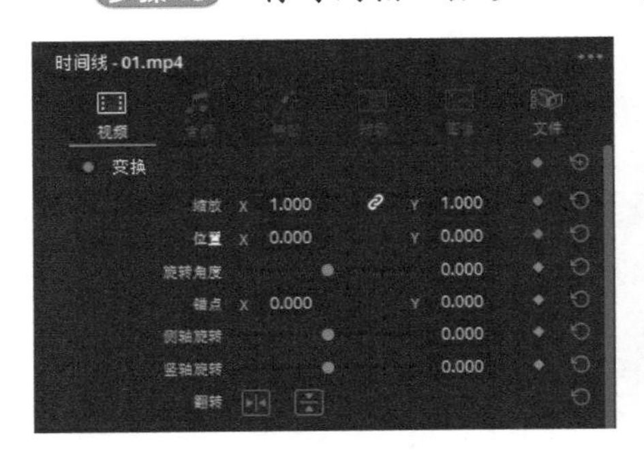

图 7-42

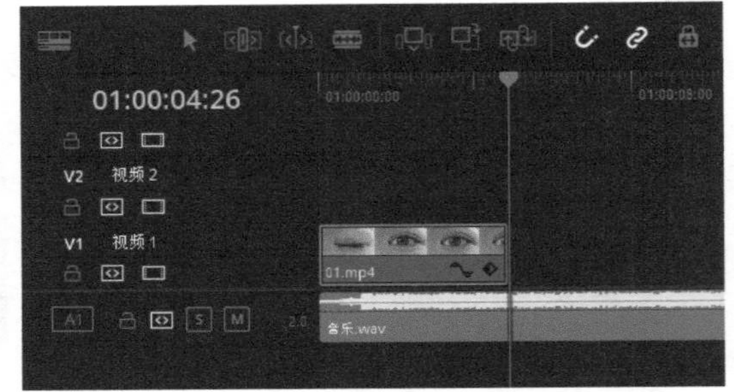

图 7-43

步骤 04 在“检查器”|“视频”面板中，设置“缩放”参数为21.580，设置“位置”X参数为-868.000，如图 7-44 所示。

步骤 05 将时间指示器移至01:00:01:08 处，如图 7-45 所示。

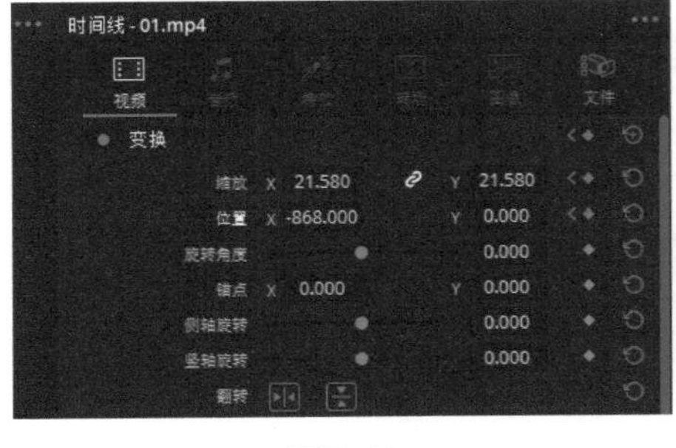

图 7-44

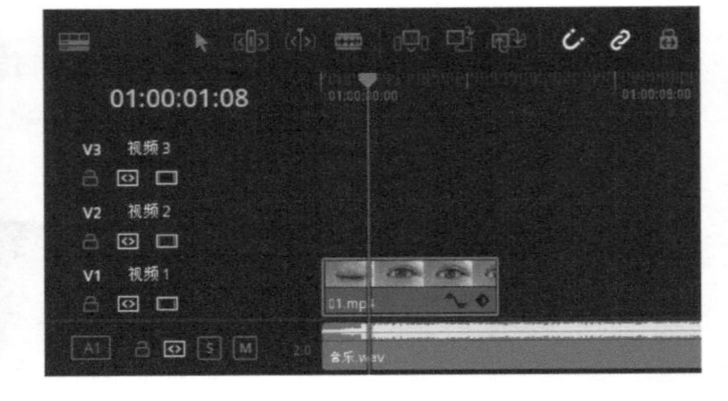

图 7-45

步骤 06 在“媒体池”面板中选择素材02，按住鼠标左键将其拖曳至“时间线”面板中，置于素材01 上方的V2 轨道中。执行操作后，对素材02 进行裁剪，使其末端与音频的末端对齐，如图 7-46 所示。

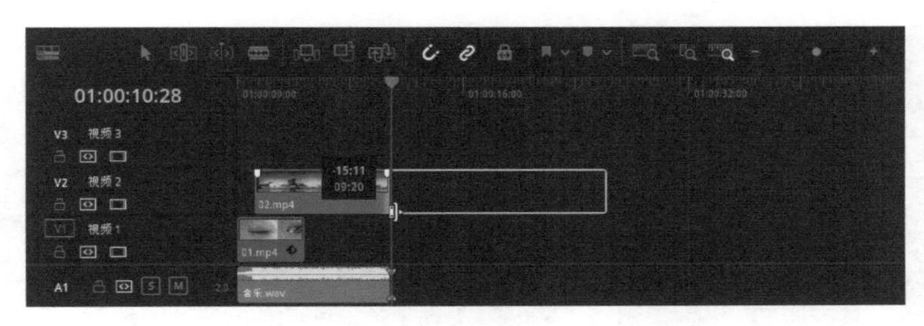

图 7-46

步骤 07 展开“视频转场”|“光圈”选项卡，选择其中的“椭圆展开”效果，如图 7-47 所示。

步骤 08 按住鼠标左键，将选择的转场效果拖曳至素材 02 的起始位置，如图 7-48 所示。执行操作后，即可添加“椭圆展开”效果。

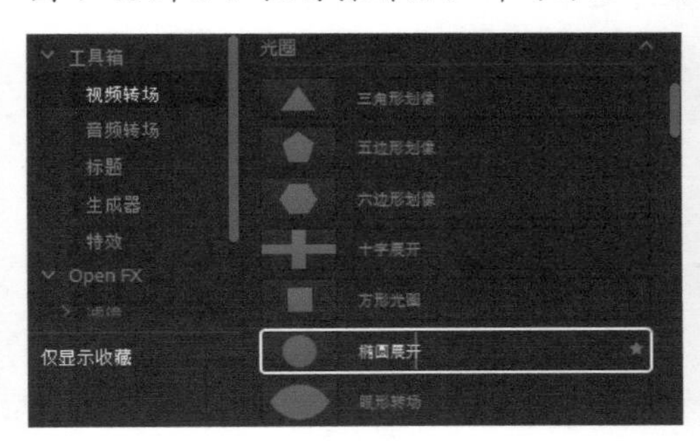

图 7-47

图 7-48

步骤 09 在“时间线”面板中选中转场效果，如图 7-49 所示。

步骤 10 在“时间线”面板中单击“放大”按钮 + ，将视频轨道放大，将时间指示器移至 01:00:01:11 处，如图 7-50 所示。

图 7-49

图 7-50

步骤 11 在“检查器”|“转场”面板中，勾选“羽化”复选框，并设置“时长”参数为 3.6、“中心偏移值”X 参数为 82.000、“边框”参数为 223.510、“转场曲线”参数为 0.107，如图 7-51 所示。

步骤 12 执行操作后，在预览窗口中可以看到素材 02 的画面被置于人物的眼球之中，如图 7-52 所示。

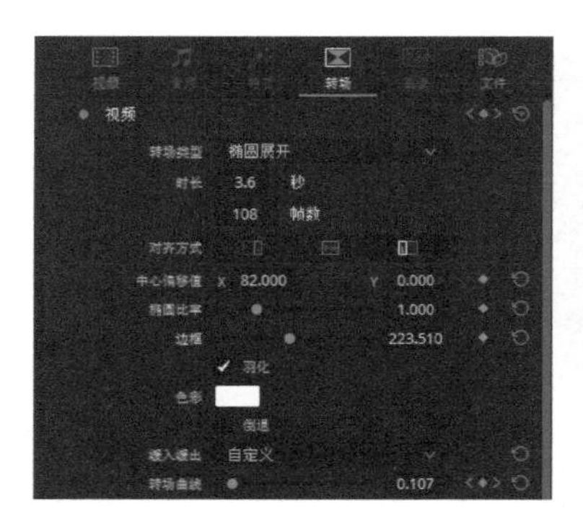

图 7-51

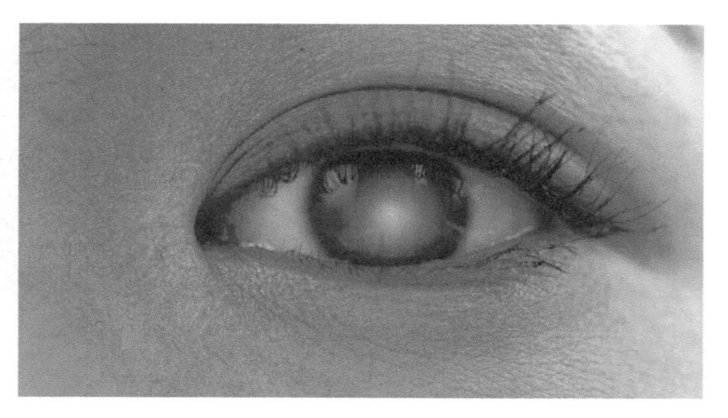

图 7-52

步骤 13 在预览窗口中播放视频预览效果，当视频播放至01:00:02:01处时，可以看到素材02的画面并未全部置于人物的眼球之中，如图 7-53和图 7-54所示。

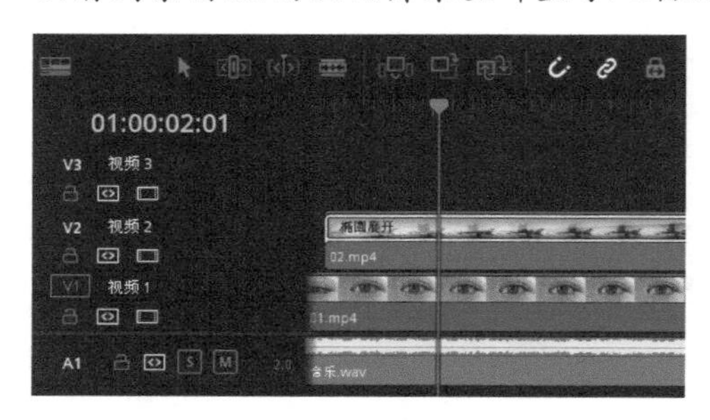

图 7-53

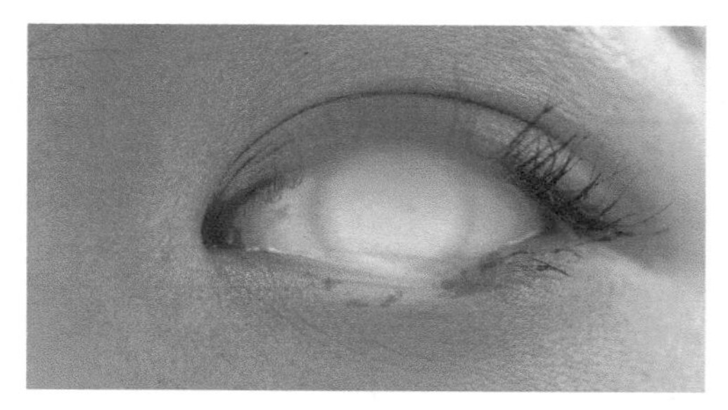

图 7-54

步骤 14 在“检查器”|“转场”面板中，设置“边框”参数为124.580、“转场曲线”参数为0.153，如图 7-55所示。

步骤 15 执行操作后，可以看到素材02的画面已全部置于人物的眼球之中，如图 7-56所示。

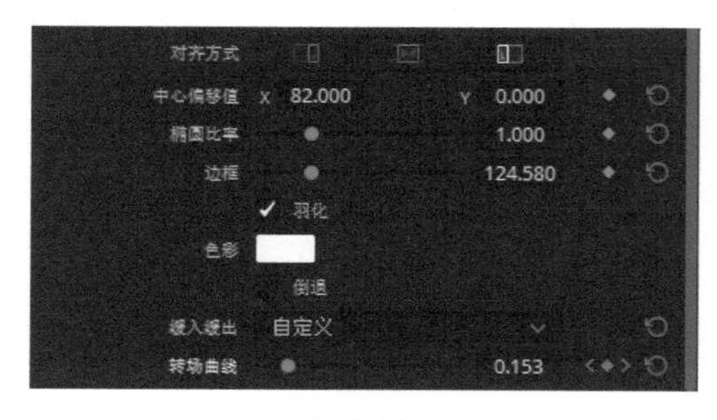

图 7-55

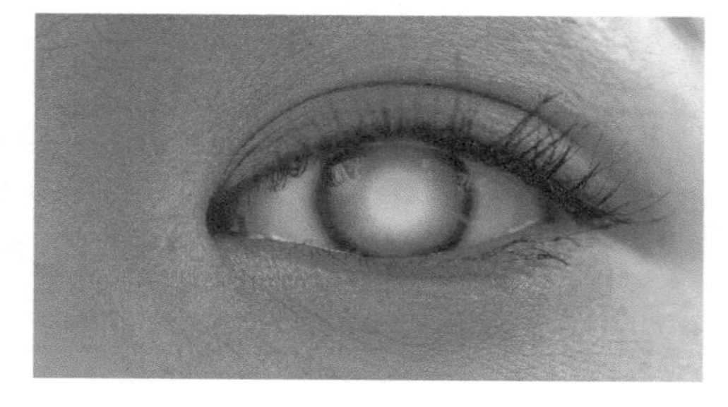

图 7-56

步骤 16 在预览窗口中播放视频预览效果，当视频播放至01:00:02:17处时，可以看到素材02的画面并未铺满人物的眼球，需要将其放大，如图 7-57和图 7-58所示。

图7-57

图7-58

步骤 17 在“检查器”|“转场”面板中，设置“边框”参数为257.280、“转场曲线”参数为0.510，如图7-59所示。

步骤 18 执行操作后，可以看到素材02的画面已被放大，如图7-60所示。

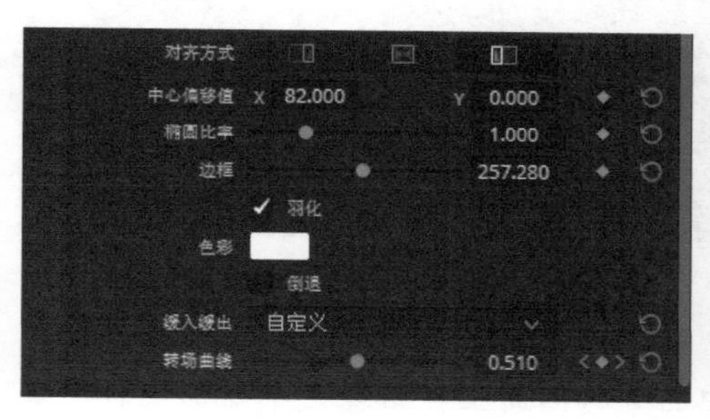

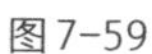

图7-59

图7-60

7.6 遮罩转场 从现代到古代

如果画面中出现了横梁、栏杆等物体，或者某个时刻镜头中只出现了某一物体，那么可以使用“蒙版”和“关键帧”配合画面中的这些物体，制作遮罩转场效果。本节将制作一个通过栏杆进行转场的视频，对遮罩转场的应用效果进行讲解说明，效果如图7-61所示。

图7-61

步骤 01 打开“从现代到古代”项目文件，进入“剪辑”界面，如图7-62所示。

步骤 02 切换至“调色”界面，在“检查器”面板中将播放滑块拖曳至01:00:06:10处，即素材画面中的第2个栏杆出现的位置，如图7-63所示。

图 7-62

图 7-63

步骤 03 单击“关键帧”按钮，展开“关键帧”面板，在面板中单击“校正器 1”左侧的“关键帧”按钮，如图 7-64 所示。

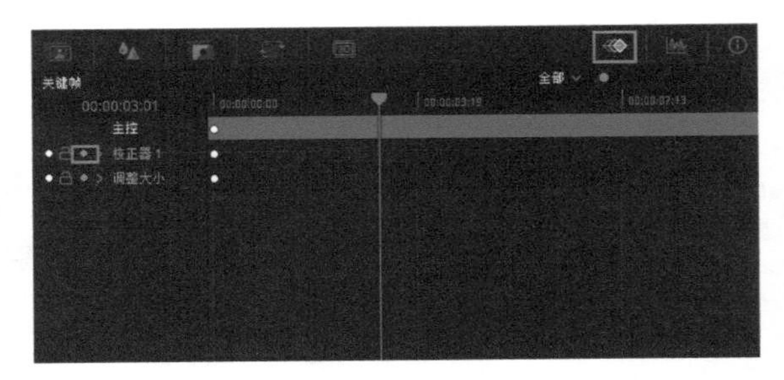

图 7-64

步骤 04 展开“窗口”面板，选择“四边形”工具，单击“反向”按钮，如图 7-65 所示。执行操作后，预览窗口中的素材画面上会出现一个矩形蒙版，如图 7-66 所示。

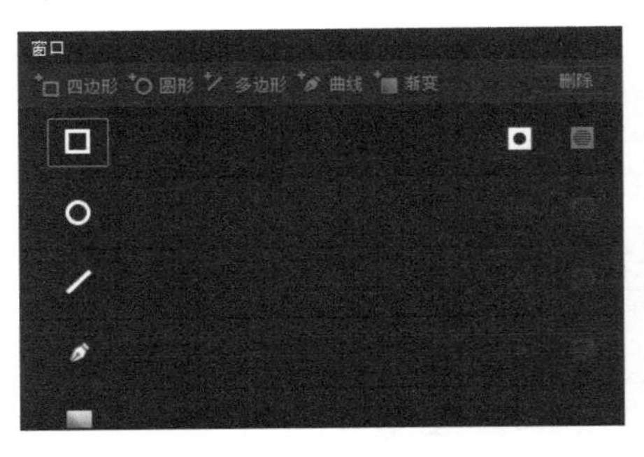

图 7-65

图 7-66

步骤 05 在预览窗口中调整好蒙版的大小和位置，使其沿遮罩物的边缘将遮罩物右侧的画面框住，如图 7-67 所示。

图 7-67

步骤 06 在“检查器”面板中将播放滑块拖曳至01:00:06:14处，在预览窗口根据遮罩物的变化调整蒙版的大小，使其将遮罩物右侧的画面框住，如图 7-68所示。

图7–68

步骤 07 参照步骤05和步骤06的操作方法，根据遮罩物的变化调整蒙版的大小，直至遮罩物消失在画面中，蒙版将整个画面框住，如图 7-69所示。

图7–69

步骤 08 在“检查器”面板中将播放滑块拖曳至视频的起始位置，将蒙版移出画面，如图 7-70所示。执行操作后，播放视频，观察蒙版的变化是否与遮罩物的运动路径相吻合。

图7–70

步骤 09 展开“节点”面板，将01节点上的“键输入”图标与“源”图标相连，如图 7-71所示。

步骤 10 在“节点”面板的空白位置用鼠标右键单击，弹出快捷菜单，选择“添加Alpha输出”选项，如图 7-72所示。

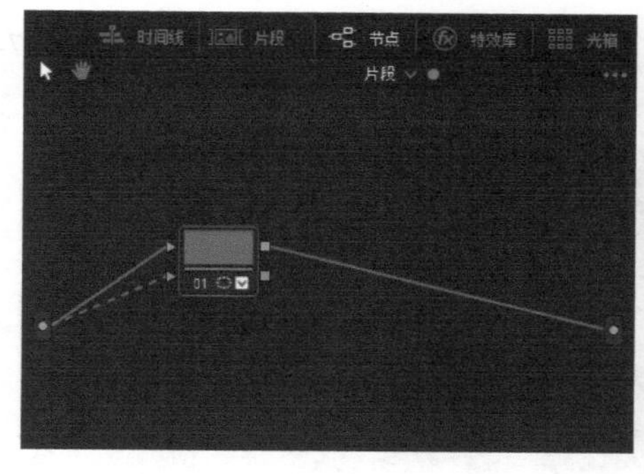

图7–71

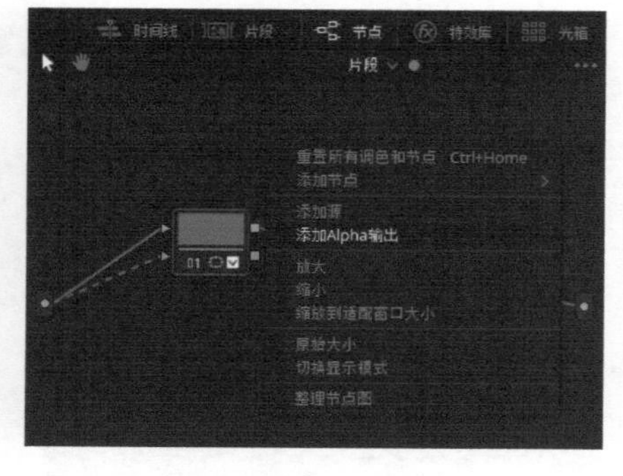

图7–72

步骤 11 执行操作后，即可在面板中添加一个“Alpha最终输出”图标，如图 7-73所示。

步骤 12 将01节点上的“键输出”图标与“Alpha最终输出”图标相连，如图 7-74所示。

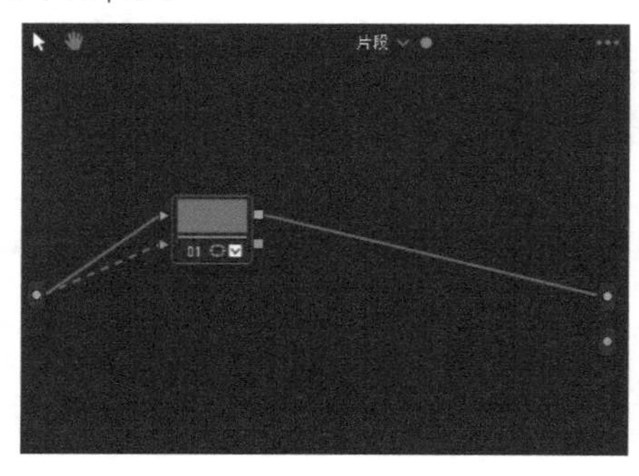

图7-73

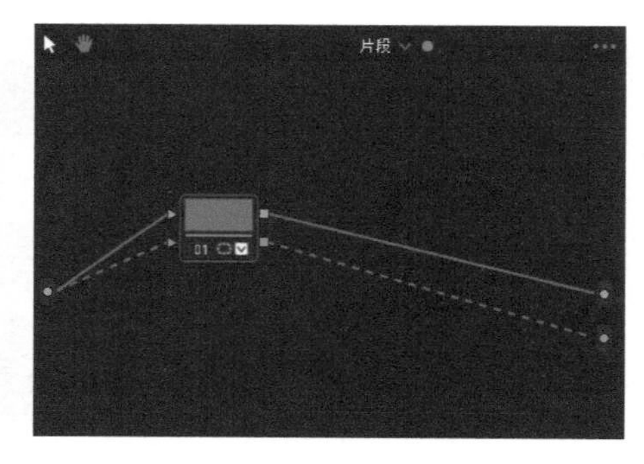

图7-74

步骤 13 在预览窗口中，可以查看应用Alpha通道的初步效果，如图 7-75所示。

步骤 14 切换至“剪辑”界面，将素材01移至V2轨道上。在“媒体池”面板中选择素材02，将其拖曳至“时间线”面板中，置于V1轨道上，如图 7-76所示。

图7-75

图7-76

步骤 15 在“时间线”面板中选中素材02，按快捷键Ctrl+R打开变速控制条，将鼠标指针移至素材的上方，按住鼠标左键向左拖曳，直至素材02缩短至与素材01同长，如图 7-77所示。

步骤 16 执行操作后，可以在预览窗口中查看制作的遮罩转场效果，如图 7-78所示。

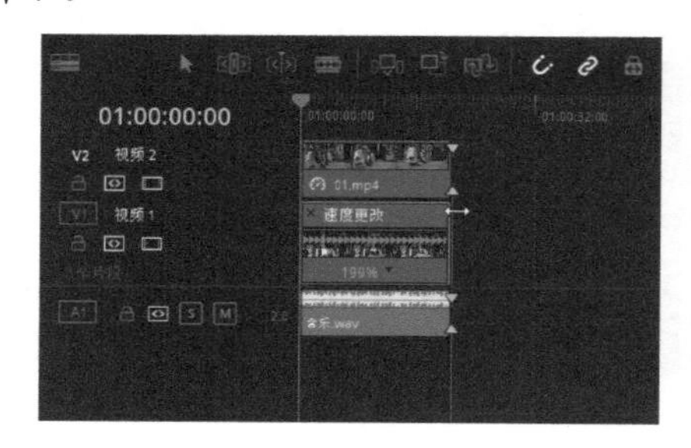

图7-77

图7-78

7.7 调色对比 夏日文艺大片

前面在介绍划像转场的相关知识时，已经介绍了使用导出的效果视频制作调色对比视频的操作方法。下面将介绍给视频调色之后直接在达芬奇中制作调色对比视频的操作方法，效果如图 7-79 所示。

图 7-79

步骤 01 打开“夏日文艺大片”项目文件，进入“调色”界面，如图 7-80 所示，可以看到该视频的调色工作已全部完成。

图 7-80

步骤 02 切换至“剪辑”界面，在“时间线”面板中选中视频素材，并将时间指示器移至素材的末端，如图 7-81 所示，按快捷键 Ctrl+C 复制素材。

步骤 03 执行操作后，按快捷键 Ctrl+V 即可在“时间线”面板中粘贴复制的素材，如图 7-82 所示。

图 7-81

图 7-82

步骤 04 在“时间线”面板中选中复制的素材，按住鼠标左键将其移至 V2 轨道上，并与原视频素材对齐，如图 7-83 所示。

步骤 05 参照步骤 02 至步骤 04 的操作方法，在“时间线”面板中再复制一个视频素材，并将其移至 V3 轨道上，如图 7-84 所示。

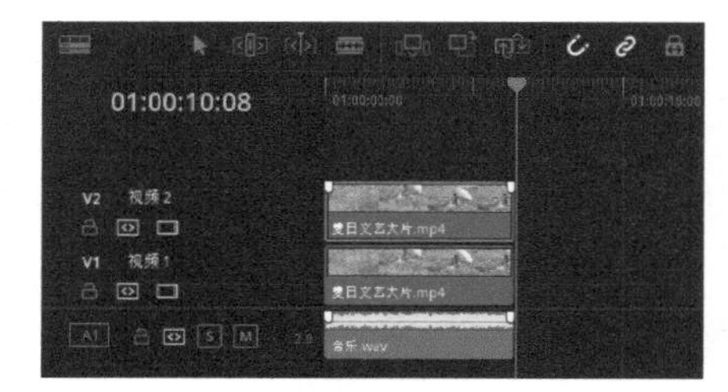

图7-83

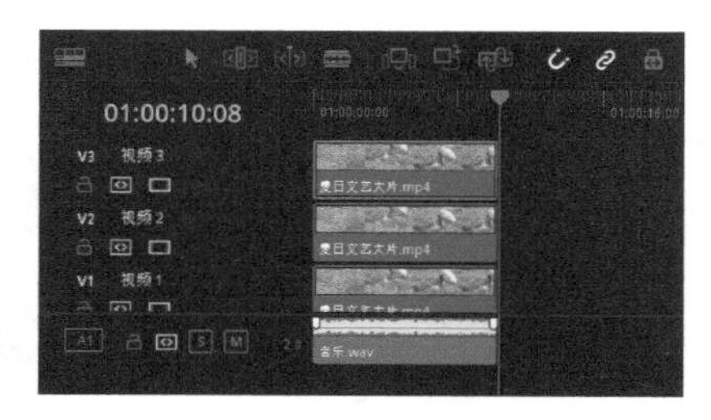

图7-84

提示

除上述操作方法之外，用户还可以在“时间线”面板中选中素材，在按住Alt键的状态下，按住鼠标左键将其向上拖曳，同样可以实现将素材复制粘贴至V2轨道上的效果。

步骤 06 切换至“调色”界面，单击界面右上方的“片段”按钮，展开片段预览区，选择片段01，如图 7-85所示。

步骤 07 在“节点”面板中，按住鼠标左键并拖曳，框选02节点和03节点，如图 7-86所示。

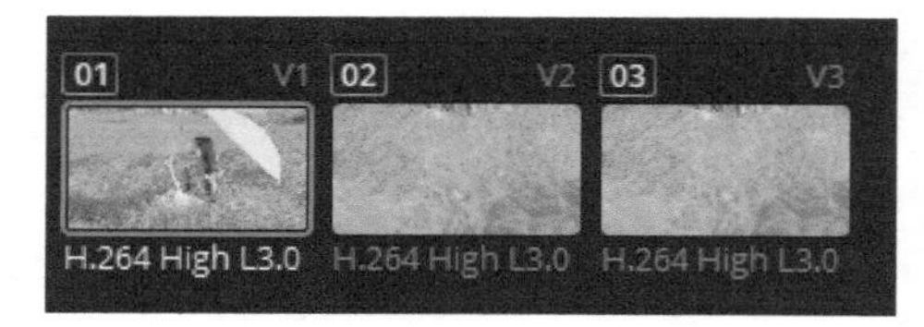

图7-85

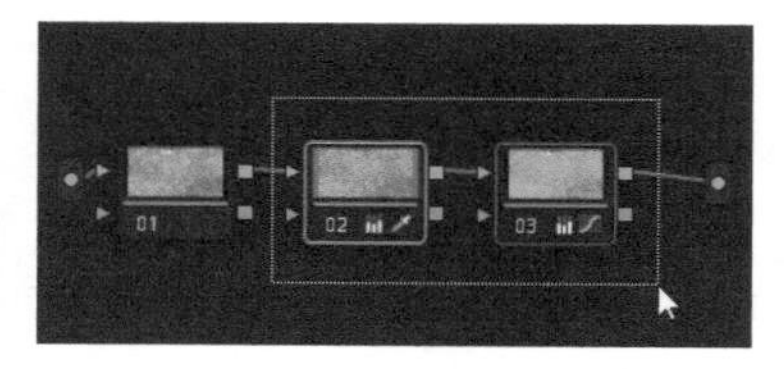

图7-86

步骤 08 执行操作后，释放鼠标，即可同时选中02节点和03节点，按快捷键Ctrl+D将其关闭，如图 7-87所示。在片段预览区中可以看到片段01已被还原至调色之前的状态，如图 7-88所示。

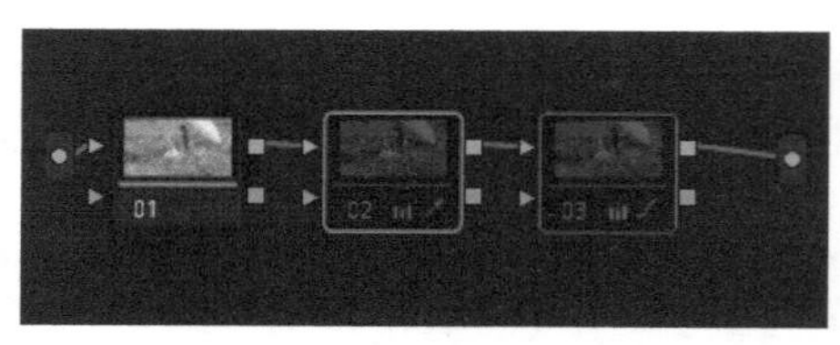

图7-87

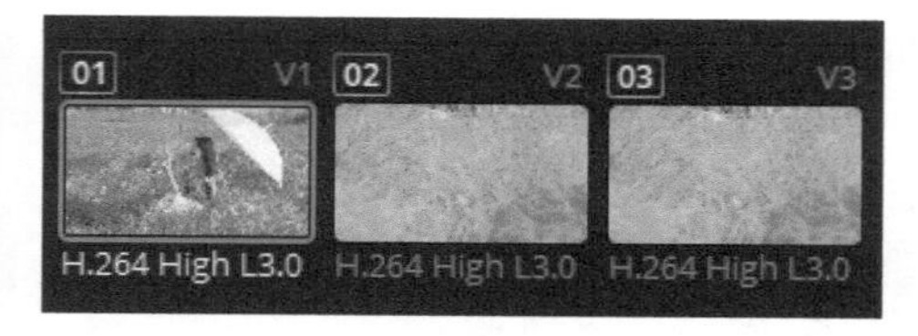

图7-88

步骤 09 在片段预览区中选中片段02，在“节点”面板中选中03节点，如图 7-89和图 7-90所示。

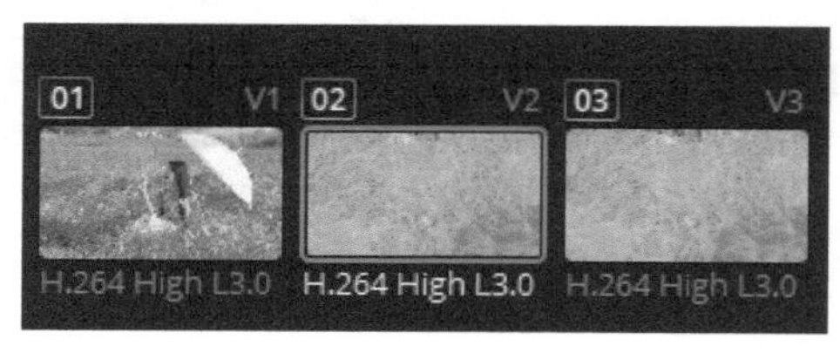

图7-89

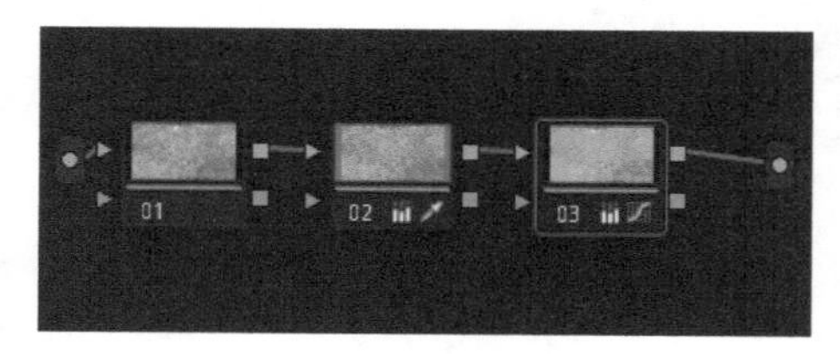

图7-90

步骤 10 执行操作后，按快捷键Ctrl+D将03节点关闭，如图 7-91所示。在片段预览区中可以看到片段02已被还原至进行03节点调色之前的状态，如图 7-92所示。

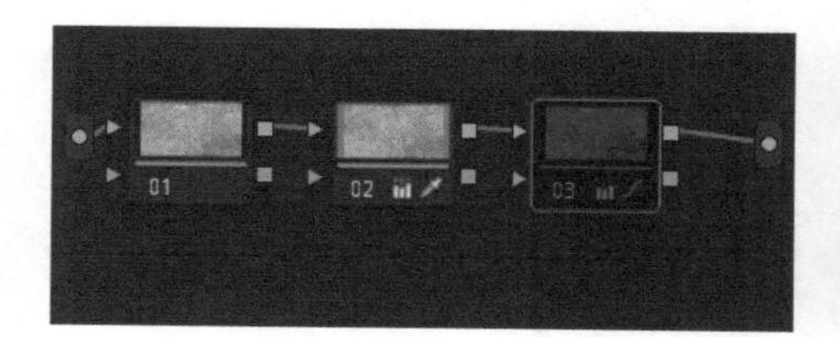

图 7-91

图 7-92

步骤 11 切换至“剪辑”界面，在“时间线”面板中选中 V2 轨道上的素材，将时间指示器移至希望该素材入场的位置，移动鼠标指针至其起始位置，当鼠标指针呈修剪形状时，按住鼠标左键向右拖曳至时间指示器位置，如图 7-93 所示。

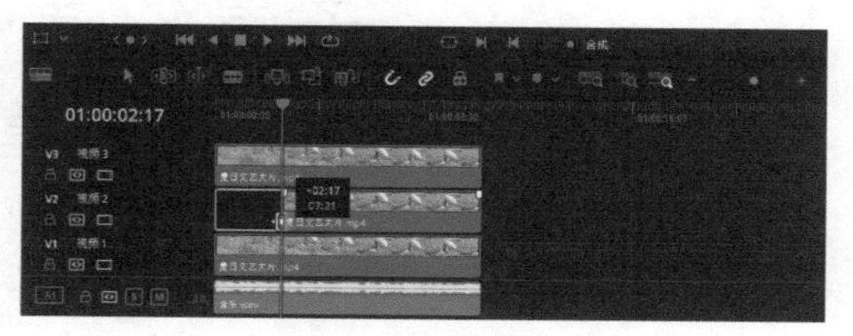

图 7-93

步骤 12 参照上述操作方法对 V3 轨道上的素材进行修剪，如图 7-94 所示。

步骤 13 展开“视频转场”|“划像”选项卡，选择其中的“边缘划像”效果，如图 7-95 所示。

图 7-94

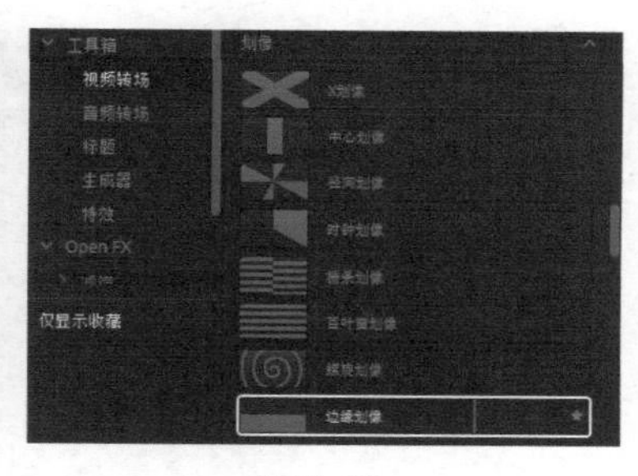

图 7-95

步骤 14 按住鼠标左键，将选择的转场效果拖曳至 V2 轨道上的素材的起始位置，如图 7-96 所示。执行操作后，即可为该素材添加“边缘划像”效果。

步骤 15 展开“检查器”|“转场”面板，设置“时长”参数为 2.0、“角度”参数为 90、“边框”参数为 10.990，如图 7-97 所示。

步骤 16 参照步骤 13 至步骤 15 的操作方法，在素材 03 的起始位置添加“边缘划像”效果。

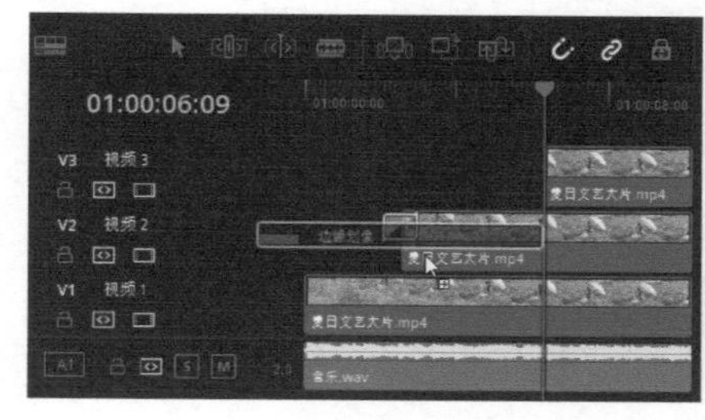

图 7-96

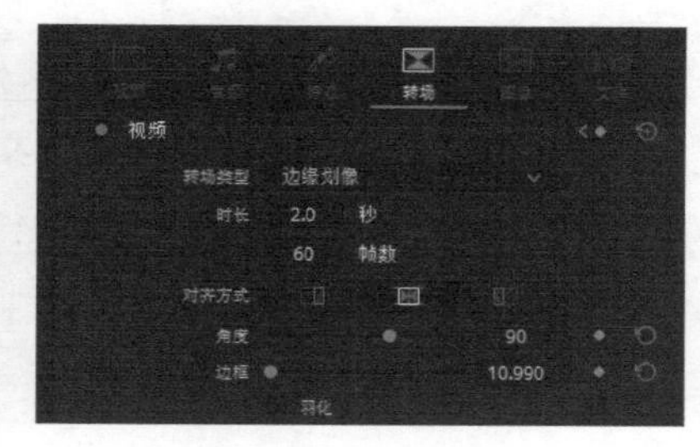

图 7-97

第 8 章

字幕效果：制作视频字幕效果

字幕在视频中是不可缺少的，它是影片的重要组成部分。在影片中加入一些说明性的文字，能够有效地帮助观众理解影片的含义。本章主要介绍制作视频字幕效果的各种方法，帮助读者学会如何轻松制作出各种精美的字幕效果。

8.1 添加字幕 休闲食品广告

在达芬奇中添加字幕的方法很简单，在“剪辑”界面中单击“特效库”按钮，展开“标题”|“字幕”选项卡，选择需要使用的字幕样式，将其拖曳至“时间线”面板中，即可生成字幕文件。下面介绍为视频添加字幕的操作方法，效果如图 8-1 所示。

图 8-1

步骤 01 打开“休闲食品广告”项目文件，进入“剪辑”界面，如图 8-2 所示。

步骤 02 在预览窗口中，可以查看打开项目的效果，如图 8-3 所示。

图 8-2

图 8-3

步骤 03 在“剪辑”界面的左上方单击“特效库”按钮，如图 8-4 所示；展开“标题”|“字幕”选项卡，如图 8-5 所示。

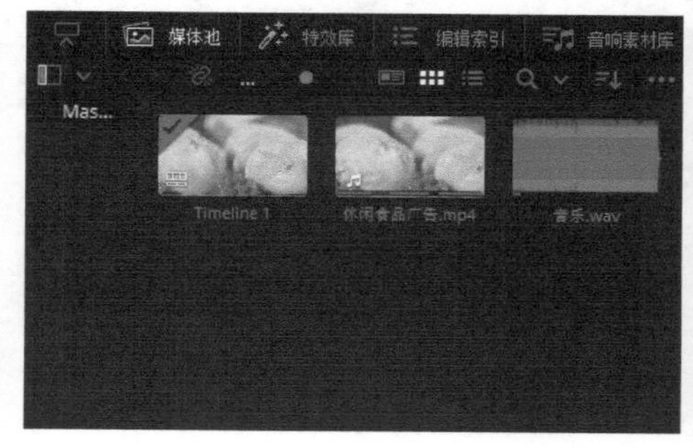

图 8-4

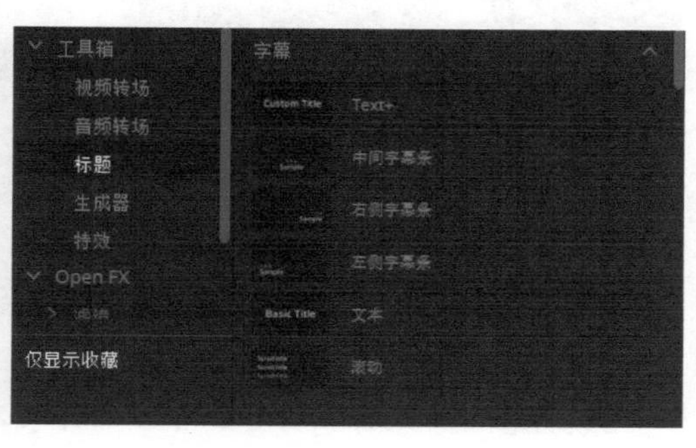

图 8-5

步骤 04 在“标题”|“字幕”选项卡中选择“文本”字幕样式，如图 8-6 所示。

步骤 05 按住鼠标左键，将“文本”字幕样式拖曳至“时间线”面板中。执行操作后，即可在 V2 轨道上添加一个字幕文件，如图 8-7 所示。

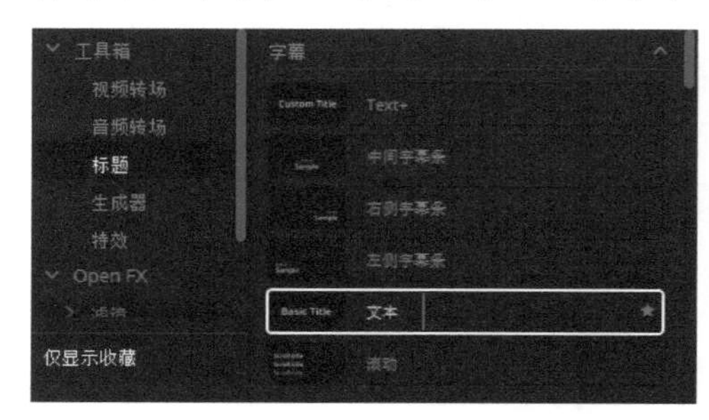

图 8-6

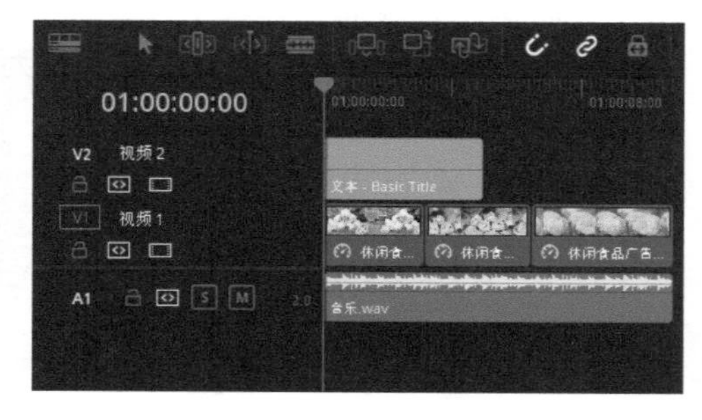

图 8-7

步骤 06 在预览窗口中，可以查看添加的字幕效果，如图 8-8 所示。

步骤 07 在“检查器”|“视频”面板的“标题”选项卡的“多信息文本”编辑框中，输入文字“美味奶枣”，如图 8-9 所示。

图 8-8

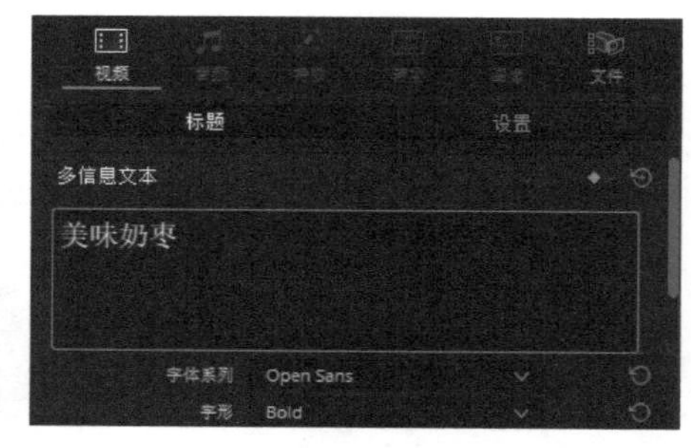

图 8-9

步骤 08 在面板下方，设置“字体系列”为“华文彩云”，设置“字距”参数为 58、“位置”X 参数为 1458.000、“位置”Y 参数为 893.000、“缩放”参数为 1.530，如图 8-10 所示。执行操作后，在预览窗口中可以查看制作的视频标题效果，如图 8-11 所示。

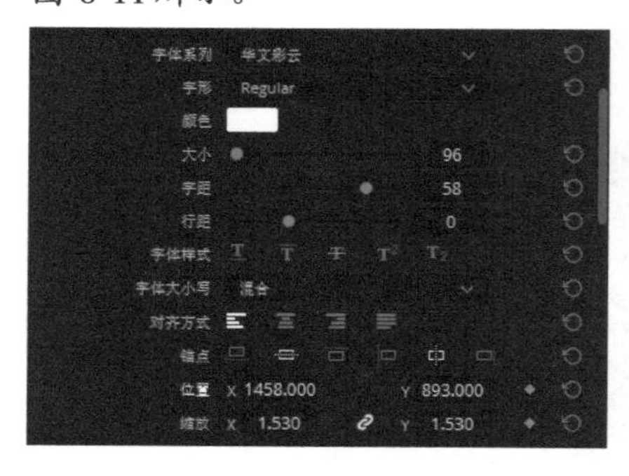

图 8-10

图 8-11

步骤 09 将鼠标指针移至字幕文件的末端，按住鼠标左键向右拖曳至视频末端，释放鼠标，即可调整字幕区间长度，如图 8-12 所示。

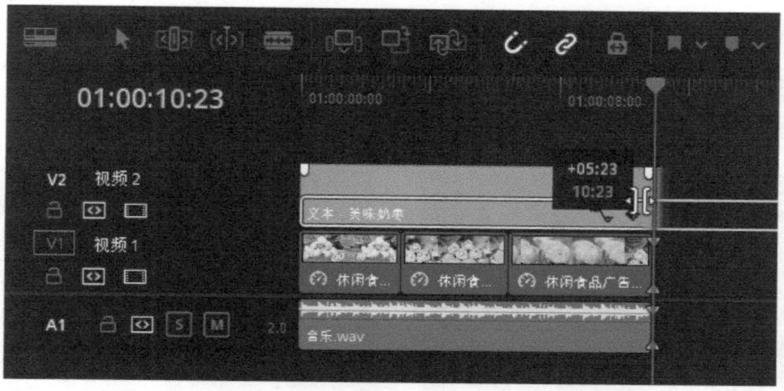

图8-12

提示

达芬奇中可以使用的字体类型取决于用户在Windows系统中安装的字体。如果要在达芬奇中使用更多的字体，就需要先在系统中添加相应字体。

8.2 字幕大小 校园毕业旅行

字幕的大小是指其字号，不同的字号对视频的美观程度有一定的影响。下面介绍在达芬奇中更改视频标题字号的操作方法，效果如图 8-13 所示。

图8-13

步骤 01 打开“我的旅行日记”项目文件，进入“剪辑”界面，如图 8-14 所示。

步骤 02 在预览窗口中，可以查看打开项目的效果，如图 8-15 所示。

图8-14

图8-15

步骤 03 展开“标题”|“字幕”选项卡，选择“文本”字幕样式，如图 8-16 所示。

步骤 04 按住鼠标左键，将“文本”字幕样式拖曳至“时间线”面板中。执行操作后，即可在V2轨道上添加一个字幕文件，如图 8-17 所示。

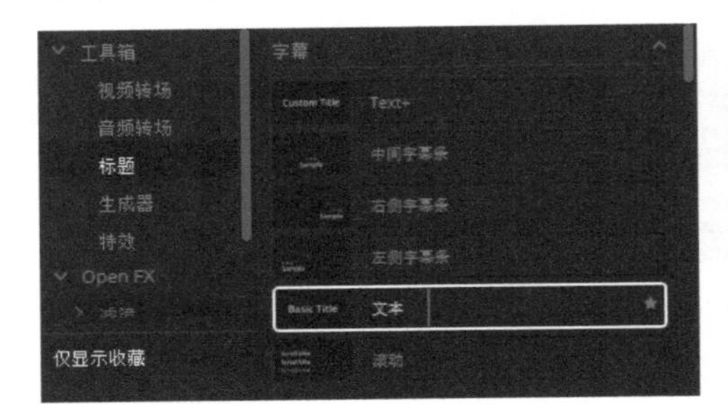

图 8-16

图 8-17

步骤 05 在预览窗口中，可以查看添加的字幕效果，如图 8-18 所示。

步骤 06 在“检查器”|“视频”面板的“标题”选项卡的“多信息文本”编辑框中，输入文字“洱海记忆”，并设置“字体系列”为“华文行楷”，如图 8-19 所示。

图 8-18

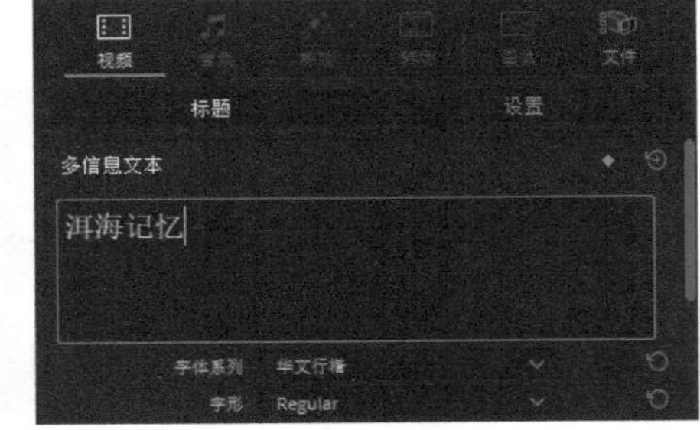

图 8-19

步骤 07 在面板下方，设置“大小”参数为 201、“字距”参数为 3、“位置”X参数为 931.000、“位置”Y参数为 709.000，如图 8-20 所示。执行操作后，在预览窗口中可以查看制作的视频标题效果，如图 8-21 所示。

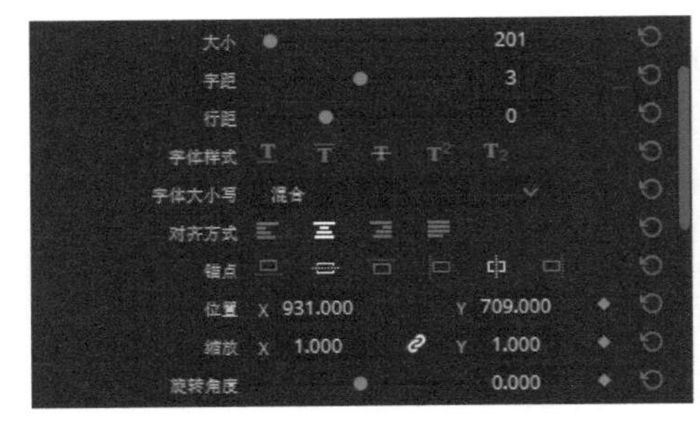

图 8-20

图 8-21

步骤 08 在“检查器”|“视频”面板的“标题”选项卡的“多信息文本”编辑框中，选中“洱”字，并设置“大小”参数为290，如图 8-22所示。执行操作后，在预览窗口中可以查看更改“大小”参数后的字幕效果，如图 8-23所示。

图8-22

图8-23

步骤 09 参照步骤03至步骤07的操作方法，为视频添加“校园毕业旅行记录”字幕，并设置“字体系列”为“华文隶书”，设置“大小”参数为78、“字距”参数为28、“位置”X参数为952.000、“位置”Y参数为542.000，如图 8-24所示。执行操作后，在预览窗口中可以查看所制作的视频标题效果，如图 8-25所示。

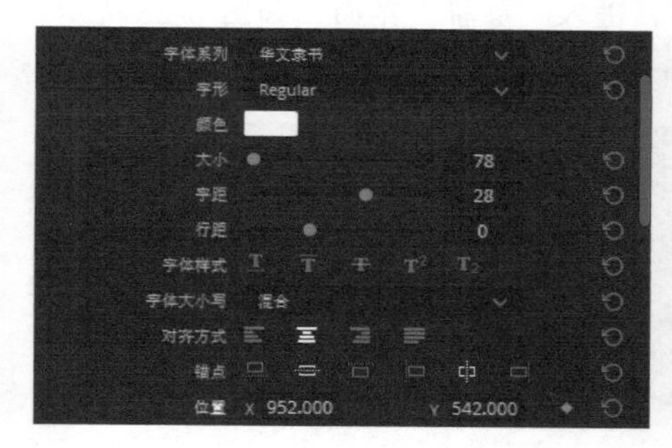

图8-24

图8-25

步骤 10 将鼠标指针移至字幕文件的末端，按住鼠标左键并向左拖曳，使其长度与素材01的长度保持一致，如图 8-26所示。参照上述操作方法调整V3轨道上字幕文件的区间长度，使其长度与素材01的长度保持一致。

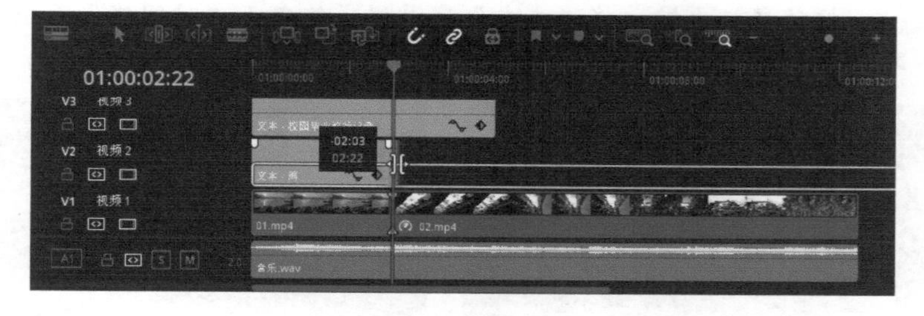

图8-26

提示

在轨道上添加字幕文件后，调整其区间长度，可以控制字幕的播放时长。

8.3 字幕颜色 我的旅行日记

在达芬奇中，用户可以根据素材与字幕的匹配度，更改字幕的颜色。给字幕添加相匹配的颜色，可以让制作的影片更具观赏性，效果如图 8-27 所示。

图 8-27

步骤 01 打开“我的旅行日记”项目文件，进入“剪辑”界面，如图 8-28 所示。

步骤 02 在预览窗口中，可以查看打开项目的效果，如图 8-29 所示。

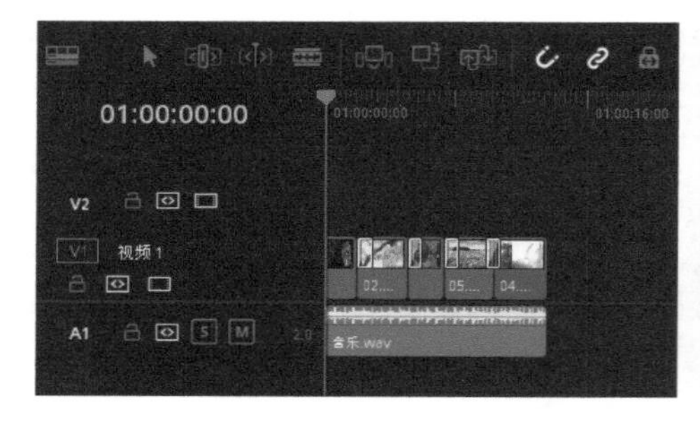

图 8-28

图 8-29

步骤 03 展开“标题”|“字幕”选项卡，选择“文本”字幕样式，如图 8-30 所示。

步骤 04 按住鼠标左键，将“文本”字幕样式拖曳至“时间线”面板中。执行操作后，即可在 V2 轨道上添加一个字幕文件，如图 8-31 所示。

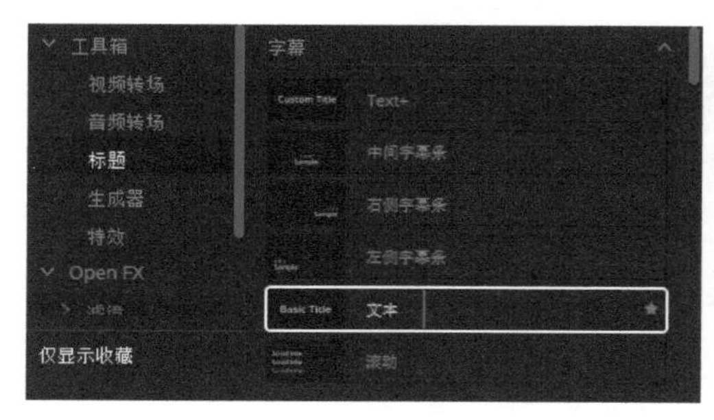

图 8-30

图 8-31

步骤 05 在预览窗口中，可以查看添加的字幕效果，如图 8-32 所示。

步骤 06 在“检查器”|“视频”面板的“标题”选项卡的“多信息文本”编辑框中，输入文字“旅行日记”，并设置“字体系列”为“华文中宋”，如图 8-33 所示。

图 8-32

图 8-33

步骤 07 在面板下方，设置“大小”参数为 195、“字距”参数为 25、“位置”X 参数为 1406.000、“位置”Y 参数为 653.000，如图 8-34 所示。执行操作后，在预览窗口中可以查看制作的视频标题效果，如图 8-35 所示。

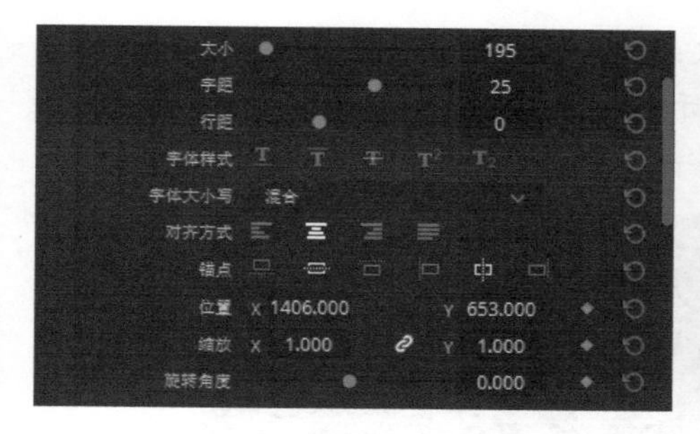

图 8-34

图 8-35

步骤 08 参照步骤 03 至步骤 07 的操作方法，为视频添加“TRAVEL JOURNAL”字幕，并设置“字体系列”为“华文中宋”，设置“大小”参数为 83、“字距”参数为 1、“位置”X 参数为 1395.000、“位置”Y 参数为 496.000，如图 8-36 所示。执行操作后，在预览窗口中可以查看制作的视频标题效果，如图 8-37 所示。

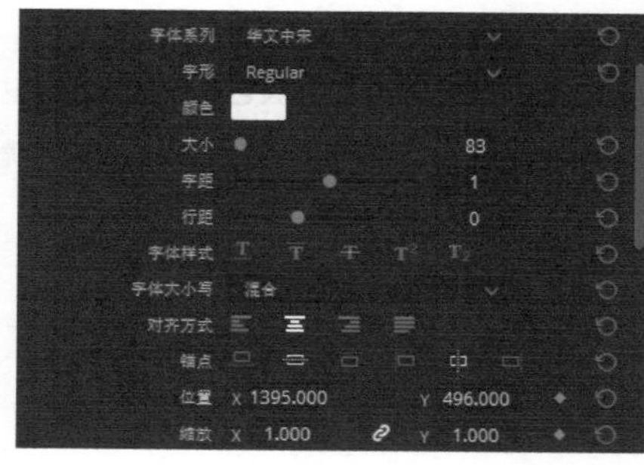

图 8-36

图 8-37

步骤 09 在“检查器”|“视频”面板的“标题”选项卡中，单击“颜色”选项右侧的色块，如图 8-38 所示。

步骤 10 在打开的“选择颜色”对话框的“基本颜色”选项区中，选择第 4 排第 6 个色块，单击“OK”按钮，如图 8-39 所示。执行操作后，即可将字幕颜色更改为橘色。

图 8-38

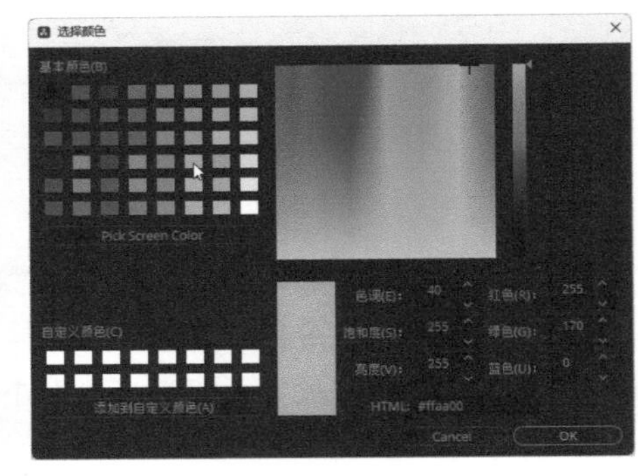

图 8-39

步骤 11 将鼠标指针移至字幕文件的末端，按住鼠标左键并向左拖曳，使其长度与素材01的长度保持一致，如图 8-40 所示。参照上述操作方法调整 V3 轨道上的字幕文件，使其长度与素材01的长度保持一致。

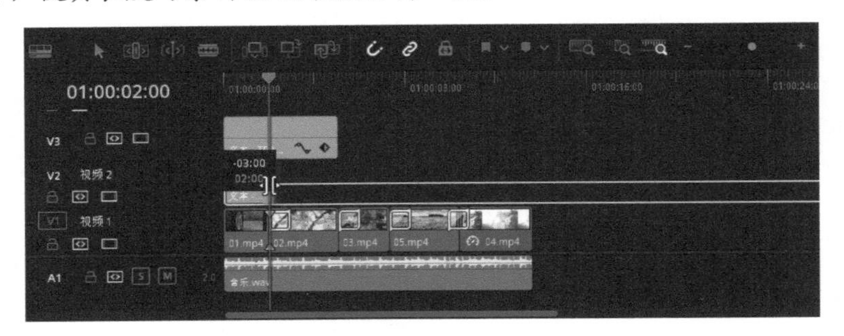

图 8-40

提示

打开“选择颜色”对话框，可以通过4种方式设置颜色。第1种是在“基本颜色”选项区中选择需要的色块；第2种是在右侧的色彩选取框中选取颜色；第3种是在“自定义颜色”选项区中添加用户常用的或喜欢的颜色，然后选择需要的色块即可；第4种是通过修改“红色”“绿色”“蓝色”等参数来定义颜色。

8.4　字幕投影 新年祝福视频

在达芬奇中，为了使字幕的样式更加丰富多彩，用户可以为字幕设置投影效果。下面介绍制作字幕投影效果的操作方法，效果如图 8-41 所示。

图 8-41

步骤 01　打开“新年祝福视频”项目文件，进入“剪辑”界面，如图 8-42 所示。

步骤 02　在预览窗口中，可以查看打开项目的效果，如图 8-43 所示。

图 8-42

图 8-43

步骤 03　展开“标题”|“字幕”选项卡，选择“文本”字幕样式，如图 8-44 所示。

步骤 04　按住鼠标左键，将“文本”字幕样式拖曳至“时间线”面板。执行操作后，即可在 V2 轨道上添加一个字幕文件，如图 8-45 所示。

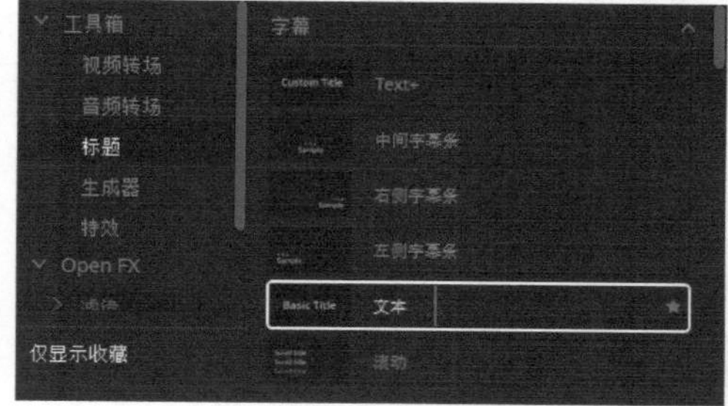

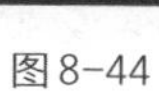

图 8-44

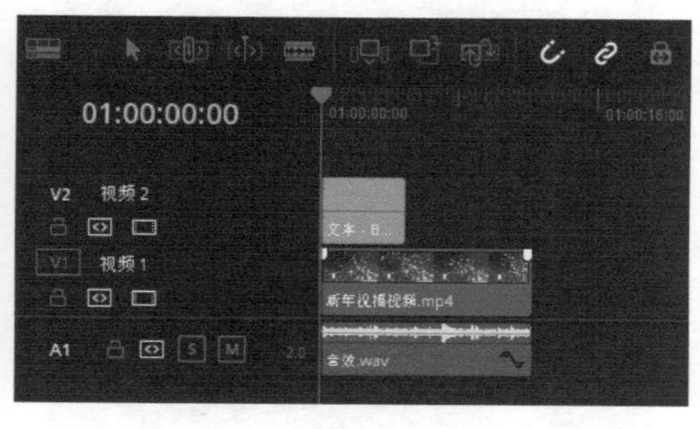

图 8-45

步骤 05 在预览窗口中，可以查看添加的字幕效果，如图 8-46 所示。

步骤 06 在“检查器”|“视频”面板的“标题”选项卡的“多信息文本”编辑框中输入文字“新年快乐”，并设置“大小”参数为 288、“字距”参数为 15，如图 8-47 所示。

图 8-46

图 8-47

步骤 07 在“检查器”|“视频”面板的“标题”选项卡中，单击“颜色”选项右侧的色块，弹出“选择颜色”对话框，在色彩选取框中选择紫色，单击“OK”按钮，如图 8-48 所示。执行操作后，在预览窗口中可以查看制作的字幕效果，如图 8-49 所示。

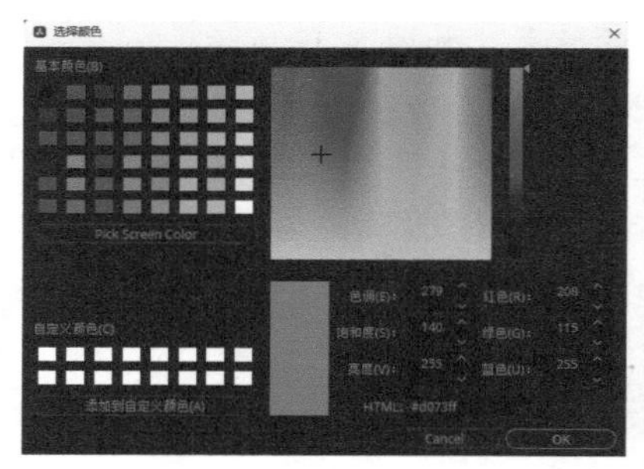

图 8-48

图 8-49

步骤 08 在“检查器”|“视频”面板的“标题”选项卡的“投影”选项区中，单击“色彩”选项右侧的色块，如图 8-50 所示；弹出“选择颜色”对话框，在色彩选取框中选择浅紫色，单击“OK”按钮，如图 8-51 所示。

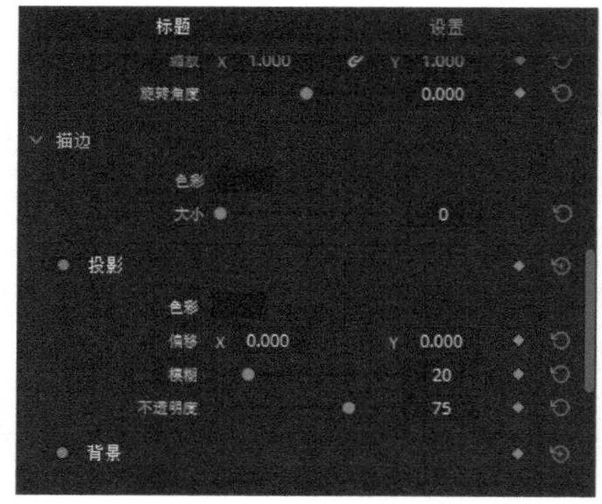

图 8-50

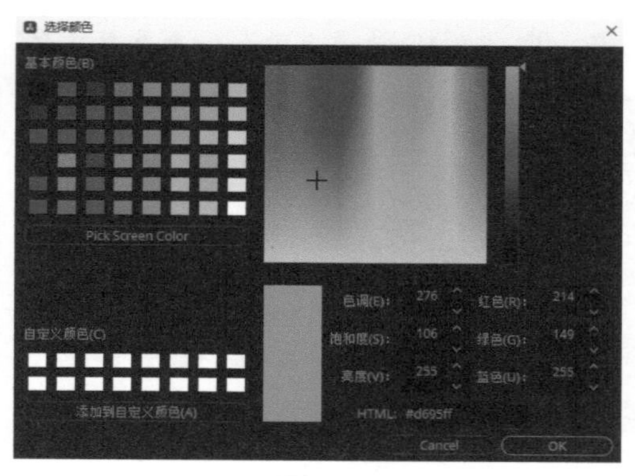

图 8-51

步骤 09 在“投影”选项区中，设置“偏移”X参数为19.000、“偏移”Y参数为17.000、“模糊”参数为25、“不透明度”参数为100，如图8-52所示。执行操作后，在预览窗口中可以查看制作的字幕效果，如图8-53所示。

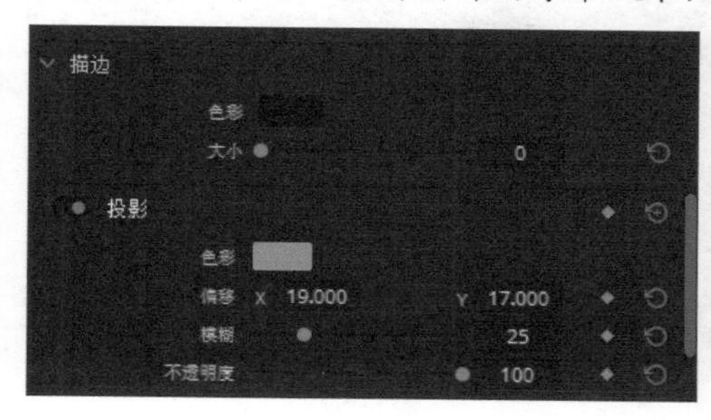

图8-52

图8-53

步骤 10 将鼠标指针移至字幕文件的末端，按住鼠标左键并向右拖曳，使其长度和视频的长度保持一致，如图8-54所示。

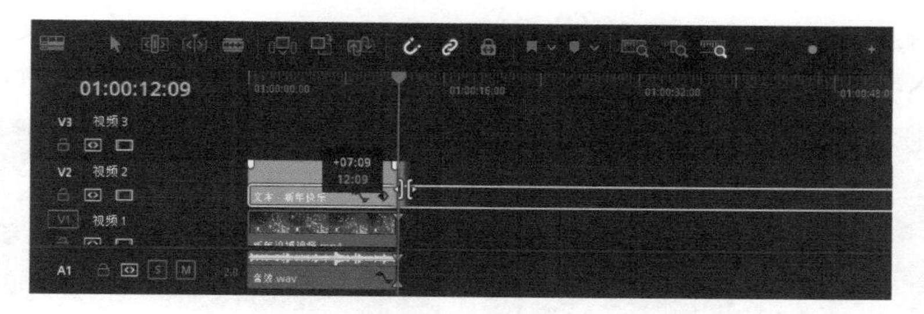

图8-54

8.5 字幕背景 萌娃日常记录

在达芬奇中，用户可以根据需要设置字幕的背景颜色，使字幕更加醒目和美观。下面将介绍具体的操作方法，效果如图8-55所示。

图8-55

步骤 01 打开“萌娃日常记录”项目文件，进入“剪辑”界面，如图 8-56 所示。

步骤 02 在预览窗口中，可以查看打开项目的效果，如图 8-57 所示。

图 8-56

图 8-57

步骤 03 展开“标题”|“字幕”选项卡，选择“文本”字幕样式，按住鼠标左键将“文本”字幕样式拖曳至“时间线”面板中。执行操作后，即可在 V2 轨道上添加一个字幕文件，如图 8-58 所示。

步骤 04 在“检查器”|“视频”面板的“标题”选项卡的“多信息文本”编辑框中输入文字“萌娃”，并设置“字体系列”为“华文楷体”，如图 8-59 所示。

图 8-58

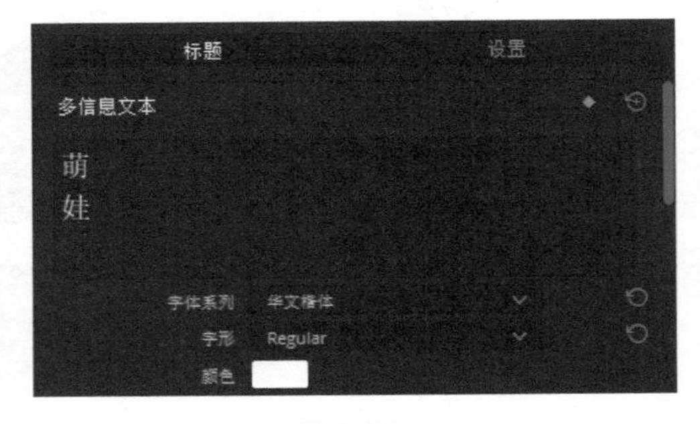

图 8-59

提示

以上述“萌娃”字幕为例，在编辑框中输入“萌”字后，按 Enter 键换行，继续输入“娃”字，即可使字幕在视频画面中竖向排列。

步骤 05 参照步骤 03 和步骤 04 的操作方法，在轨道中添加“日常”和“2023/5/1”字幕，如图 8-60 所示。

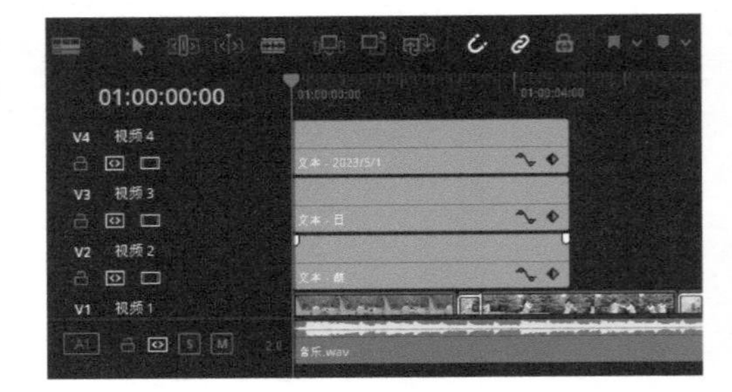

图 8-60

步骤 06 在“时间线”面板中选中“萌娃”字幕，在“检查器”|“视频”面板的“标题”选项卡中，设置“大小”参数为133、“行距”参数为-40、“位置”X参数为319.000、“位置”Y参数为788.000，如图 8-61所示。

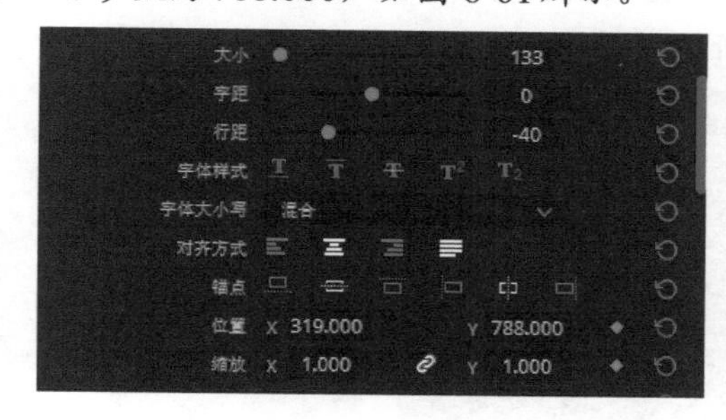

图8-61

步骤 07 在“时间线”面板中选中“日常”字幕，在“检查器”|“视频”面板的“标题”选项卡中，设置“大小”参数为133、“行距”参数为-40、“位置”X参数为453.000、“位置”Y参数为652.000，如图 8-62所示。

步骤 08 在“时间线”面板中选中“2023/5/1”字幕，在“检查器”|“视频”面板的“标题”选项卡中，设置“大小”参数为60、“字距”参数为-8、“位置”X参数为253.000、“位置”Y参数为610.000，如图 8-63所示。

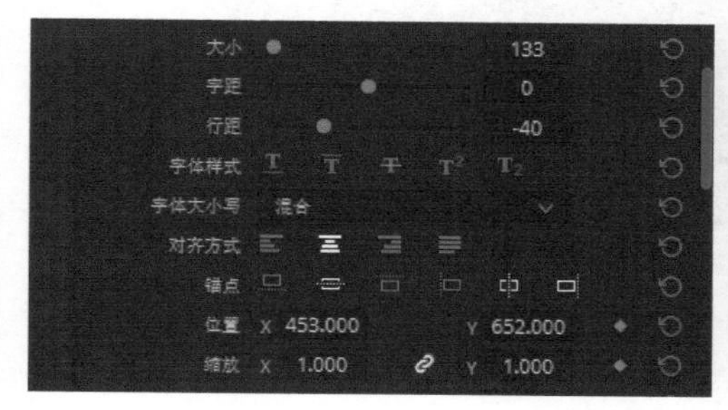

图8-62

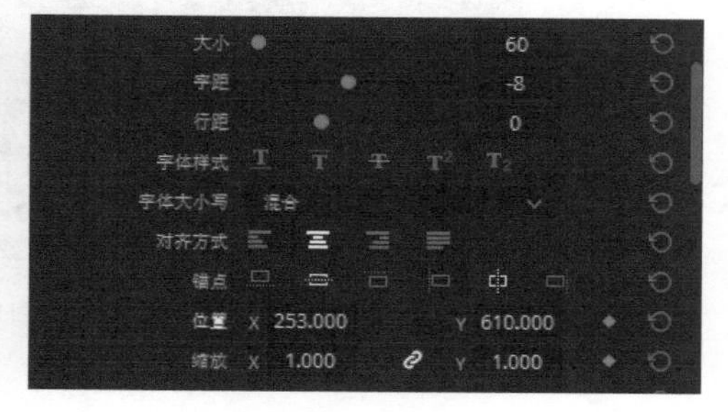

图8-63

步骤 09 在“检查器”|“视频”面板的“标题”选项卡 的“背景”选项区中，单击“色彩”选项右侧的色块，如图 8-64所示；弹出“选择颜色”对话框，在“基本颜色”选项区中，选择红色色块（第4排第2个），单击“OK”按钮，如图 8-65所示。

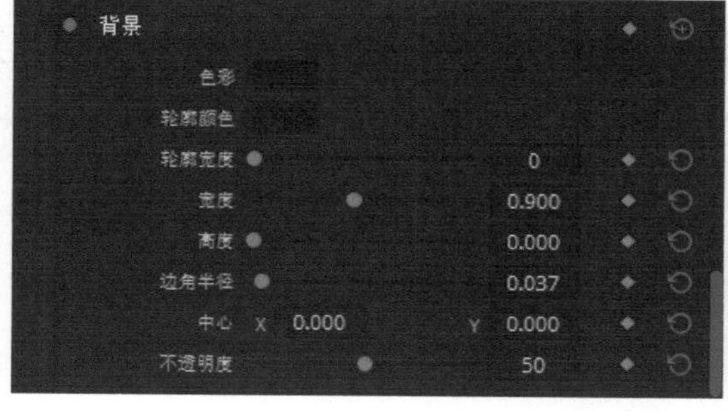

图8-64

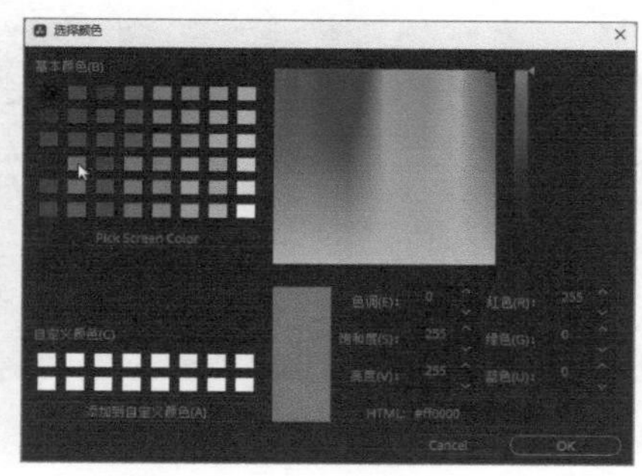

图8-65

步骤 10 在“背景”选项区中，设置“宽度”参数为0.141、“高度”参数为0.078、“边角半径”参数为0.000、“中心”X参数为-3.000、“中心”Y参数为8.000、“不透明度”参数为78，如图 8-66所示。执行操作后，在预览窗口中可以查看制作的字幕效果，如图 8-67所示。

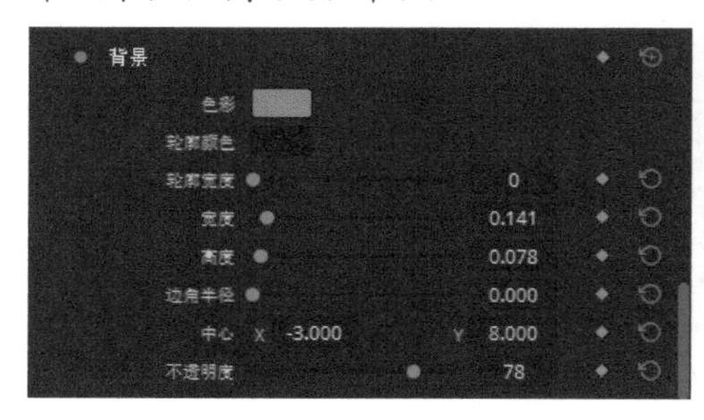

图8-66

图8-67

步骤 11 将鼠标指针移至字幕文件的末端，按住鼠标左键并向左拖曳，使其长度和素材01的长度保持一致，如图 8-68所示。参照上述操作方法调整V3轨道上的字幕文件，使其长度和素材01的长度保持一致。

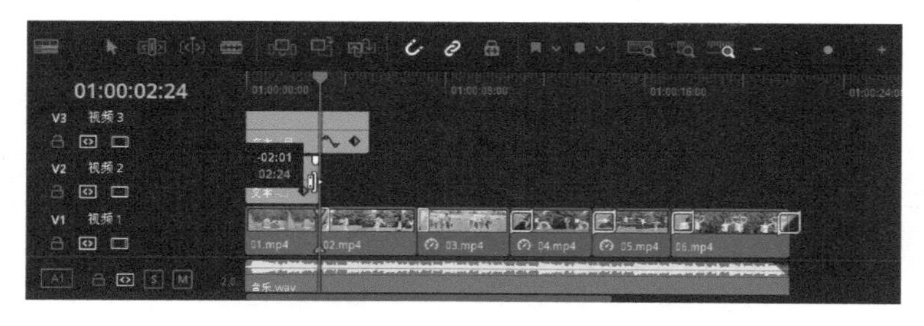

图8-68

8.6 突出显示 中秋古风短片

在为视频添加字幕时，用户可以使用放大字幕或者更换字幕颜色等方式来突显重点内容。下面将介绍突出显示字幕的具体操作方法，效果如图 8-69所示。

图8-69

步骤 01 打开“中秋古风短片”项目文件，进入“剪辑”界面，如图 8-70 所示。

步骤 02 在预览窗口中，可以查看打开项目的效果，如图 8-71 所示。

图 8-70

图 8-71

步骤 03 在“时间线”面板中选中第一个字幕文件，展开“检查器”|“视频”面板的“标题”选项卡，设置“字体系列”为“华文仿宋”，设置“大小”参数为 88、“字距”参数为 28，如图 8-72 所示。执行操作后，在预览窗口中可以查看制作的字幕效果，如图 8-73 所示。

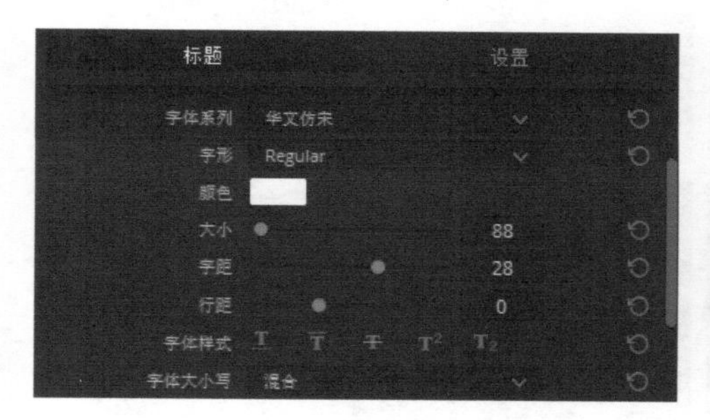

图 8-72

图 8-73

步骤 04 在“多信息文本”编辑框中选中“月”字，并设置“大小”参数为 138，如图 8-74 所示。执行操作后，在预览窗口中可以查看制作的字幕效果，如图 8-75 所示。

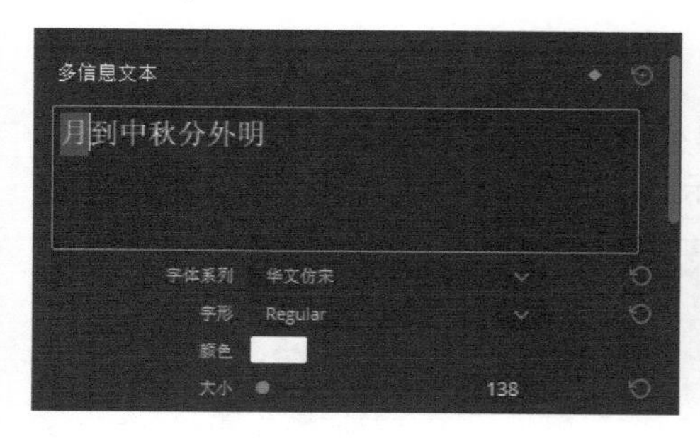

图 8-74

图 8-75

步骤 05 在“多信息文本”编辑框中选中“中秋”文字，单击“颜色”选项右侧的色块，如图 8-76 所示；弹出“选择颜色”对话框，在“基本颜色”选项区中，选择适合的色块，单击“OK”按钮，如图 8-77 所示。

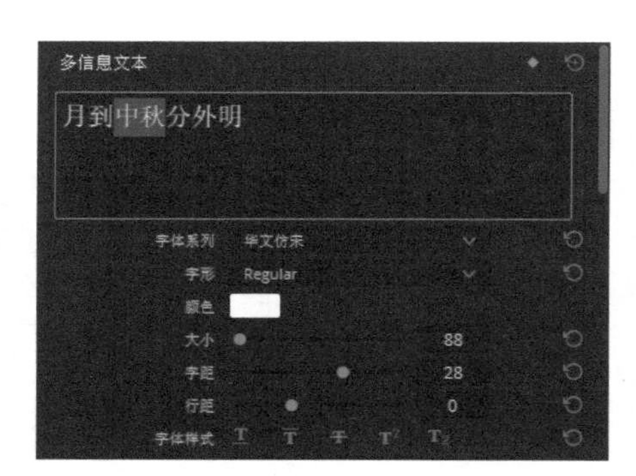

图 8-76

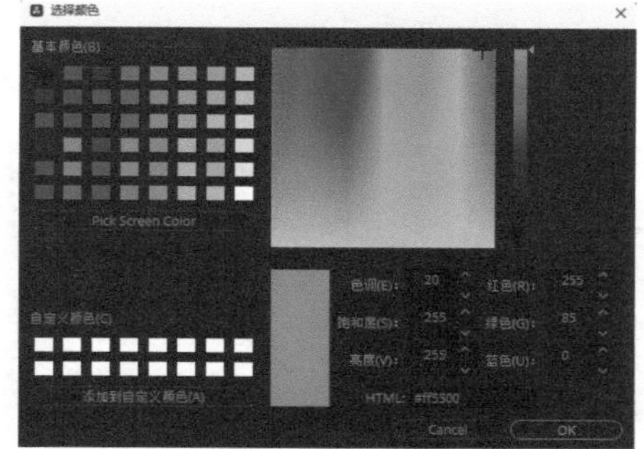

图 8-77

步骤 06 参照步骤03至步骤05的操作方法调整余下字幕的大小和颜色，效果如图 8-78 所示。

图 8-78

8.7 淡入淡出 淘宝主图视频

淡入淡出是指字幕以淡入淡出的方式显示或消失的动画效果。下面介绍制作淡入淡出字幕效果的方法，效果如图 8-79 所示。

图 8-79

步骤 01 打开“淘宝主图视频”项目文件，进入“剪辑”界面，如图 8-80 所示。

步骤 02 在预览窗口中，可以查看打开项目的效果，如图 8-81 所示。

图 8-80

图 8-81

步骤 03 选中轨道中的第一个字幕文件，展开“检查器”|“视频”面板的“标题”选项卡，如图 8-82 所示。单击“设置”按钮，切换至“设置”选项卡，如图 8-83 所示。

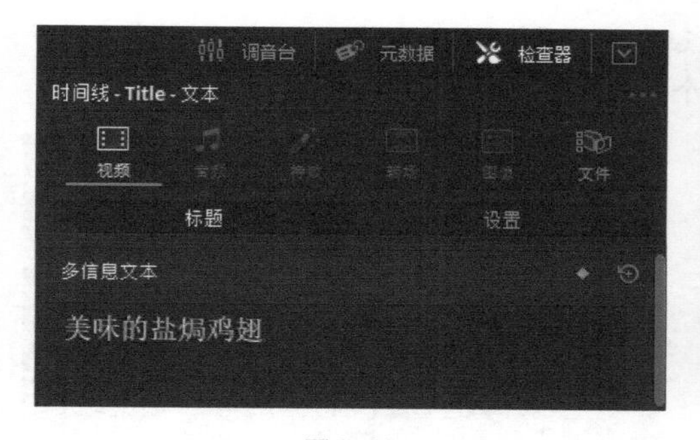

图 8-82

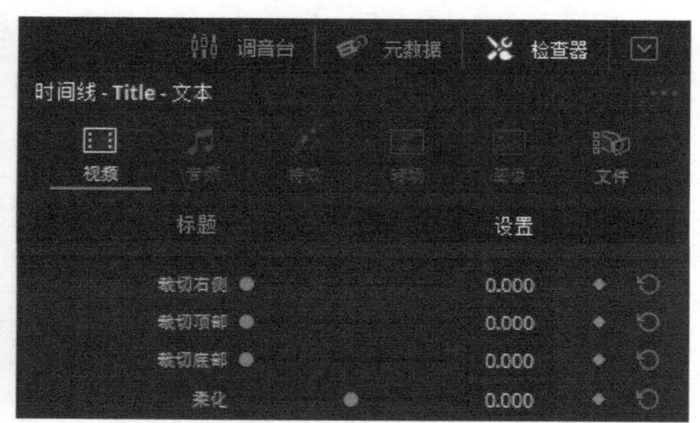

图 8-83

步骤 04 在“检查器”|“视频”面板的“设置”选项卡的下方，将“不透明度”参数设置为 0.00，如图 8-84 所示。

步骤 05 单击“不透明度”选项右侧的“关键帧”按钮◆，添加第 1 个关键帧，如图 8-85 所示。

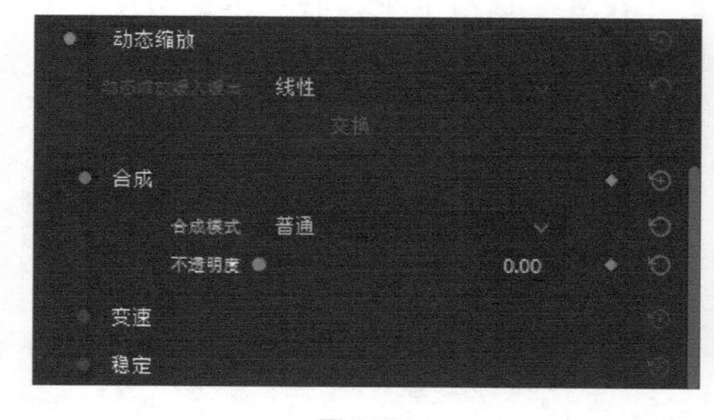

图 8-84

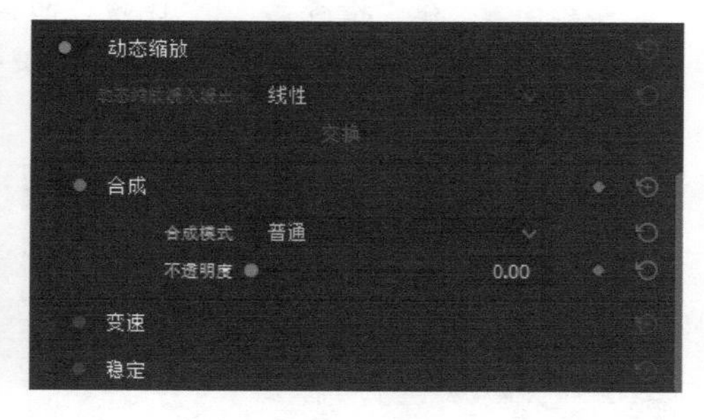

图 8-85

步骤 06 在“时间线”面板中，将时间指示器拖曳至 01:00:00:20 处，如图 8-86 所示。

步骤 07 在“检查器”|“视频”面板的“设置”选项卡中，将“不透明度”参数设置为100.00，如图 8-87 所示。执行操作后，即可自动添加第2个关键帧。

图 8-86

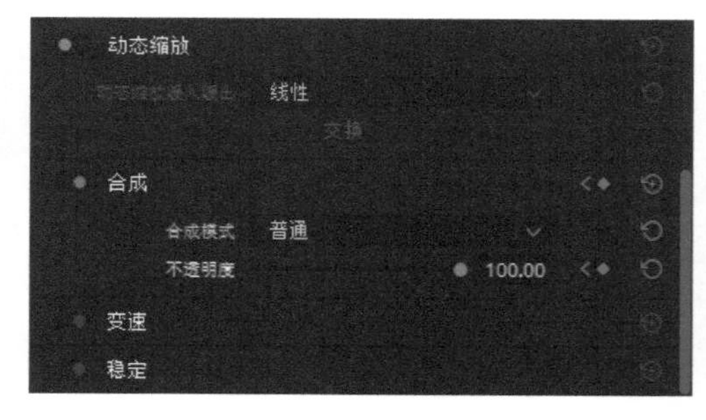

图 8-87

步骤 08 在“时间线”面板中，将时间指示器拖曳至01:00:04:14处，如图 8-88 所示。

步骤 09 在“检查器”|“视频”面板的“设置”选项卡中，单击“不透明度”选项右侧的“关键帧”按钮◆，添加第3个关键帧，如图 8-89 所示。

图 8-88

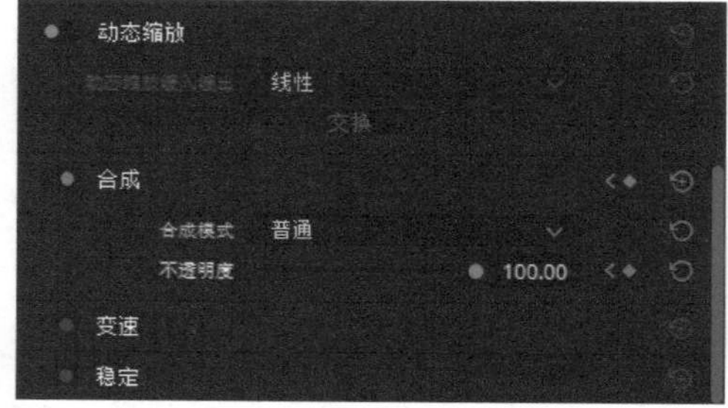

图 8-89

步骤 10 在“时间线”面板中，将时间指示器拖曳至01:00:05:06处，如图 8-90 所示。

步骤 11 在“检查器”|“视频”面板的“设置”选项卡中，将“不透明度”参数设置为0.00，即可自动添加第4个关键帧，如图 8-91 所示。执行操作后，在预览窗口中可以查看字幕淡入淡出的效果。

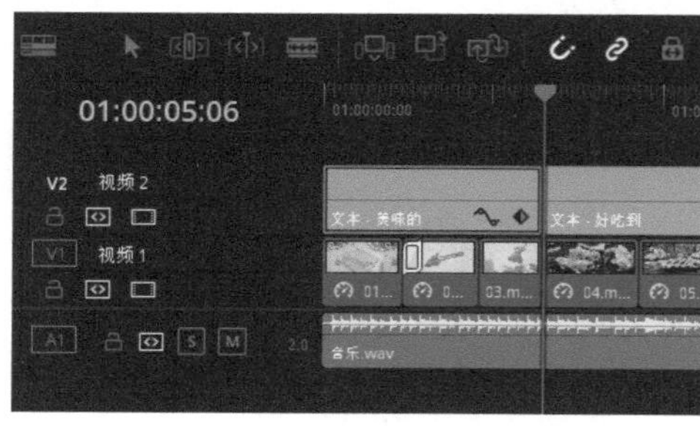

图 8-90

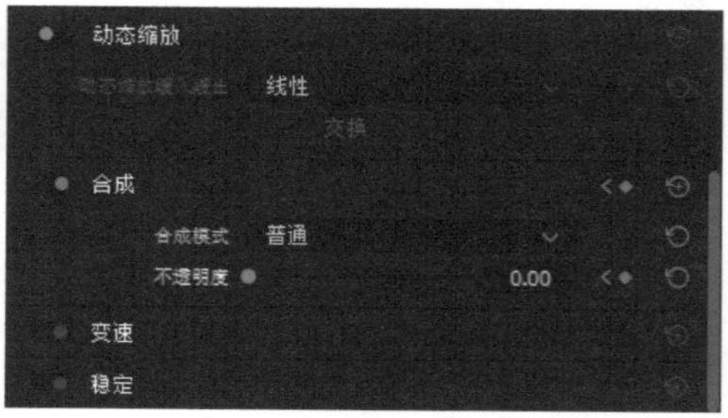

图 8-91

步骤 12 参照步骤04至步骤11的操作方法，为第2段字幕制作淡入淡出效果，效果如图 8-92 所示。

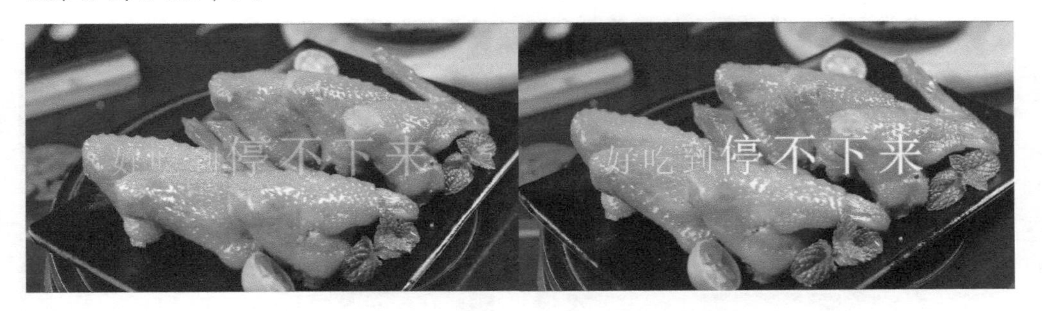

图 8-92

8.8 滚动字幕 电影片尾字幕

当一部影片播放完毕后，片尾通常会显示这部影片的演员、制片人、导演等信息，这种滚动字幕在达芬奇中也能制作。下面将介绍具体的操作方法，效果如图 8-93 所示。

图 8-93

步骤 01 打开“电影片尾字幕”项目文件，进入“剪辑”界面，如图 8-94 所示。

步骤 02 在预览窗口中，可以查看打开项目的效果，如图 8-95 所示。

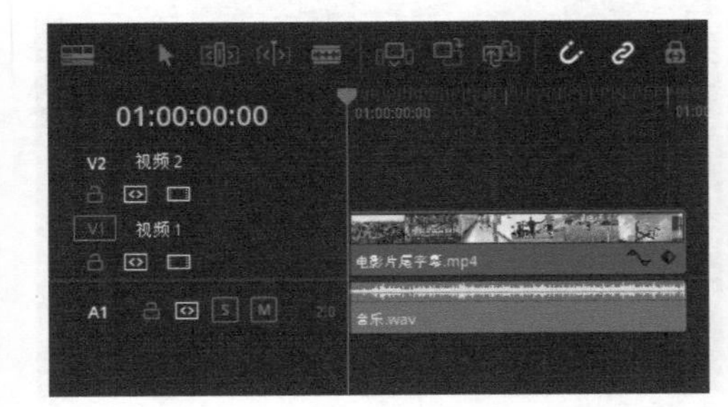

图 8-94

图 8-95

步骤 03 展开"标题"|"字幕"选项卡，选择"滚动"字幕样式，如图 8-96 所示。

步骤 04 将"滚动"字幕样式添加至"时间线"面板中，即可在V2轨道上添加一个字幕文件，将字幕文件延长至和视频同长，如图 8-97 所示。

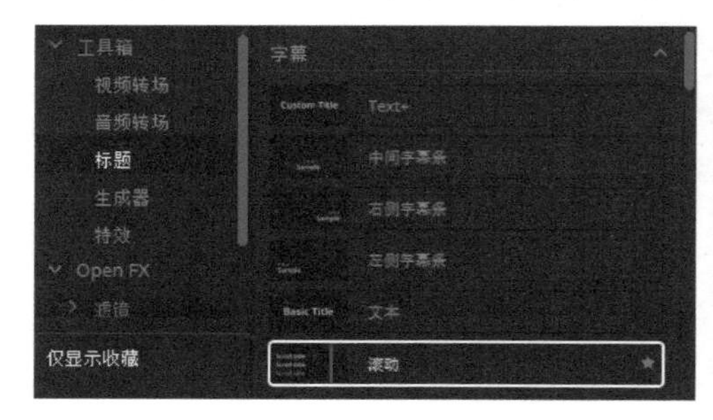

图 8-96

图 8-97

步骤 05 选中字幕文件，展开"检查器"|"视频"面板的"标题"选项卡，在"文本"编辑框中输入滚动字幕的内容，如图 8-98 所示。

步骤 06 在"检查器"|"视频"面板的"标题"选项卡的下方，设置"字体"为"华文楷体"、"大小"参数为45、"对齐方式"为居中，如图 8-99 所示。

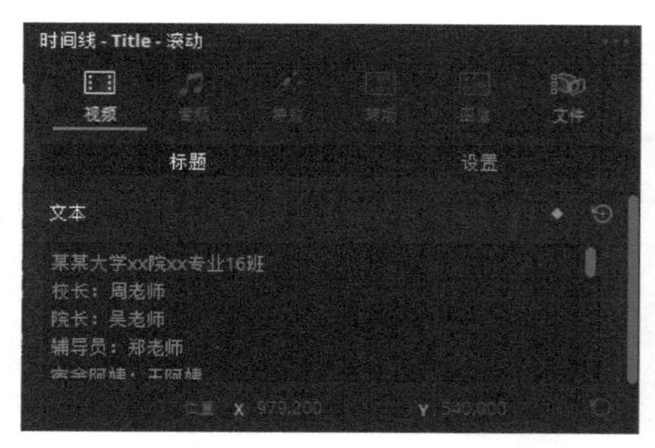

图 8-98

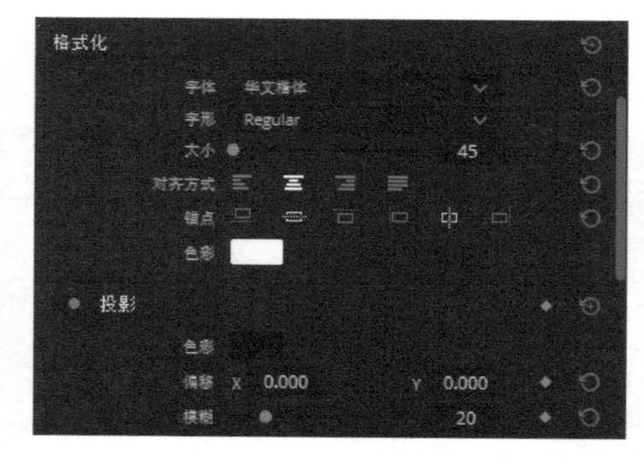

图 8-99

步骤 07 在预览窗口的下方单击"变换"按钮，如图 8-100 所示。

步骤 08 在预览窗口中将字幕素材拖曳至视频画面的右侧，如图 8-101 所示。

图 8-100

图 8-101

步骤 09 在“时间线”面板中选中视频素材，展开“检查器”|“视频”面板，单击“缩放”选项右侧的“关键帧”按钮◆，添加第1个关键帧，如图8-102所示。

步骤 10 在“时间线”面板中，将时间指示器拖曳至01:00:03:00处，如图8-103所示。

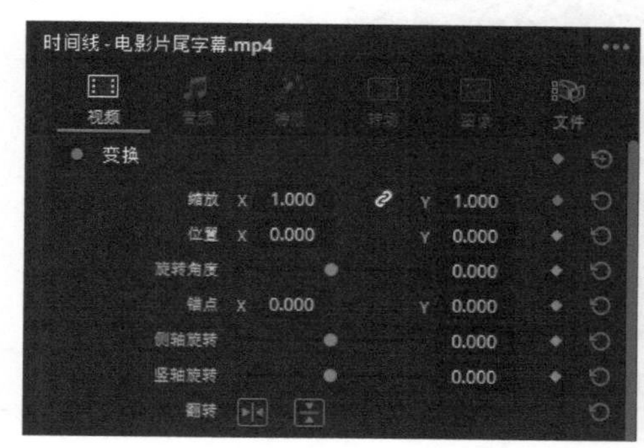

图8-102

图8-103

步骤 11 在预览窗口中，将视频画面缩小，即可自动添加第2个关键帧，如图8-104所示。

步骤 12 在“检查器”|“视频”面板中，单击“位置”选项右侧的“关键帧”按钮◆，添加第3个关键帧，如图8-105所示。

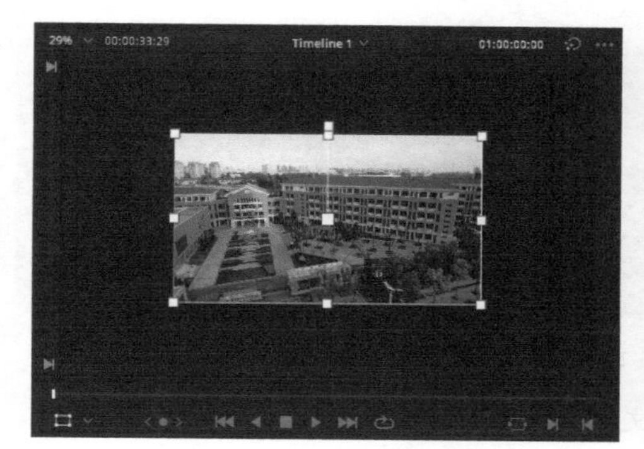

图8-104

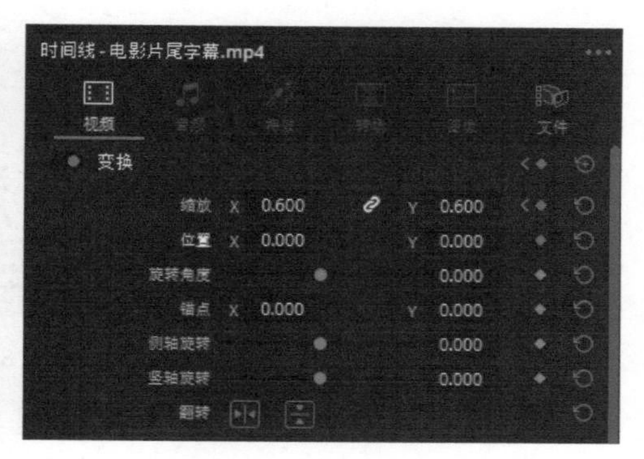

图8-105

步骤 13 在“时间线”面板中，将时间指示器拖曳至01:00:06:00处，如图8-106所示。

图8-106

步骤 14 在预览窗口中，将视频画面移至左侧，即可自动添加第 4 个关键帧，如图 8-107 所示。

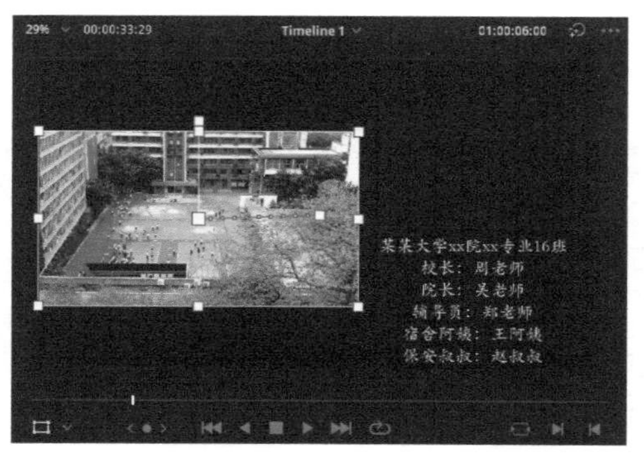

图 8-107

8.9 打字效果 婚礼开场视频

在达芬奇中，在添加“Text+”字幕样式后，通过设置“书写”参数，并结合使用关键帧，可以制作出打字效果，如图 8-108 所示。

图 8-108

步骤 01 打开“婚礼开场视频”项目文件，进入“剪辑”界面，如图 8-109 所示。

步骤 02 在预览窗口中，可以查看打开项目的效果，如图 8-110 所示。

图 8-109

图 8-110

步骤 03 展开“标题”|“字幕”选项卡，选择“Text+”字幕样式，如图 8-111 所示。

步骤 04 按住鼠标左键将“Text+”字幕样式拖曳至“时间线”面板中，即可在V2轨道中添加一个字幕文件，将其长度调整至和婚纱照素材同长，如图 8-112 所示。

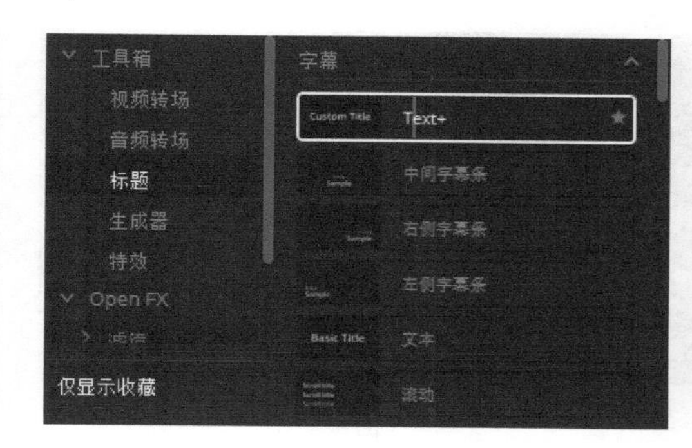

图 8-111

图 8-112

步骤 05 选中字幕文件，展开“检查器”|“视频”面板的“标题”选项卡，在“文本”下方的编辑框中输入需要添加的字幕内容，如图 8-113 所示。

步骤 06 执行操作后，在预览窗口中查看添加的字幕，如图 8-114 所示，可以发现输入的中文字幕并未显示。

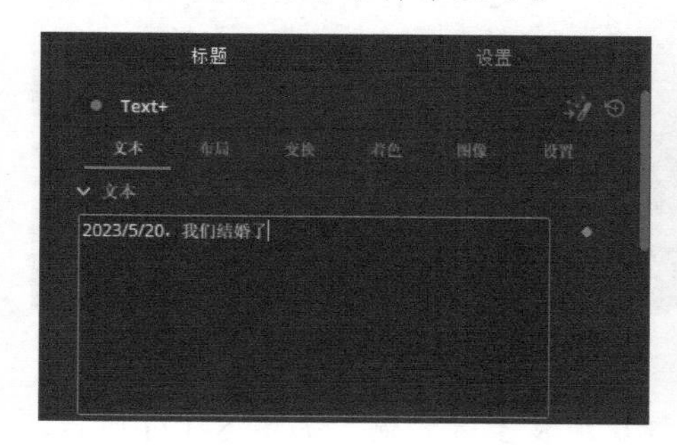

图 8-113

图 8-114

步骤 07 在“检查器”|“视频”面板的“标题”选项卡的下方，设置“字体”为“幼圆”，设置“大小”参数为0.0833、“字距”参数为1.06，如图 8-115 所示。执行操作后，在预览窗口中可以查看制作的视频字幕效果，如图 8-116 所示。

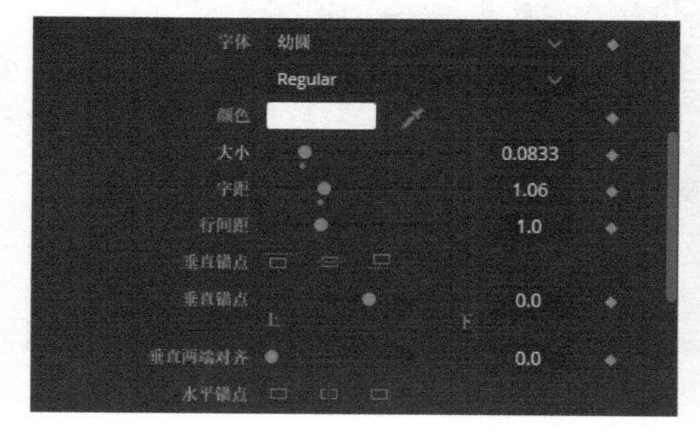

图 8-115

图 8-116

步骤 08 选中字幕文件，将时间指示器移至字幕的起始位置，如图 8-117 所示。在“检查器”|“视频”面板的“标题”选项卡的下方，单击“书写”选项旁边的“关键帧”按钮◆，如图 8-118 所示。

图 8-117

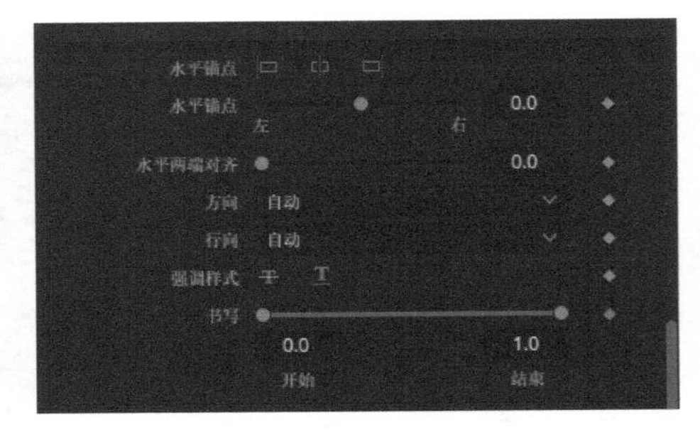

图 8-118

步骤 09 将“书写”选项右侧的第 2 个滑块拖曳至最左侧，如图 8-119 所示。

步骤 10 在“时间线”面板中将时间指示器移至字幕素材的末端，如图 8-120 所示。

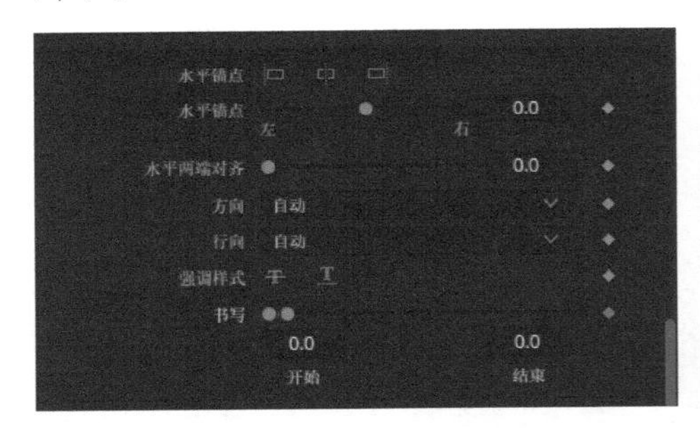

图 8-119

图 8-120

步骤 11 将“书写”选项右侧的第 2 个滑块拖曳至最右侧，如图 8-121 所示，使视频画面中的字幕逐字显现。

步骤 12 将“媒体池”面板中的音效素材添加至“时间线”面板中，并对其进行修剪，使其长度和字幕素材的长度保持一致，如图 8-122 所示。

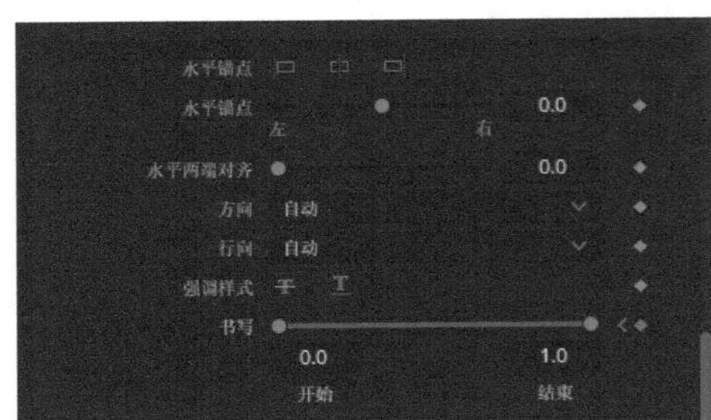

图 8-121

图 8-122

8.10 文字消散 休闲茶室宣传

很多视频或者影视剧的片头字幕中都会出现文字散成飞沙粉尘的画面，这种效果一般称为文字消散效果。本节将介绍文字消散效果的具体制作方法，效果如图 8-123 所示。

图 8-123

步骤 01 打开“休闲茶室宣传”项目文件，进入“剪辑”界面，如图 8-124 所示。

步骤 02 在预览窗口中，可以查看打开项目的效果，如图 8-125 所示。

图 8-124

图 8-125

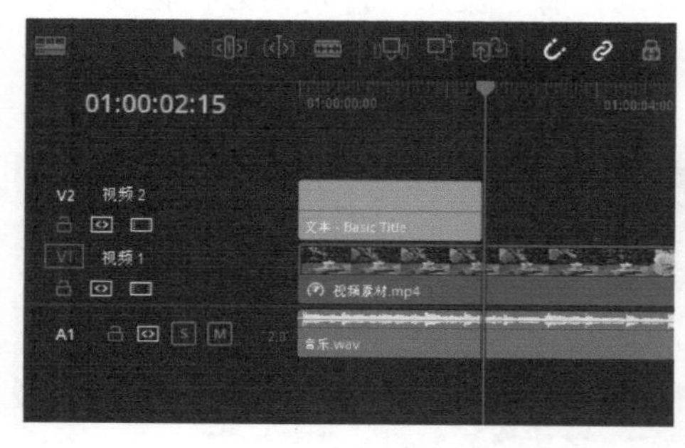

图 8-126

步骤 03 展开“标题”|“字幕”选项卡，选择“文本”字幕样式，按住鼠标左键将“文本”字幕样式拖曳至“时间线”面板中，并对其进行裁剪，如图 8-126 所示。

步骤 04 在“检查器”|“视频”面板的“标题”选项卡的“多信息文本”编辑框中输入文字内容，并设置“字体系列”为“华文行楷”，设置“大小”参数为222，如图 8-127 所示。

图 8-127

步骤 05 将时间指示器移至视频的起始位置，选中字幕文件，展开“检查器”|“视频”面板的“设置”选项卡，单击“裁切左侧”选项右侧的“关键帧”按钮◆，如图 8-128 所示。

步骤 06 将时间指示器移至字幕文件的末端，将“裁切左侧”滑块拖曳至最右侧，如图 8-129 所示。执行操作后，系统将自动在时间指示器的位置添加一个关键帧。

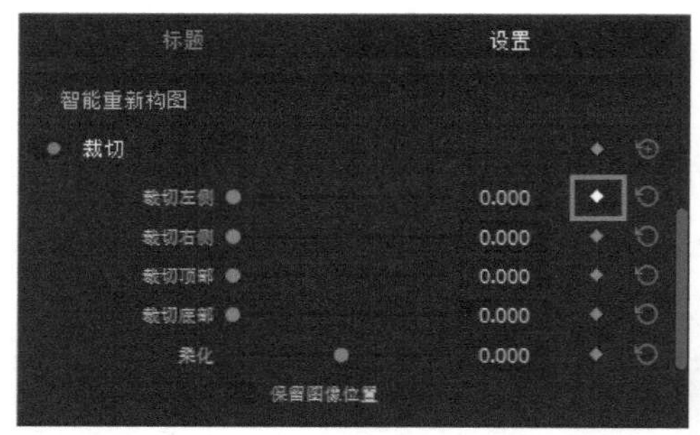

图 8-128

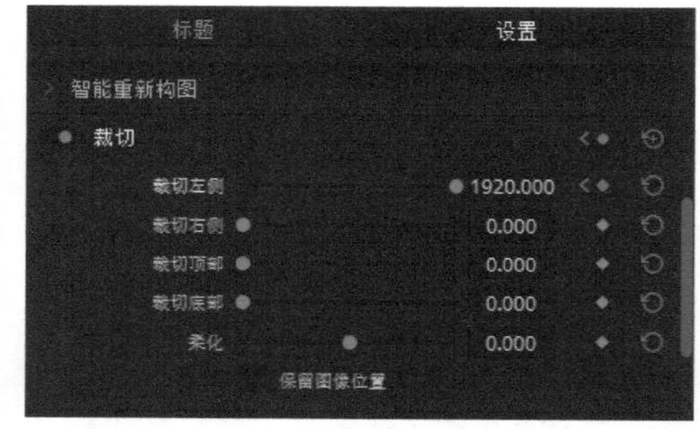

图 8-129

步骤 07 将时间指示器移至视频的起始位置，选中字幕文件，展开“检查器”|“视频”面板的“设置”选项卡，单击“柔化”选项右侧的“关键帧”按钮◆，如图 8-130 所示。

步骤 08 将时间指示器移至字幕文件的末端，将“柔化”滑块向右侧拖曳，将其参数设置为37.400，如图 8-131 所示。执行操作后，系统将自动在时间指示器的位置添加一个关键帧。

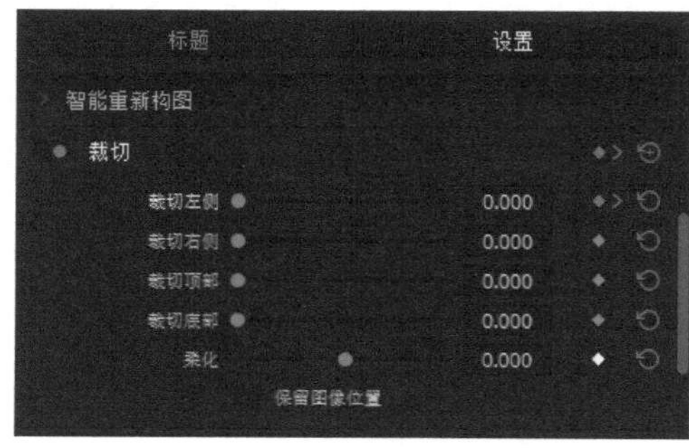

图 8-130

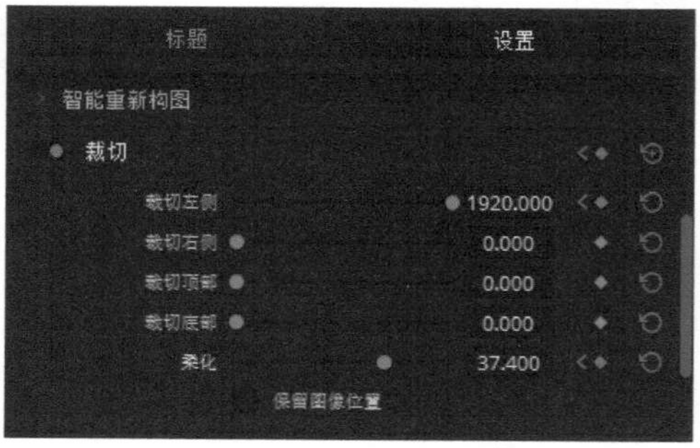

图 8-131

步骤 09 在“媒体池”面板中选择粒子素材，将其拖曳至“时间线”面板中并置于V3轨道，如图 8-132所示。

步骤 10 在“时间线”面板中选中粒子素材，展开“检查器”|“视频”面板，单击“合成模式”选项右侧的下拉按钮，在下拉列表中选择“滤色”选项，如图 8-133所示。

图8-132

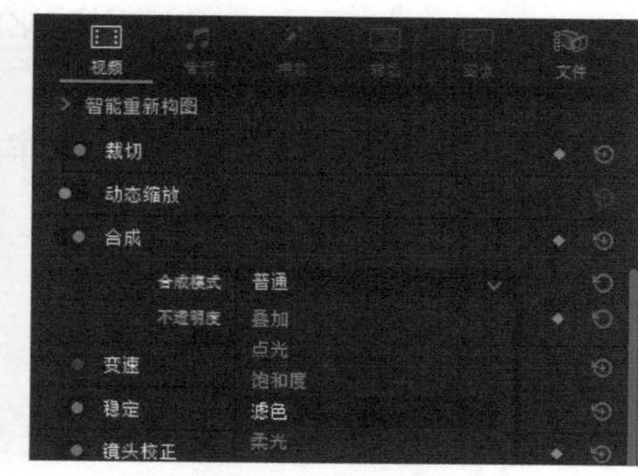

图8-133

步骤 11 在预览窗口的左下角单击“变换”按钮，执行操作后，在预览窗口中调整好粒子素材的位置和大小，使其覆盖文字，如图 8-134所示。

步骤 12 执行操作后，可以在预览窗口中查看制作的文字消散效果，如图 8-135所示。

图8-134

图8-135

第 9 章

综合案例：城市宣传片

近些年，人们的生活水平越来越高，交通越来越便利，越来越多的人去往不同城市游玩，人们在电视上经常能够看到各种旅游广告和城市宣传视频。为了吸引更多的游客，通常会对拍摄的视频素材进行剪辑、色彩调整等后期处理。本章主要介绍通过剪辑、调色等后期操作制作城市宣传片的方法。

9.1 视频效果赏析

城市宣传片是由多个视频片段组合在一起的，因此在制作前要挑选好素材，确定好需要使用的视频片段，制作时还要根据视频的逻辑和类型排序，之后再切换至“调色”界面，依次对“时间线”面板中的视频片段进行调色操作；待画面色调调整完成，为视频添加字幕、背景音乐和音效，并将制作好的视频交付输出，效果如图 9-1 所示。

图 9-1

9.2　制作片头镂空字幕

本节将介绍片头镂空字幕的制作过程，包括导入视频素材、添加字幕、制作镂空文字效果等内容，希望读者可以掌握镂空字幕的制作方法。

步骤 01　创建“城市宣传片”项目文件，进入达芬奇的“剪辑”界面，在“媒体池”面板中用鼠标右键单击，弹出快捷菜单，选择“导入媒体”选项，如图 9-2 所示。

步骤 02　弹出“导入媒体”对话框，打开“素材”|“第 9 章”文件夹，选择需要导入的视频和音频素材，如图 9-3 所示。

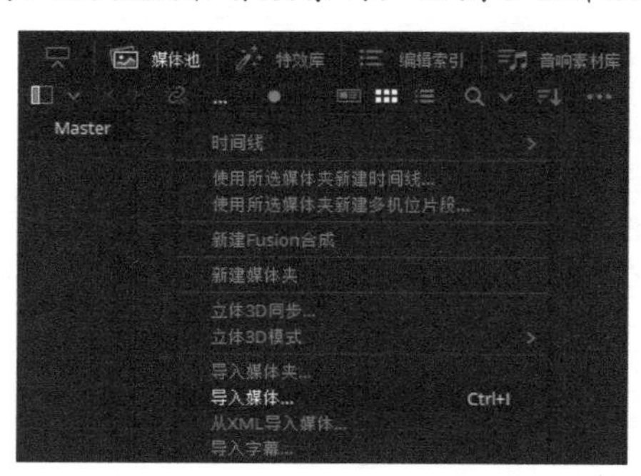

图 9-2

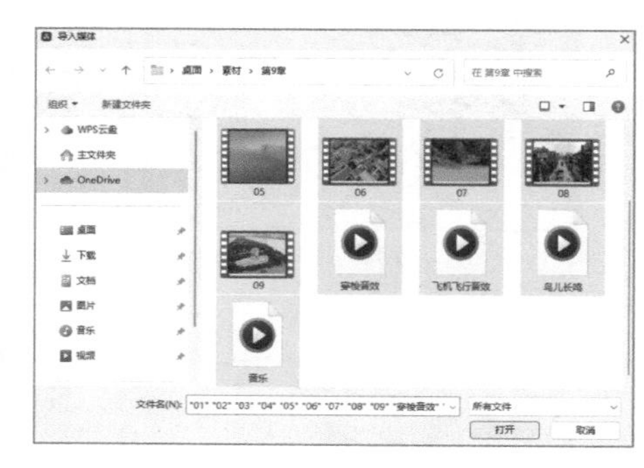

图 9-3

步骤 03　单击“打开”按钮，即可将选择的素材导入“媒体池”面板中，如图 9-4 所示。

步骤 04　在“媒体池”面板中选择素材 01，按住 Alt 键，将其拖曳至“时间线”面板的视频轨道上。执行操作后，即可完成导入视频素材的操作，如图 9-5 所示。

图 9-4

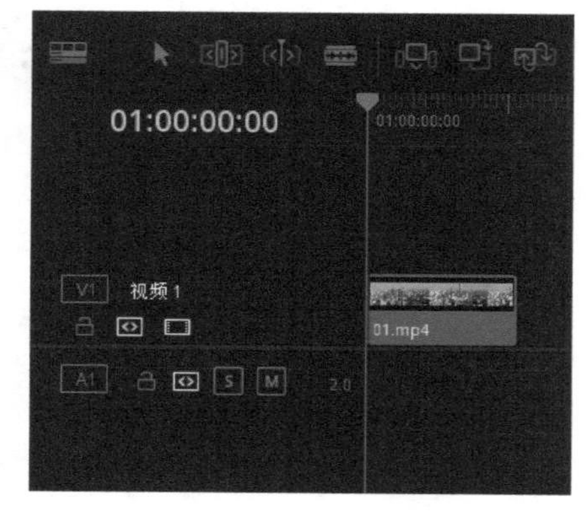

图 9-5

提示

用户在导入素材时，可以仔细观察“媒体池”面板中的素材文件，当素材缩览图的左下角有音乐图标时，代表该素材文件是包含音频的，若用户不需要使用该素材中的音频，可以按住 Alt 键，再将素材拖曳至“时间线”面板中。

步骤 05 在“剪辑”界面的左上方单击“特效库”按钮，展开“标题”|“字幕”选项卡，选择“文本”字幕样式，按住鼠标左键将“文本”字幕样式拖曳至“时间线”面板中。执行操作后，即可在“时间线”面板中添加字幕文件，如图 9-6 所示。

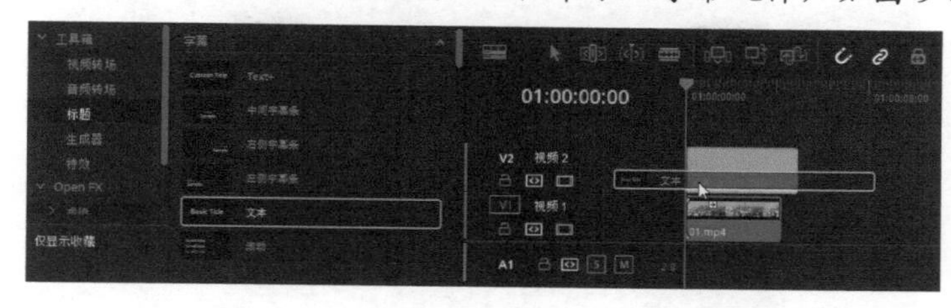

图 9-6

步骤 06 选择 V2 轨道上的字幕文件，将鼠标指针移至字幕文件的末端，按住鼠标左键并向左拖曳至 01:00:03:00 处，释放鼠标，如图 9-7 所示。

步骤 07 在“检查器”|“视频”面板的“标题”选项卡的“多信息文本”编辑框中输入文字“星城长沙”，并设置“字体系列”为“华文隶书”，设置“大小”参数为 308，如图 9-8 所示

图 9-7

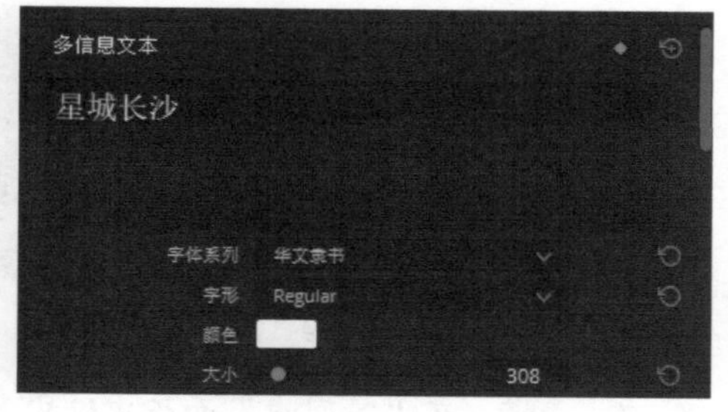

图 9-8

步骤 08 在“时间线”面板中将字幕文件移至素材 01 的后方，展开“生成器”选项卡，选择“纯色”选项，按住鼠标左键将其拖曳至“时间线”面板中，置于字幕文件的下方，如图 9-9 所示。

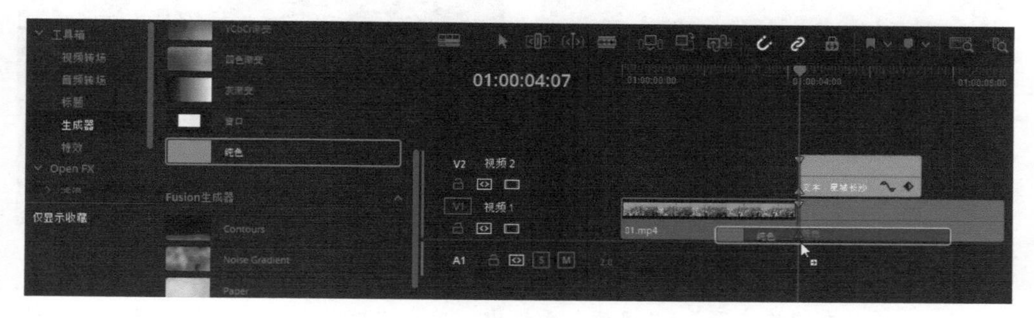

图 9-9

步骤 09 将纯色效果文件裁剪至和字幕文件同长，在“时间线”面板中同时选中字幕文件和纯色效果文件，用鼠标右键单击，弹出快捷菜单，选择“新建复合片段”选项，如图 9-10 所示。

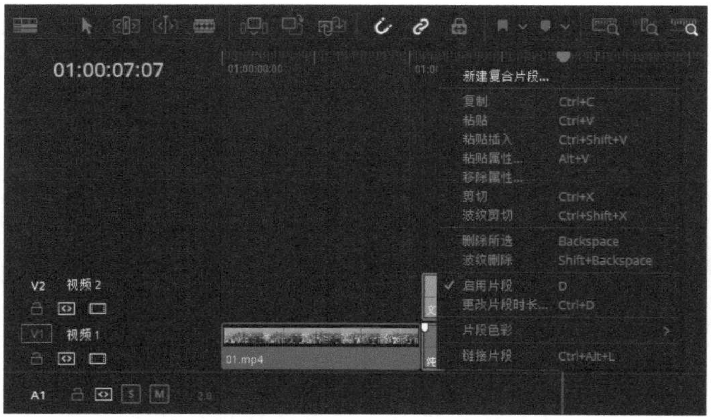

图 9-10

步骤 10 在打开的“新建复合片段”对话框中，单击“创建”按钮，如图 9-11 所示。执行操作后，即可在“时间线”面板中创建一个名为“Compound Clip1”的复合片段，按住鼠标左键，将其移至素材01的上方，如图 9-12 所示。

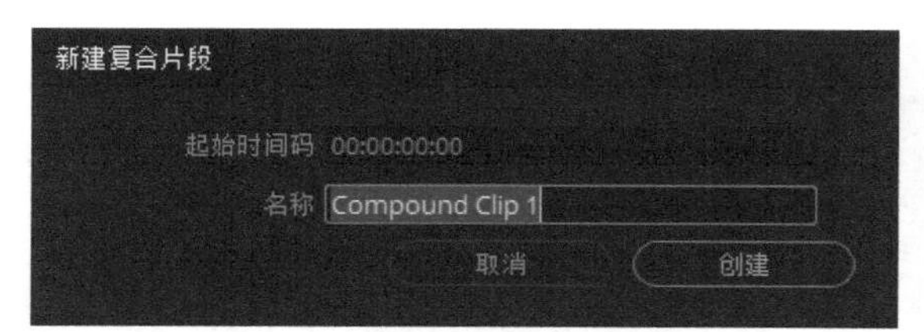

图 9-11

图 9-12

步骤 11 在“时间线”面板中选中复合片段，在“检查器”|“视频”面板中展开“合成模式”下拉列表，选择“深色”选项，如图 9-13 所示。执行操作后，即可在预览窗口中查看制作的镂空文字效果，如图 9-14 所示。

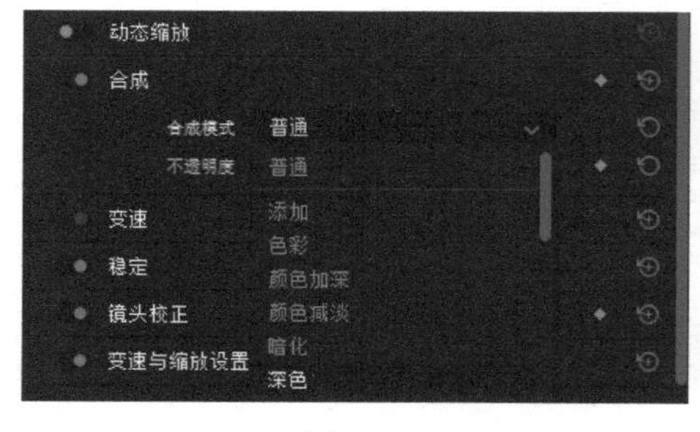

图 9-13

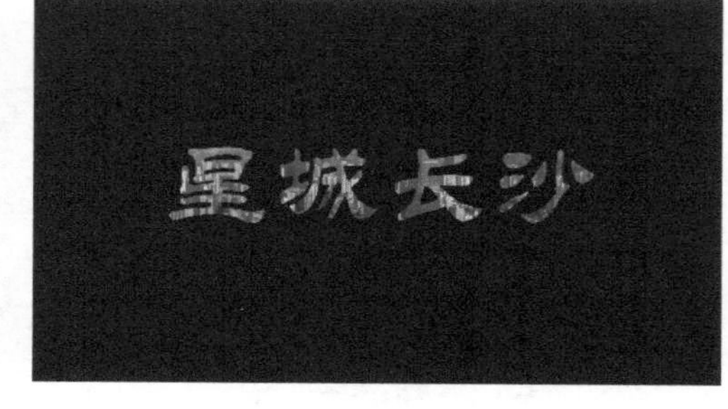

图 9-14

步骤 12 在“检查器”|“视频”面板中，单击“缩放”和“位置”选项右侧的“关键帧”按钮◆，如图 9-15 所示。

步骤 13 在“时间线”面板中，将时间指示器移至复合片段的末端，如图 9-16 所示。

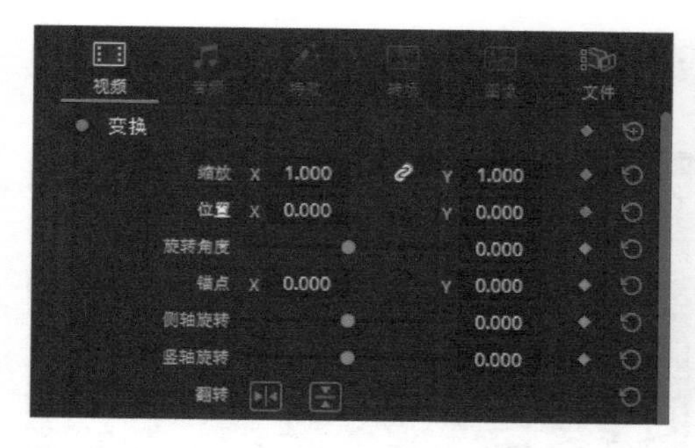

图 9-15

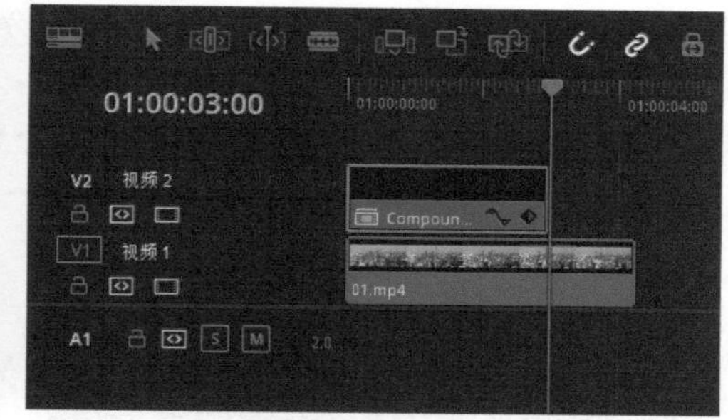

图 9-16

步骤 14　一边调整“缩放”“位置”X和“位置”Y参数，一边查看预览窗口中镂空字幕的放大效果，直至字幕完全消失在画面中，如图 9-17和图 9-18所示。

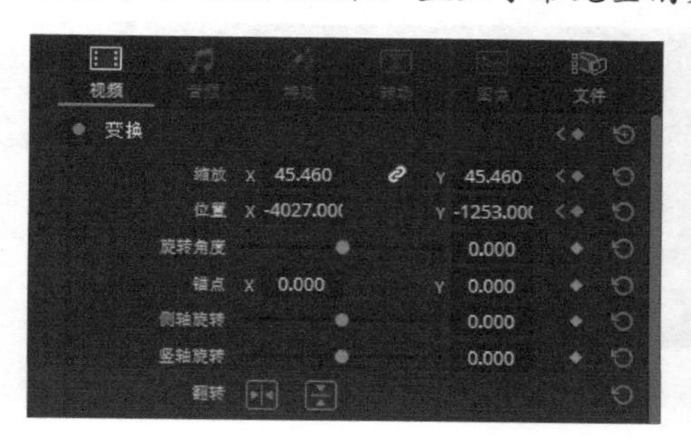

图 9-17

图 9-18

9.3　导入素材进行剪辑

制作好片头镂空字幕后，还需要将余下素材添加至“时间线”面板中。为了方便后续添加转场效果，需要对视频素材进行剪辑，下面介绍具体的操作方法。

步骤 01　在“媒体池”面板中选择素材02至素材09，按住Alt键，将其拖曳至“时间线”面板中，置于V1轨道上，如图 9-19所示。

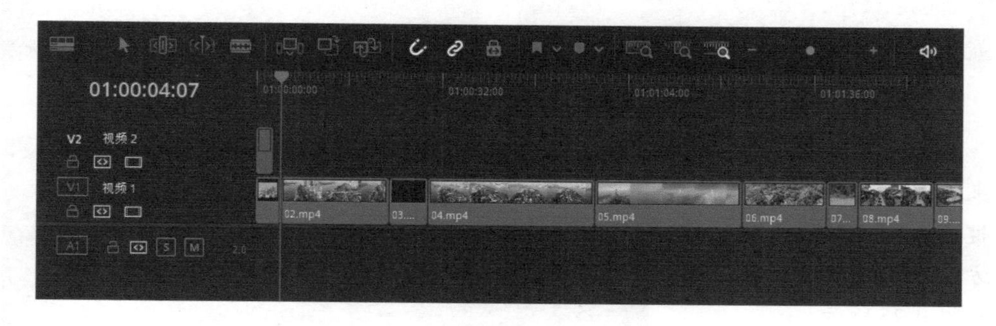

图 9-19

步骤 02　在“时间线”面板中选中素材06，用鼠标右键单击，弹出快捷菜单，选择“变速控制”选项，如图 9-20所示。

步骤 03　将鼠标指针移至素材06上方，按住鼠标左键向左拖曳，直至素材06下方的数值变为186%，如图 9-21 所示。

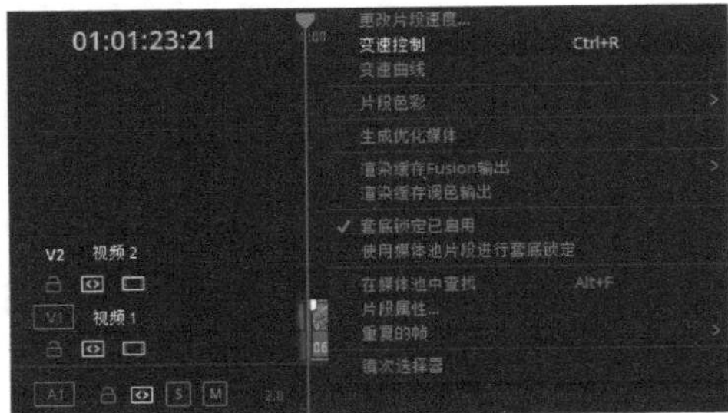

图 9-20

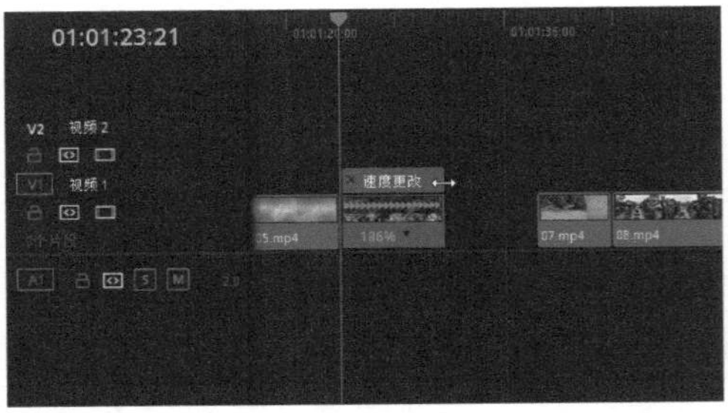

图 9-21

步骤 04　单击V1轨道中的空白区域，按Delete键删除。执行操作后，素材07将自动衔接在素材06的后方。参照上述操作方法，更改素材08和素材09的播放速度，将其数值分别设置为140%和298%，如图 9-22 所示。

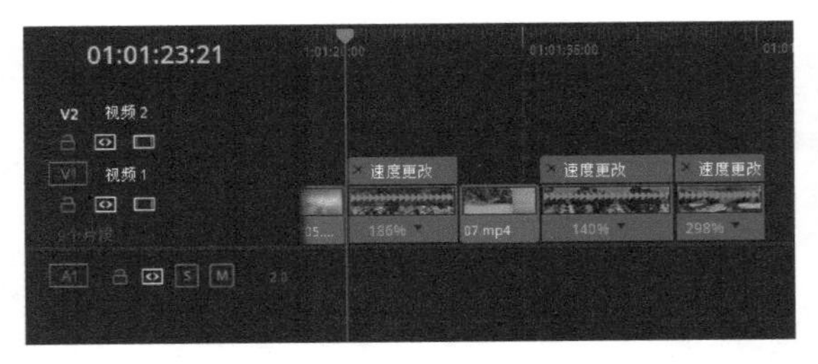

图 9-22

步骤 05　在工具栏中单击“刀片编辑模式”按钮，如图 9-23 所示。

步骤 06　执行操作后，鼠标指针将变成刀片工具图标，将鼠标指针移至01:00:05:23处，单击，素材02将被分割为两段，如图 9-24 所示。

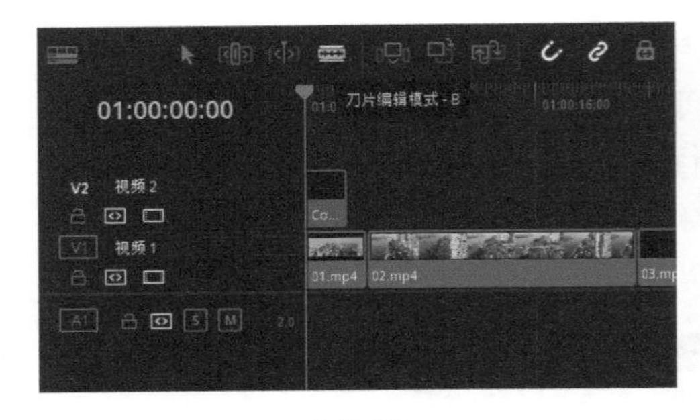

图 9-23

图 9-24

步骤 07　选中分割出来的后半段素材，按Delete键删除，并参照上述操作方法分割余下素材，效果如图 9-25 所示。

图 9-25

步骤 08 在“时间线”面板中选中素材05，展开“检查器”|“视频”面板，设置“缩放”参数为1.200，将素材画面放大，如图 9-26和图 9-27所示。

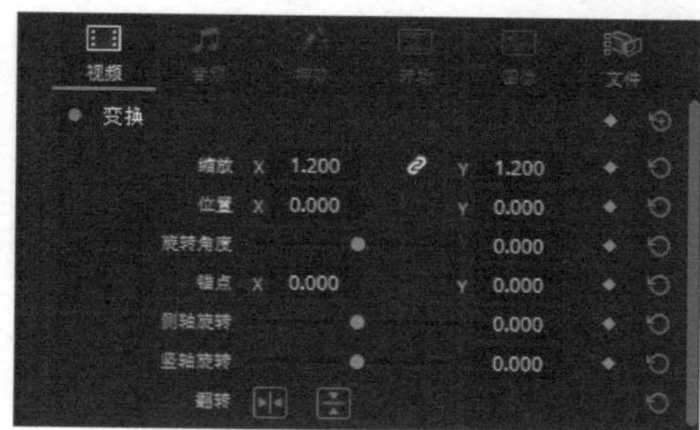

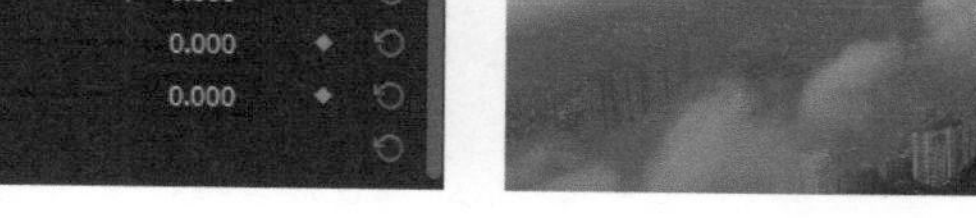

图9-26

图9-27

9.4 调整画面色彩

完成视频素材的剪辑工作后，即可切换至“调色”界面，调整素材画面的色彩，下面介绍具体的操作步骤。

步骤 01 在“时间线”面板中选中素材05，切换至“调色”界面，单击“色轮”按钮，展开“一级-校色轮”面板，按住“亮部”色轮下方的轮盘并向左拖曳，直至参数均显示为1.09，并在面板下方设置“饱和度”参数为58.00，如图 9-28所示。

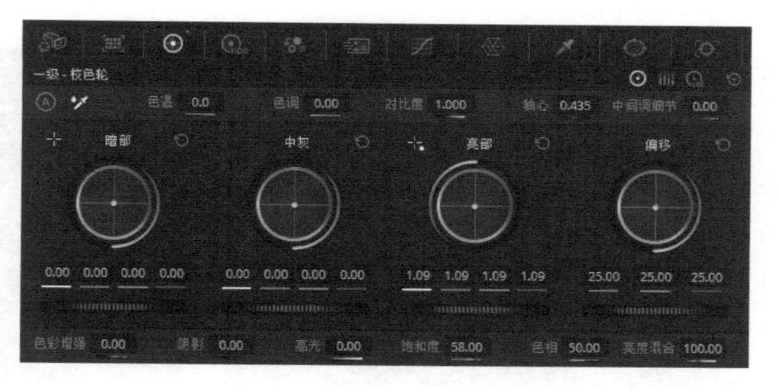

图9-28

步骤 02 在界面右上方单击“片段”按钮，展开片段预览区，选中素材07，在“一级-校色轮”面板中按住“亮部”色轮下方的轮盘并向左拖曳，直至参数均显示为1.18，如图 9-29所示。

图9-29

步骤 03 在片段预览区中选中素材08，展开“曲线-自定义”面板，在曲线上添加两个控制点并调整至合适位置，如图 9-30所示。

提示

因本例选用的素材质量较好，所以只对素材05、07、08进行了简单的调整。调色是视频后期制作中的一个重要环节，每个人调出的色调都不一样，具体的色调还得看个人的感觉。本书所有调色案例中的步骤和参数都仅供参考，希望读者可以理解调色的思路，能够举一反三。

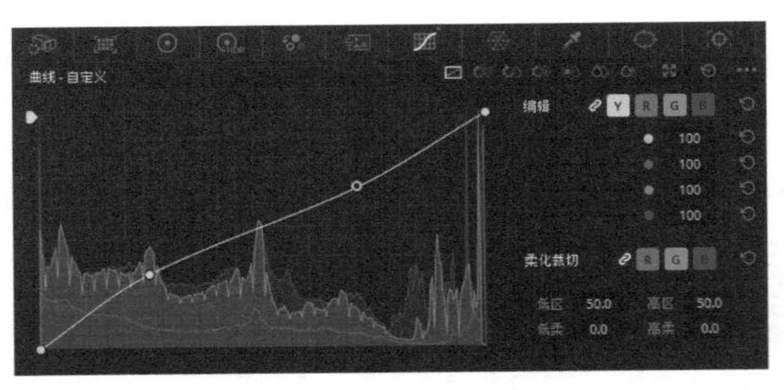

图9-30

9.5 添加转场效果

完成调色工作后，可以在素材片段之间添加转场效果，使视频画面的切换更加平缓、自然，下面介绍具体的操作方法。

步骤 01 展开“视频转场”|“划像”选项卡，选择其中的“百叶窗划像”效果，如图 9-31 所示；按住鼠标左键，将选择的转场效果拖曳至素材02的起始位置，如图 9-32 所示。

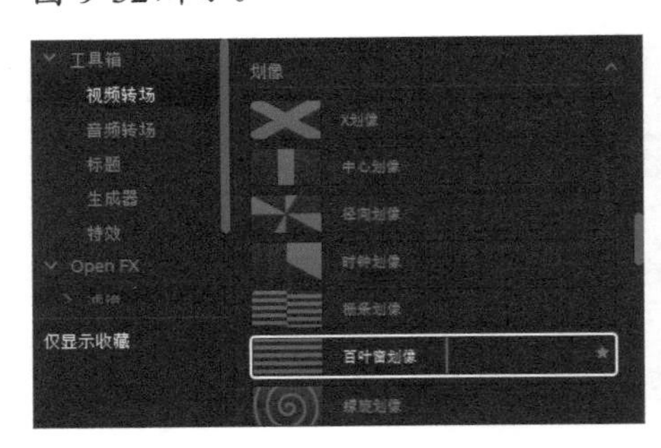

图9-31

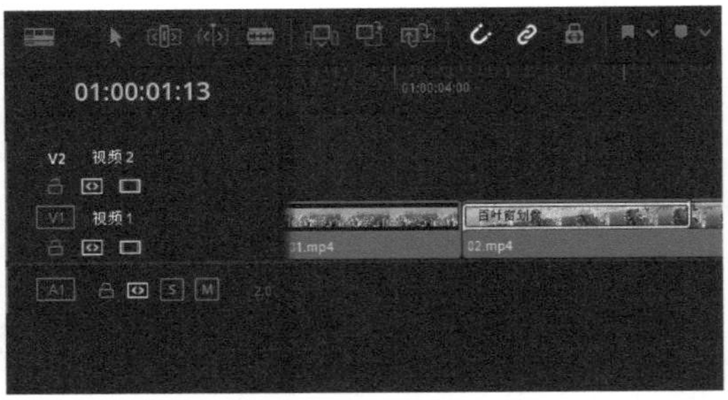

01:00:01:13
V2 视频 2
V1 视频 1
A1
百叶窗划像
01.mp4
02.mp4

图9-32

步骤 02 在“时间线”面板中选中转场效果，展开“检查器”|“转场”面板，设置“时长”参数为0.5、“角度”参数为90，如图 9-33 所示。

步骤 03 执行操作后，在预览窗口中可以查看添加的转场效果，如图 9-34 所示。

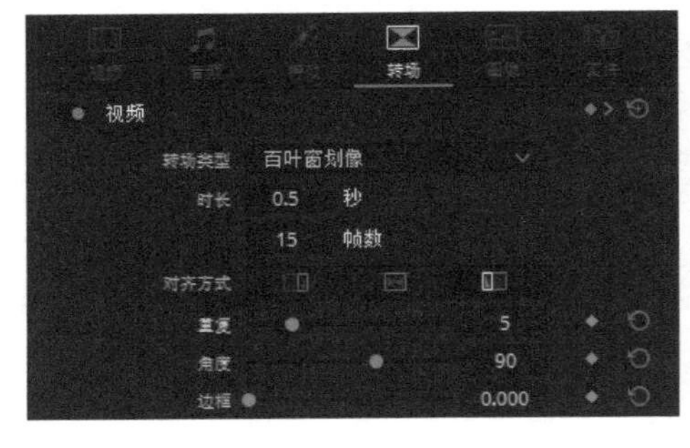

图9-33

图9-34

步骤 04 参照上述操作方法，在余下素材的起始位置分别添加"Zoom In""Slide Down""交叉叠化""百叶窗划像""Slide Left""非加亮叠化""百叶窗划像"效果，如图 9-35 所示。

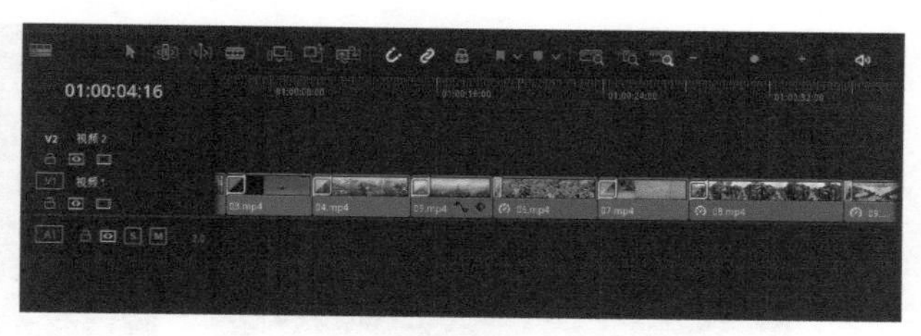

图9-35

9.6 为视频制作字幕效果

添加转场效果后，接下来为视频添加合适的字幕，增强视频的艺术效果，下面介绍具体操作方法。

步骤 01 展开"标题"|"Fusion 字幕"选项卡，选择其中的"Simple Box 1 Line Lower Third"选项，按住鼠标左键，将其拖曳至素材02的上方，如图 9-36 所示。

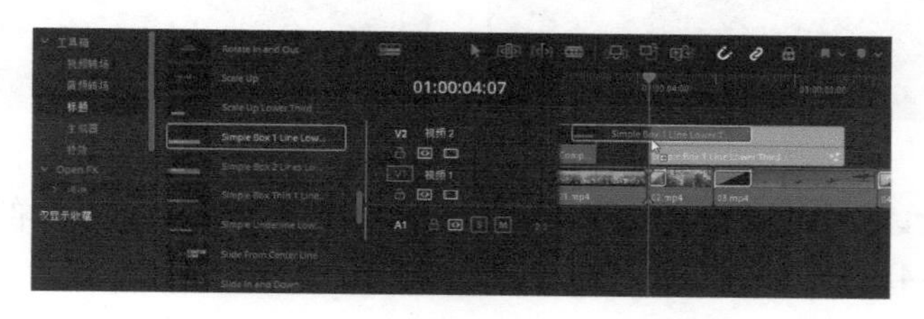

图9-36

步骤 02 执行操作后，在预览窗口中可以查看添加的字幕效果，如图 9-37 所示。

步骤 03 在"时间线"面板中将字幕文件裁剪至和素材02同长，如图 9-38 所示。

图9-37

图9-38

步骤 04 在"时间线"面板中选中字幕文件，展开"检查器"|"视频"面板的"标题"选项卡，在编辑框中输入文字"商业繁华"，并将"字体"设置为"华文隶书"，如图 9-39 所示。

步骤 05 在面板的下方，设置"Position" X参数为0.383、"Position" Y参数为0.482，如图 9-40 所示。

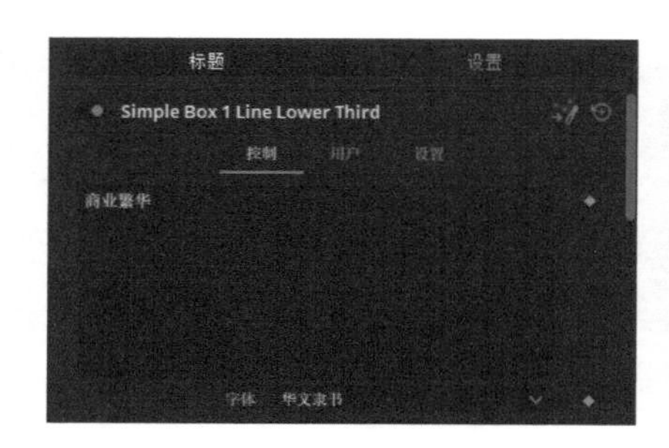

图9-39

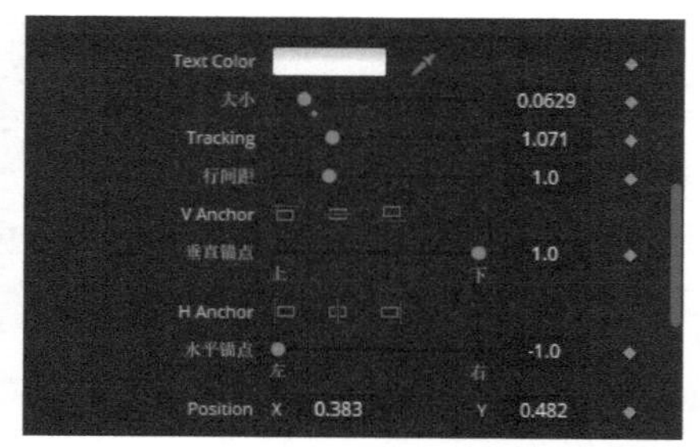

图9-40

步骤 06 在“Line Color”选项下，将“红”“绿”“蓝”参数均设置为0.3，如图 9-41 所示。

步骤 07 执行操作后，可以在预览窗口中查看制作的字幕效果，如图 9-42 所示。

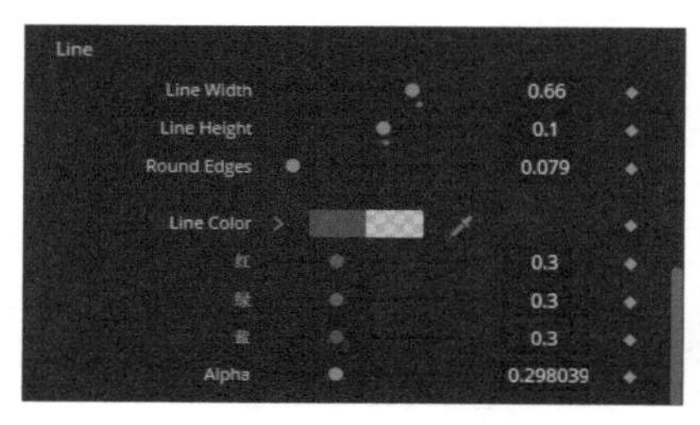

图9-41

图9-42

步骤 08 选中添加的字幕文件，用鼠标右键单击，弹出快捷菜单，选择“复制”选项，如图 9-43 所示。

步骤 09 将时间指示器移至素材03的起始位置，用鼠标右键单击，弹出快捷菜单，选择“粘贴”选项，如图 9-44 所示。

图9-43

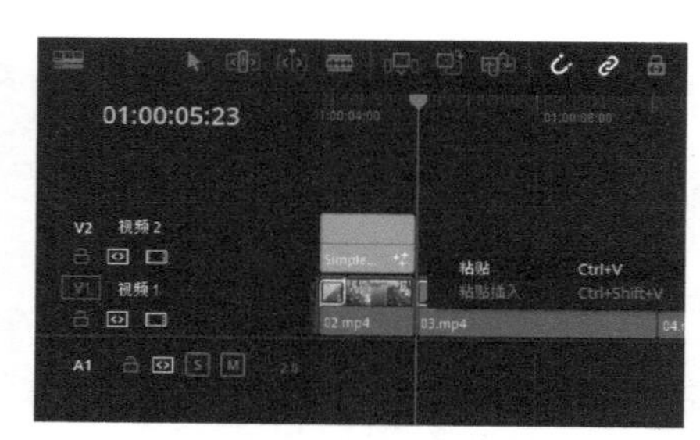

图9-44

步骤 10 在“时间线”面板中将粘贴的字幕文件裁剪至和素材03同长，如图 9-45 所示。

步骤 11 选中粘贴的字幕文件，在“检查器”|“视频”面板的“标题”选项卡中，修改文本内容为“底蕴深厚”，如图 9-46 所示。

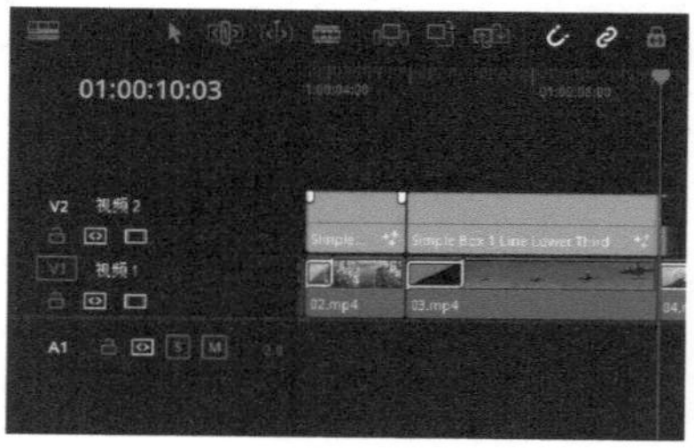

图9-45

步骤12 参照步骤08至步骤11的操作方法制作其余的字幕，如图9-47所示。

步骤13 制作完成后，在预览窗口中可以查看字幕效果，如图9-48所示。

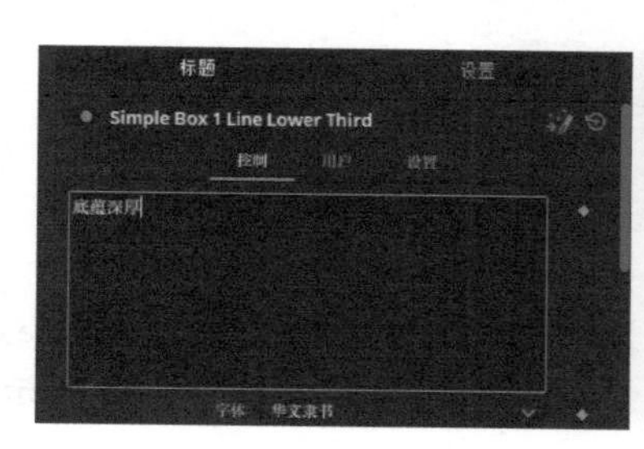

图9-46

图9-47

图9-48

步骤14 在“标题”|“Fusion字幕”选项卡中，选择“Horizontal Line Reveal”选项，按住鼠标左键，将其拖曳至素材09的上方，并将其裁剪至和素材09同长，如图9-49所示。

步骤15 执行操作后，在预览窗口中可以查看添加的字幕效果，如图9-50所示。

图 9-49

图 9-50

步骤 16 选中字幕文件，在“检查器”|“控制”面板中，设置“Upper Text Font”为“华文隶书”，并在下方的编辑框中输入文字“星城长沙”，如图 9-51 所示。

步骤 17 在面板下方设置“Upper Text Spacing”参数为 1.228、“Upper Text Size”参数为 0.1181，如图 9-52 所示。

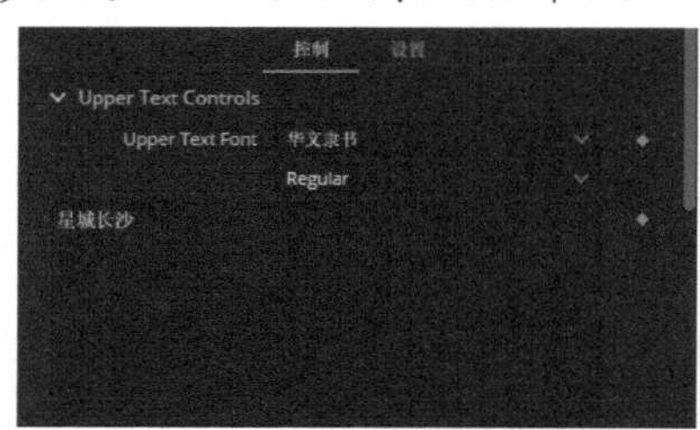

图 9-51

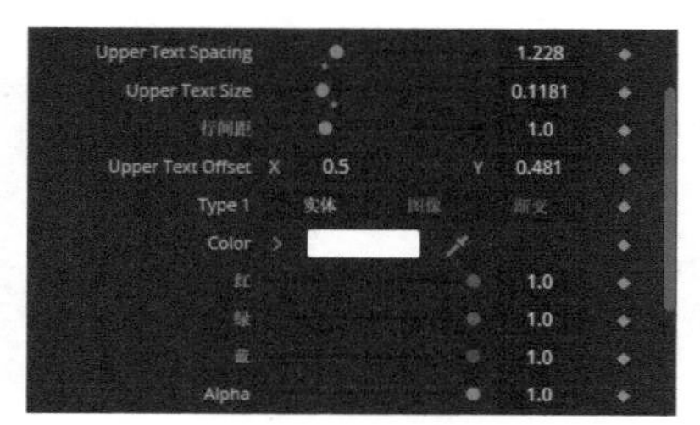

图 9-52

步骤 18 在“Lower Text Controls”选项区中，设置“Lower Text Font”为“华文隶书”，并在下方的编辑框中输入文字“世界媒体艺术之都”，如图 9-53 所示。

步骤 19 在面板下方设置“Lower Text Spacing”参数为 1.354，在“Color”选项下，将“红”“绿”参数均设置为 1.0，如图 9-54 所示。

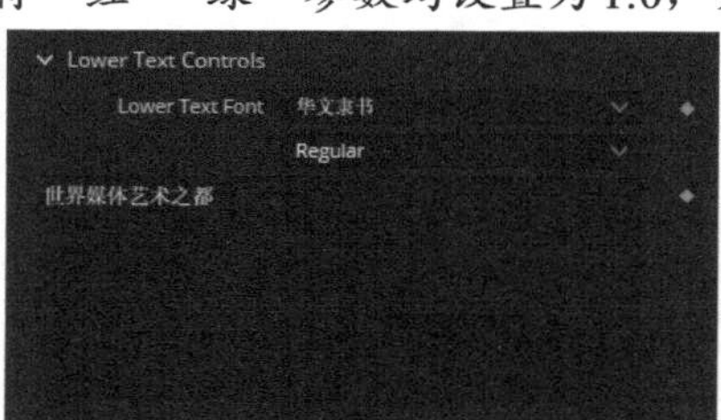

图 9-53

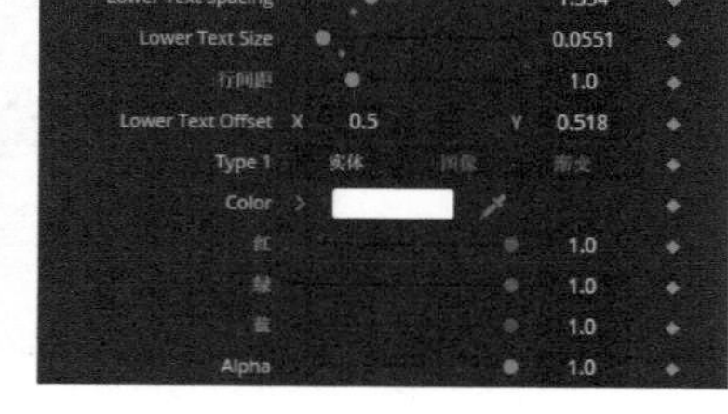

图 9-54

步骤 20 在面板的最下方，将“Line Color”选项区中的“红”“绿”“蓝”参数均设置为 1.0，如图 9-55 所示。

步骤 21 执行操作后，在预览窗口中可以查看制作的字幕效果，如图 9-56 所示。

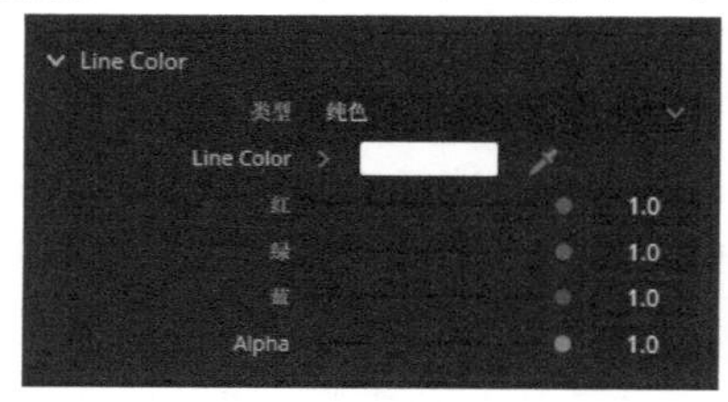

图 9-55

图 9-56

9.7 添加背景音乐和音效

字幕制作完成后，可以为视频添加合适的背景音乐和音效，使视频更具感染力，下面介绍具体操作方法。

步骤 01 在“媒体池”面板中选择音乐素材，按住鼠标左键将其拖曳至“时间线”面板中，如图 9-57 所示。

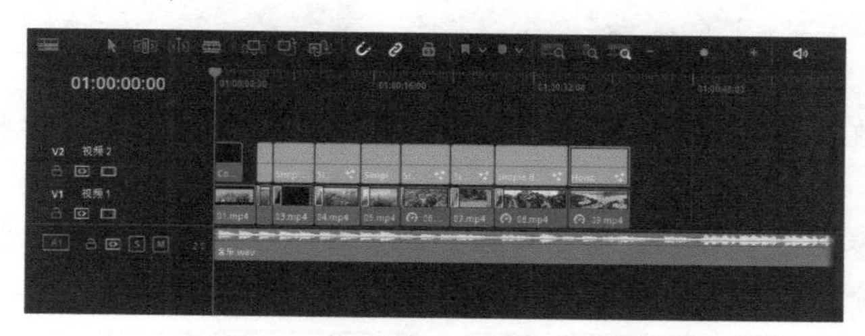

图 9-57

步骤 02 将时间指示器移至01:01:01:13处，如图 9-58 所示。单击工具栏中的“刀片编辑模式”按钮，在时间指示器处单击音乐素材，将音乐素材一分为二，如图 9-59 所示。

图 9-58

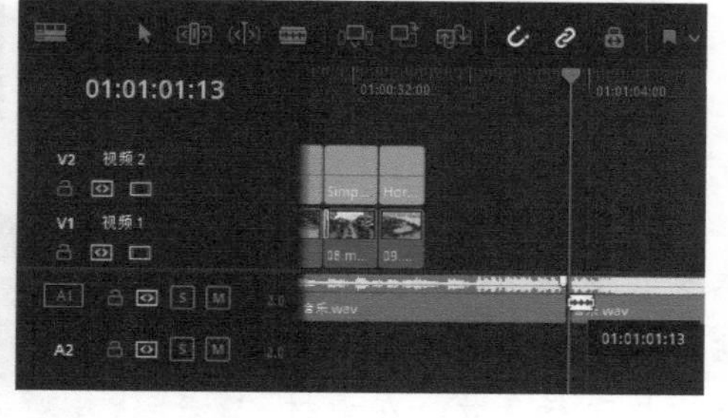

图 9-59

步骤 03 选中分割出来的前半段音乐素材，如图 9-60 所示，按Delete键删除。

步骤 04 选中AI轨道中的空白区域，如图 9-61 所示，按Delete键删除。

图 9-60

图 9-61

步骤 05 将时间指示器移至视频的末端，单击工具栏中的“刀片编辑模式”按钮，在时间指示器处单击音乐素材，将音乐素材一分为二，如图 9-62 所示。选中分割出来的后半段音乐素材，按Delete键删除，如图 9-63 所示。

图9-62

图9-63

步骤 06　在“媒体池”面板中选择穿梭音效素材，按住鼠标左键将其拖曳至“时间线”面板中，如图 9-64 所示。

步骤 07　参照裁剪音乐素材的操作方法将穿梭音效素材前面声音较小的部分删除，使剩下部分的长度和镂空字幕的长度保持一致，如图 9-65 所示。

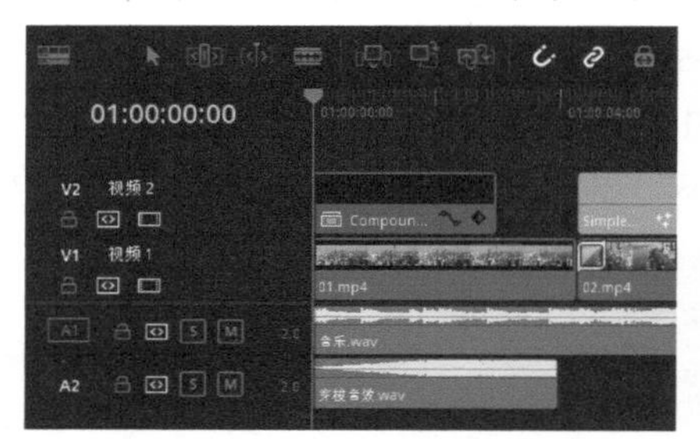

图9-64

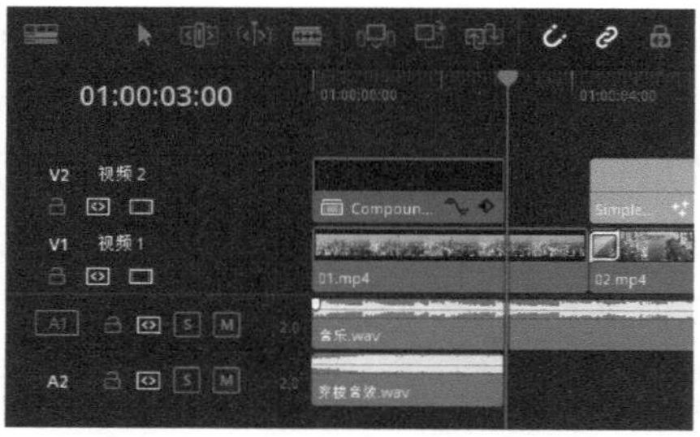

图9-65

步骤 08　参照上述添加音乐和穿梭音效的方法，在素材03的下方添加飞机飞行音效，在素材07的起始位置和结束位置添加鸟儿长鸣音效，如图 9-66 所示。

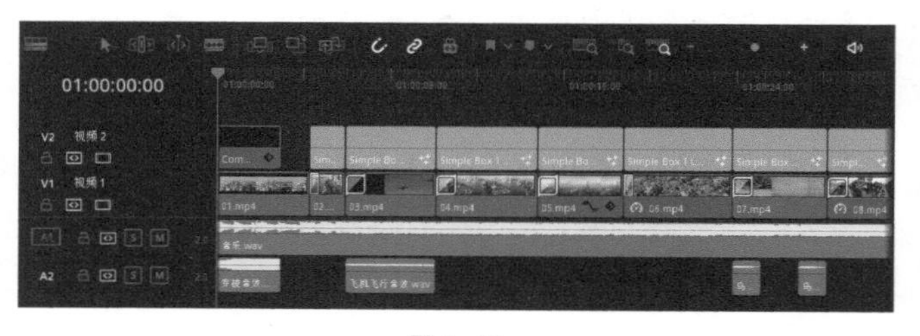

图9-66

步骤 09　在“时间线”面板中选中飞机飞行音效，展开“检查器”|“音频”面板，设置“音量”参数为10.12，如图 9-67 所示。参照上述操作方法将鸟儿长鸣音效的“音量”参数设置为6.00，如图 9-68 所示。

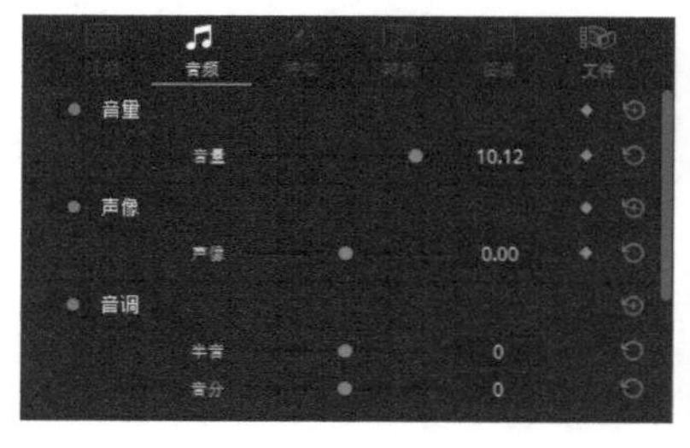

图9-67

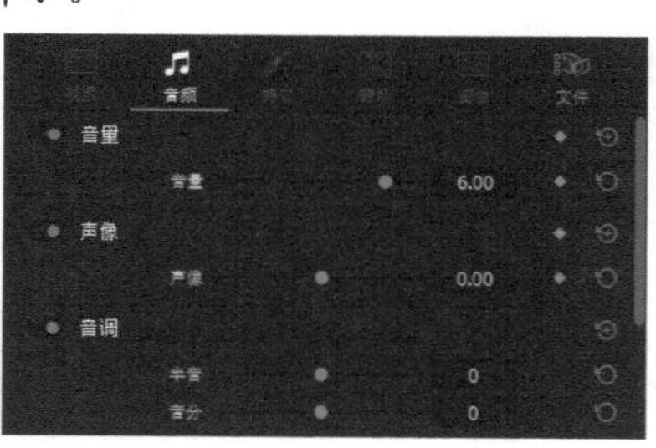

图9-68

9.8 交付输出制作的视频

视频剪辑完成后，即可切换至“交付”界面，将制作的视频输出为一个完整的视频文件，下面介绍具体的操作方法。

步骤 01 切换至“交付”界面，在“渲染设置”|“渲染设置 -Custom Export”面板中，设置文件名称和保存位置，如图 9-69 所示。

步骤 02 在“导出视频”选项区中，单击“格式”选项右侧的下拉按钮，在弹出的下拉列表中选择“MP4”选项，如图 9-70 所示。

图 9-69

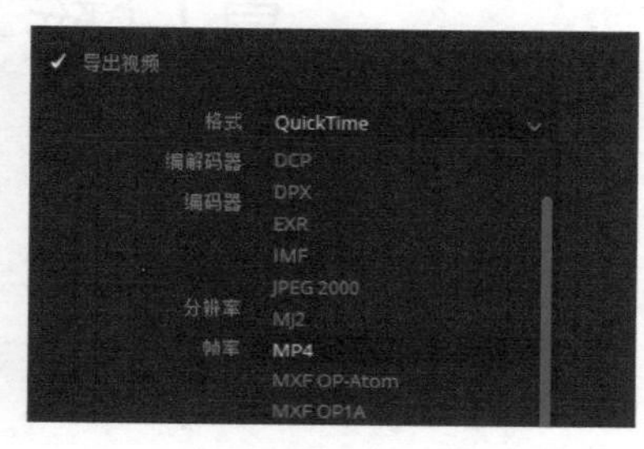

图 9-70

步骤 03 单击“添加到渲染队列”按钮，如图 9-71 所示。

步骤 04 将视频文件添加到右上角的“渲染队列”面板中，单击面板下方的“渲染所有”按钮，如图 9-72 所示。

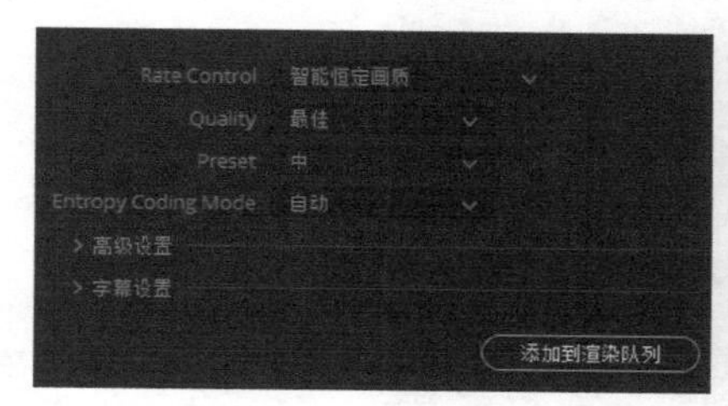

图 9-71

图 9-72

步骤 05 执行操作后，开始渲染视频，并显示视频渲染进度，渲染完成后，渲染列表中会显示渲染用时，表示渲染成功，如图 9-73 所示。在保存渲染视频的文件夹中，可以查看渲染输出的视频。

图 9-73

第 10 章

综合案例：夏日旅行 Vlog

Vlog是近几年流行起来的一种短视频类型。拍摄记录日常生活的Vlog，可以很好地展现自己的爱好和性格特点。本章将结合之前的内容，制作夏日旅行Vlog，案例的制作步骤仅供参考，读者需要充分理解制作的思路，以便实现举一反三。

10.1 视频效果赏析

Vlog和城市宣传片一样是由多个视频片段组成的。用户可以先创建一个项目文件，在“剪辑”界面中将挑选好的视频素材导入“时间线”面板中，根据需要在“时间线”面板中对素材进行剪辑，然后切换至“调色”界面，对视频片段进行调色操作，待画面调整完成，为Vlog添加好字幕和背景音乐，即可将制作好的视频交付输出，效果如图10-1所示。

图10-1

10.2 导入素材进行剪辑

本节主要对视频素材进行剪辑和变速处理，首先需要导入多个视频素材，在调整其播放速度后，再使用“刀片编辑模式”按钮对素材进行裁剪，具体操作方法如下。

步骤 01 创建“夏日旅行Vlog”项目文件，进入达芬奇的“媒体”界面。在“媒体存储”面板中单击对应的磁盘目录，打开存放素材的文件夹，选择需要使用的视频和音频素材，按住鼠标左键将其拖曳到下方的“媒体池”面板中，如图10-2所示。

图10-2

步骤 02 切换至“剪辑”界面，在“媒体池”面板中选择素材01至素材07，按住鼠标左键，将其拖曳至“时间线”面板的视频轨道上，如图10-3所示。

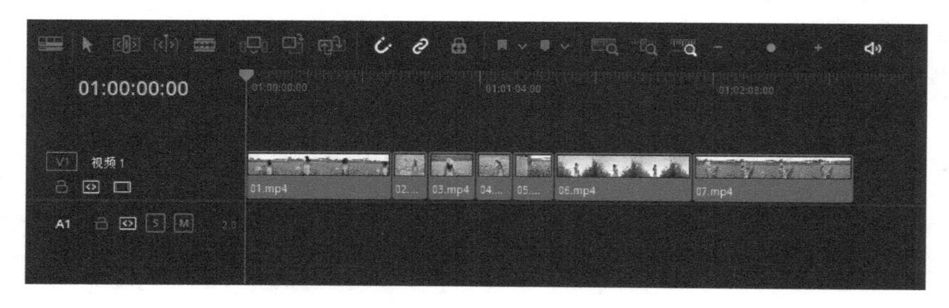

图10-3

步骤 03 在“时间线”面板中选中素材06，用鼠标右键单击，弹出快捷菜单，选择“变速控制”选项，如图10-4所示。

步骤 04 将鼠标指针移至素材06的上方，按住鼠标左键向左拖曳，直至素材06下方的数值变为140%，如图10-5所示。

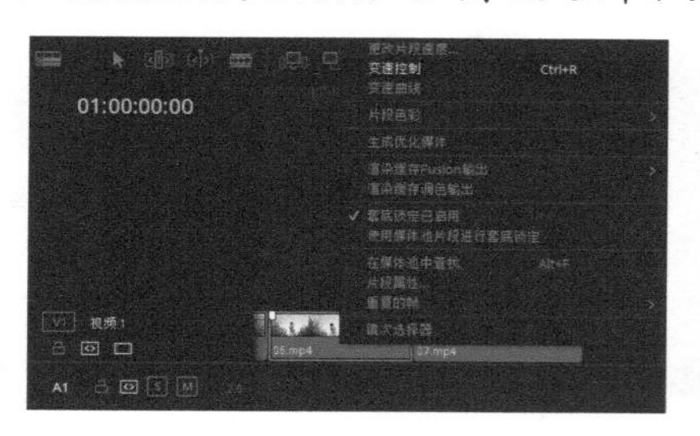

图10-4

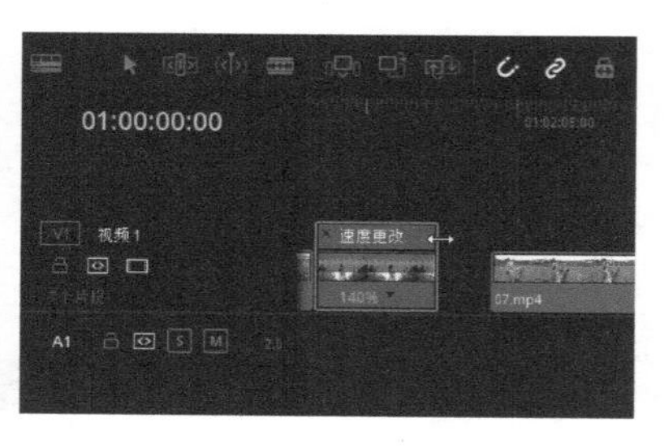

图10-5

步骤 05 在“时间线”面板中单击视频轨道中的空白区域，如图 10-6 所示，按 Delete 键删除。参照步骤 03 和步骤 04 的操作方法更改素材 07 的播放速度，将其数值设置为 155%。

步骤 06 在工具栏中单击“刀片编辑模式”按钮，执行操作后，鼠标指针将变成刀片工具图标，将鼠标指针移至 01:00:06:02 处，单击，素材 01 将被分割为两段，如图 10-7 所示。

图 10-6

图 10-7

步骤 07 在“时间线”面板中选中分割出来的后半段素材，如图 10-8 所示，按 Delete 键删除。执行操作后，在“时间线”面板中单击视频轨道中的空白区域，按 Delete 键删除，素材 02 将自动衔接在素材 01 的末端，如图 10-9 所示。

图 10-8

图 10-9

步骤 08 参照上述操作方法，在 01:00:08:07、01:00:10:18、01:00:12:29、01:00:15:08、01:00:21:02、01:00:29:27 处，对视频轨道上的视频素材进行分割，如图 10-10 所示。

图 10-10

10.3 创建调色基础预设

完成视频素材的剪辑工作后，即可切换至“调色”界面，调整素材画面的色彩，下面介绍具体的操作步骤。

步骤 01 在“时间线”面板中选中素材01，切换至“调色”界面，展开“曲线-自定义”面板，在曲线上添加两个控制点，并将其拖曳至合适位置，如图 10-11 所示。

步骤 02 执行操作后，画面将变暗，在预览窗口中可以查看调整后的效果，如图 10-12 所示。

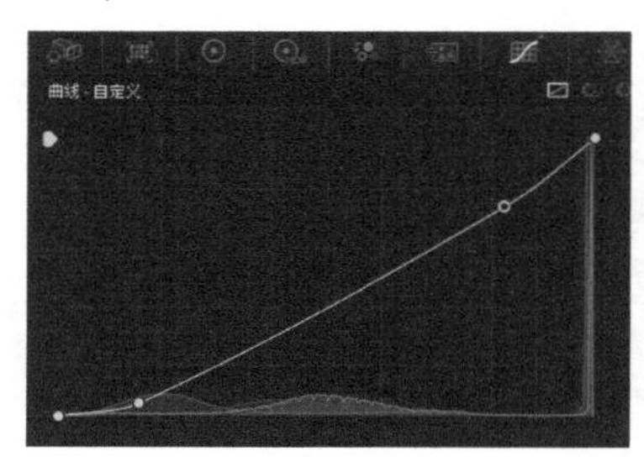

图10-11

图10-12

步骤 03 展开“一级-校色轮”面板，在面板下方将“饱和度”参数设置为70.00，如图 10-13 所示，使画面中的色彩更加浓郁，如图 10-14 所示。

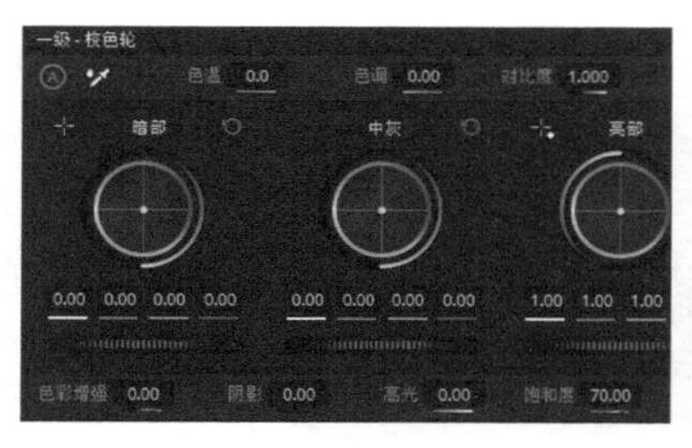

图10-13

图10-14

步骤 04 在“节点”面板中的01节点上用鼠标右键单击，弹出快捷菜单，选择“添加节点”|“添加串行节点”选项，如图 10-15 所示。

步骤 05 执行操作后，即可在“节点”面板中添加一个编号为02的串行节点，如图 10-16 所示。

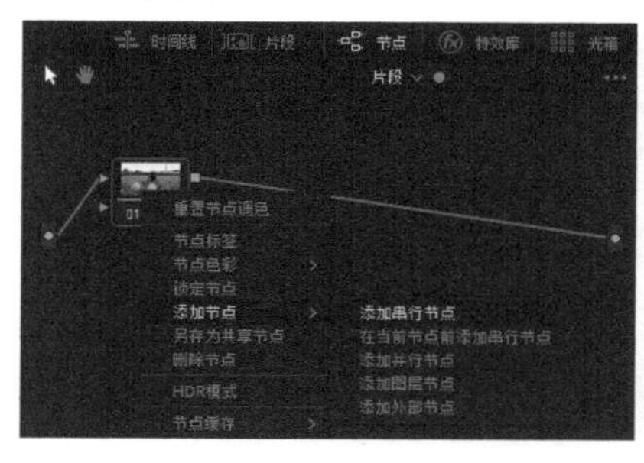

图10-15

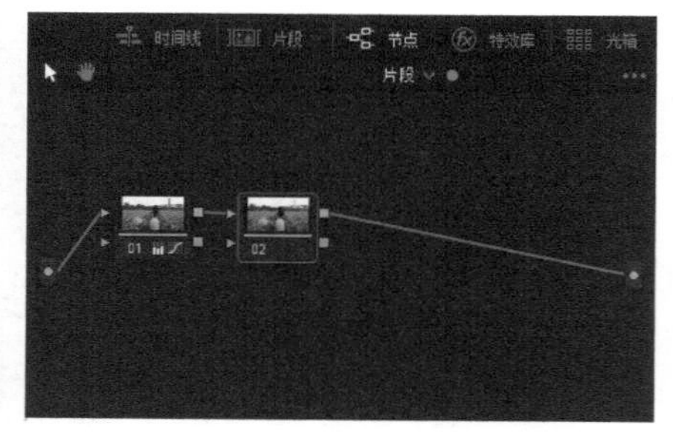

图10-16

步骤 06 展开"曲线-自定义"面板，在曲线上添加3个控制点，并将其拖曳至合适位置，如图 10-17所示，使画面更加柔和，明暗更有层次，如图 10-18所示。

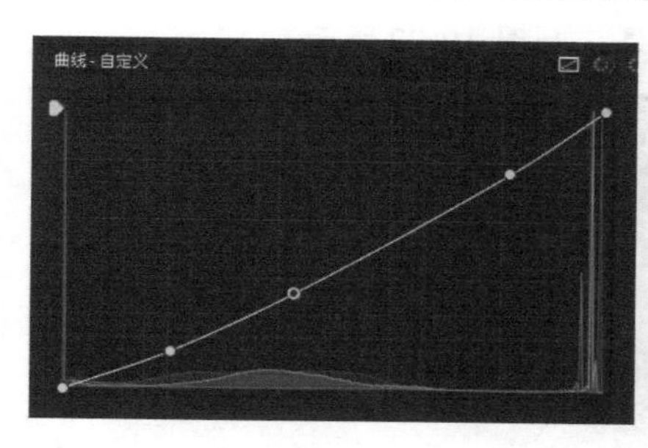

图10-17

图10-18

步骤 07 展开"曲线-色相 对 色相"面板，在面板的下方单击绿色色块。执行操作后，选中曲线上的第2个控制点，按住鼠标左键并将其向右上方拖曳，如图 10-19所示。

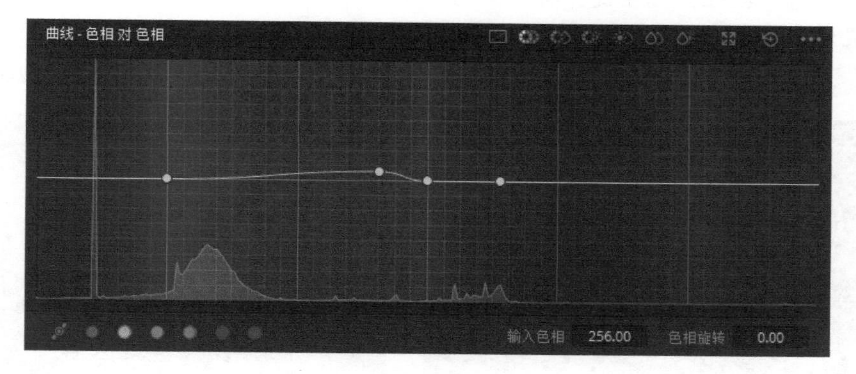

图10-19

步骤 08 展开"曲线-色相 对 饱和度"面板，在面板的下方单击绿色色块。执行操作后，选中曲线上的第 2 个控制点，按住鼠标左键并将其向下方拖曳，如图 10-20所示。

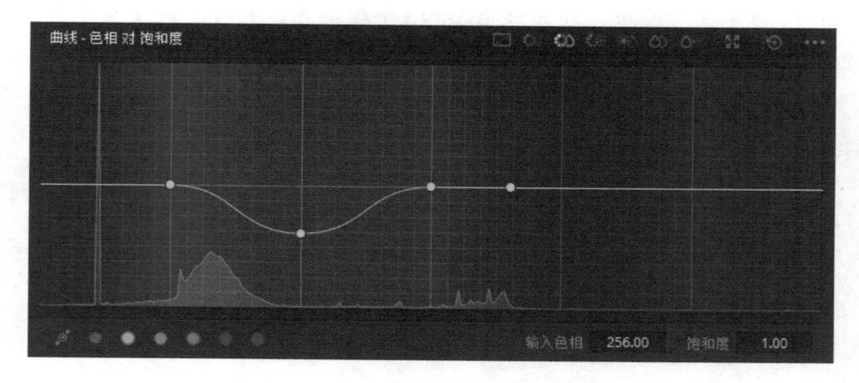

图10-20

步骤 09　在“节点”面板中添加一个编号为03的串行节点，如图 10-21所示。

步骤 10　在界面右上方单击“特效库”按钮，展开“素材库”选项卡，在“Resolve FX 光线”滤镜组中选择“发光”效果，如图 10-22所示。

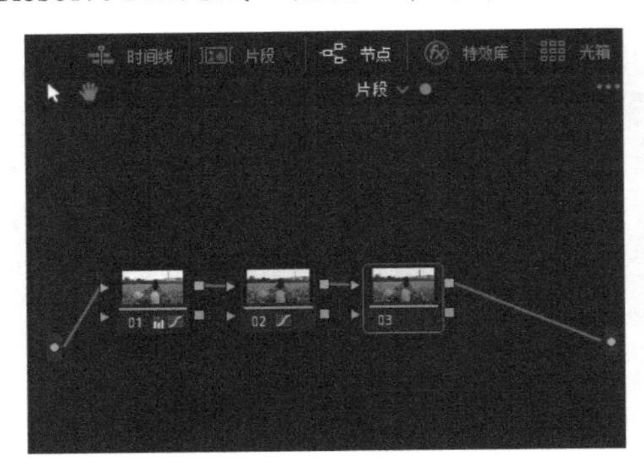

图10-21

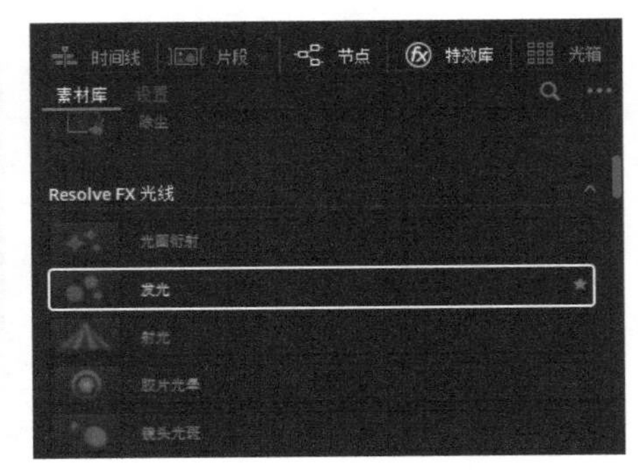

图10-22

步骤 11　按住鼠标左键并将“发光”效果拖曳至“节点”面板中的03节点上，调色提示区将显示一个滤镜图标，表示添加的滤镜效果，如图 10-23所示。

步骤 12　在“设置”选项卡中设置“闪亮阈值”参数为0.962，如图 10-24所示。

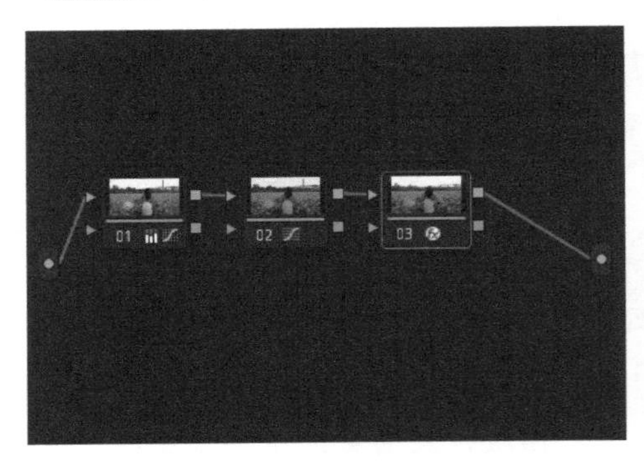

图10-23

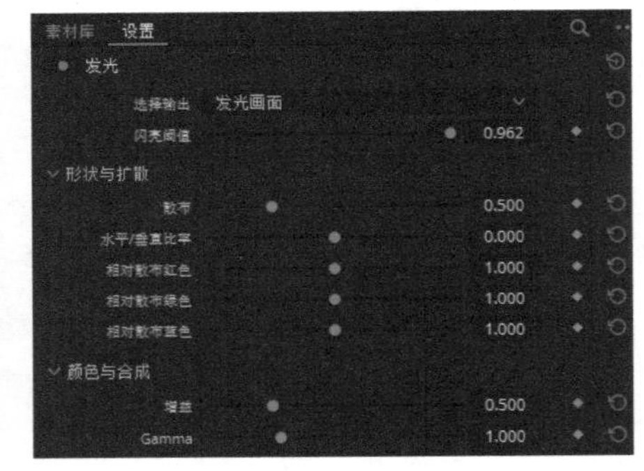

图10-24

步骤 13　在“节点”面板中添加一个编号为04的串行节点，如图 10-25所示。展开“曲线-自定义”面板，在曲线上添加3个控制点，并将其拖曳至合适位置，如图 10-26所示。

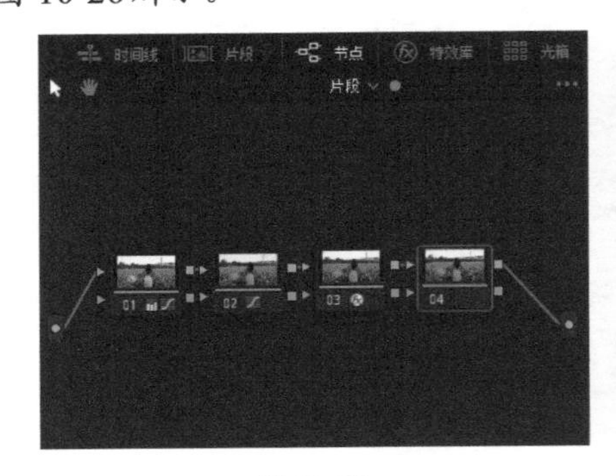

图10-25

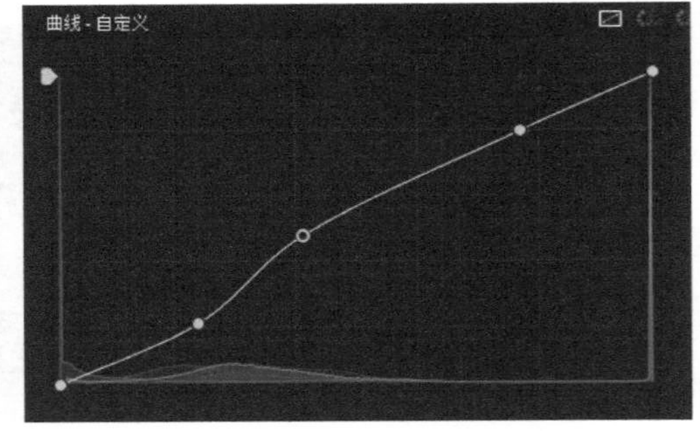

图10-26

步骤 14　在“节点”面板中添加一个编号为05的串行节点，展开“限定器-HSL”面板，将鼠标指针移至预览窗口中，按住鼠标左键拖曳，选取天空区域，并单击“突出显示”按钮，画面中未被选取的区域将呈灰色，如图 10-27 所示。

步骤 15　展开“一级-校色轮”面板，在面板上方设置“色温”参数为-970.0、“色调”参数为-15.50，如图 10-28 所示。

图10-27

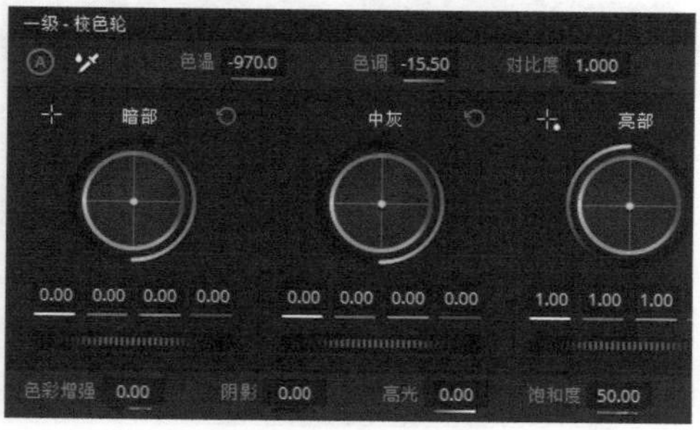

图10-28

步骤 16　在“节点”面板中添加一个编号为05的串行节点，展开“一级-校色轮”面板，在面板上方设置“色温”参数为-1210.0、“色调”参数为-52.50，如图 10-29 所示。

图10-29

10.4　应用调色基础预设

完成调色基础预设的创建之后，即可利用调色基础预设对余下的片段进行批量调色，下面介绍具体的操作步骤。

步骤 01　将鼠标指针移至预览窗口中，用鼠标右键单击，弹出快捷菜单，选择“抓取静帧”选项，如图 10-30 所示。执行操作后，在“画廊”面板中可以查看上一节创建的调色基础预设，如图 10-31 所示。

图10-30

图10-31

步骤 02 在界面右上方单击“片段”按钮，展开片段预览区，选中素材02，在“画廊”面板中用鼠标右键单击上一节创建的调色基础预设，弹出快捷菜单，选择“应用调色”选项，如图 10-32 所示。

步骤 03 执行操作后，系统将自动加载预设中的所有调色节点，如图 10-33 所示。

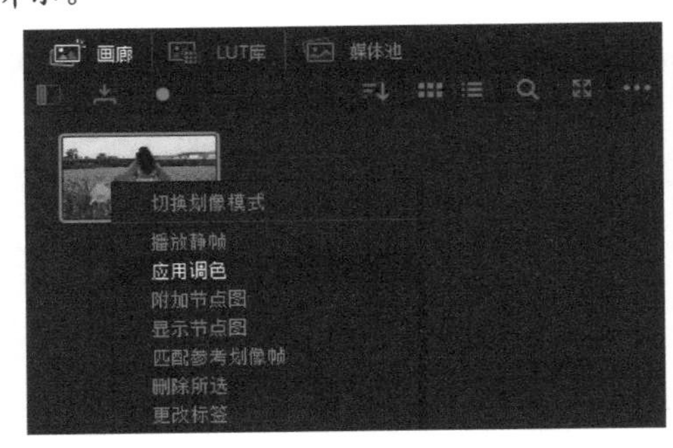

图10-32

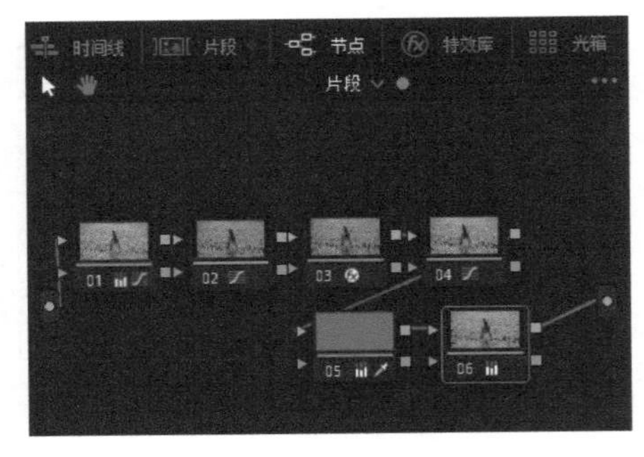

图10-33

步骤 04 在预览窗口中可以看到素材02的画面没有天空，在“节点”面板中选中节点05，用鼠标右键单击，弹出快捷菜单，选择“删除节点”选项，如图 10-34 所示。

步骤 05 在“节点”面板中选中02、03、04、05节点，按快捷键Ctrl+D将节点关闭，如图 10-35 所示。

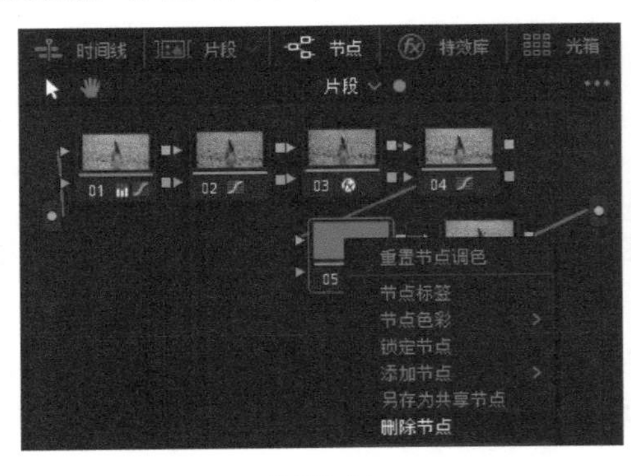

图10-34

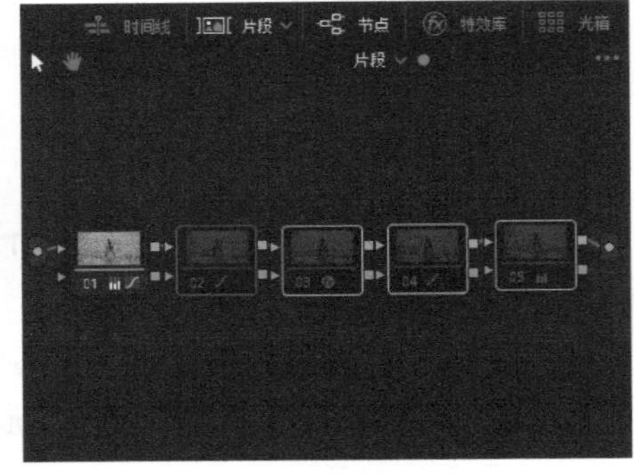

图10-35

步骤 06 在“节点”面板中选中01节点，展开“一级-校色轮”面板，在面板下方将“饱和度”参数设置为50.00，在面板上方将“色温”参数设置为-630.0，如图 10-36 所示。

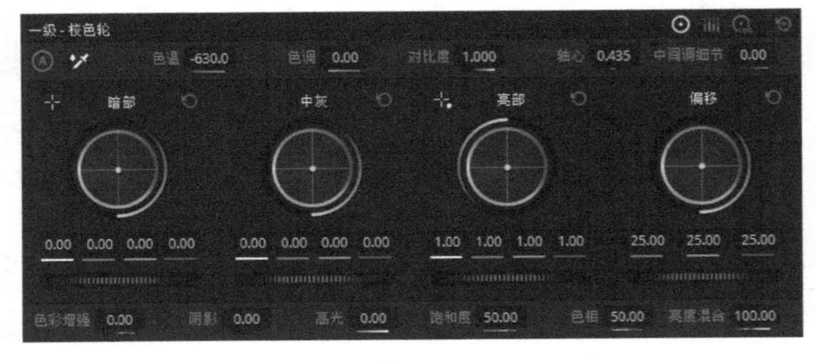

图10-36

步骤 07 展开“曲线 - 自定义”面板，在曲线上调整两个控制点的位置，调整画面的亮度，如图 10-37 所示。

步骤 08 在“节点”面板中选中 02 节点，按快捷键 Ctrl+D 启用节点，展开“曲线 - 自定义”面板，在曲线上调整 3 个控制点的位置，如图 10-38 所示，使画面更加柔和，明暗更有层次。

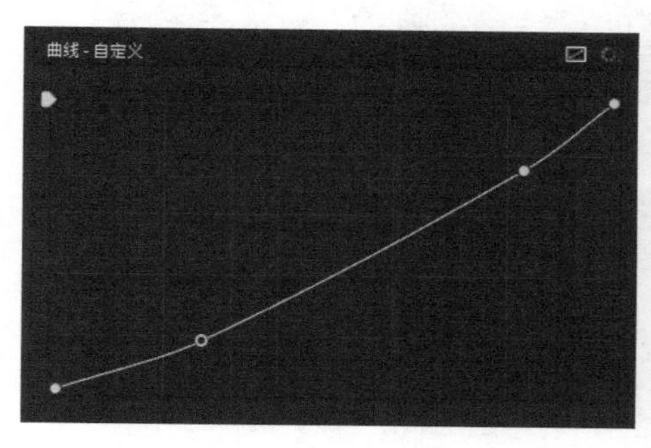

图 10-37

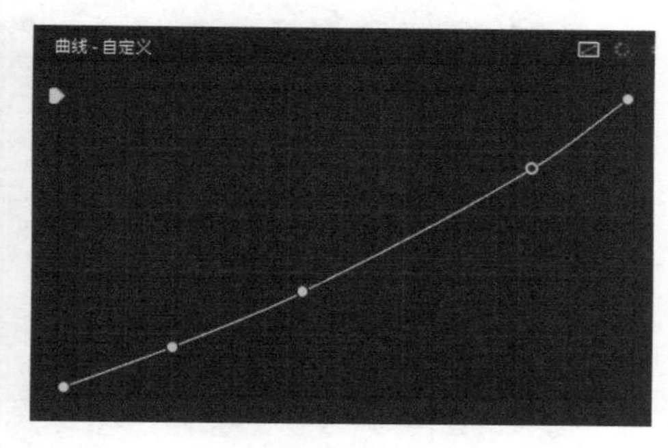

图 10-38

步骤 09 在“节点”面板中选中 03 节点，按快捷键 Ctrl+D 启用节点，展开“特效库”|“设置”选项卡，设置“闪亮阈值”参数为 0.655、“增益”参数为 0.302，如图 10-39 所示。

步骤 10 在“节点”面板中选中 04 节点，按快捷键 Ctrl+D 启用节点，展开“曲线 - 自定义”面板，根据画面中的明暗效果调整曲线上 3 个控制点的位置，如图 10-40 所示。

图 10-39

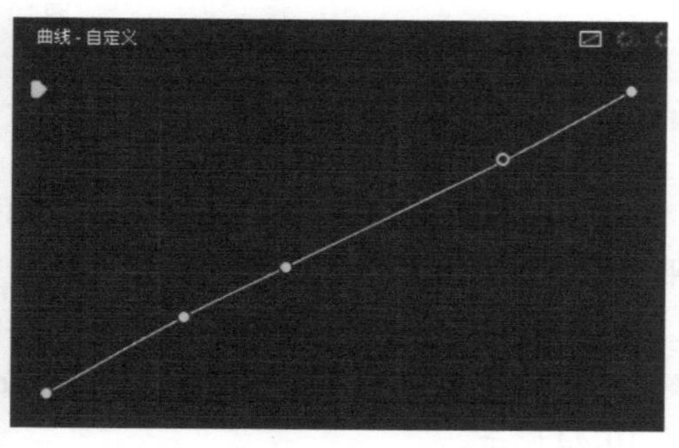

图 10-40

步骤 11 在“节点”面板中选中 05 节点，按快捷键 Ctrl+D 启用节点，展开“一级 - 校色轮”面板，在面板上方设置“色温”参数为 -2070.0、“色调”参数为 -20.50，如图 10-41 所示。

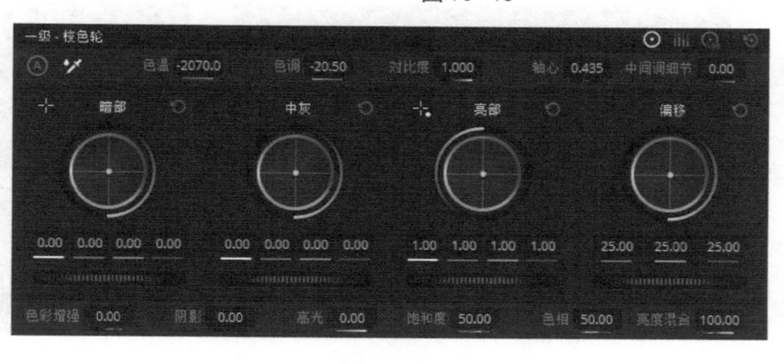

图 10-41

步骤 12 执行操作后，在预览窗口中可以查看最终的调色效果。参照上述操作方法，利用调色基础预设为余下素材调色，效果如图 10-42 所示。

图10-42

10.5 添加转场效果

完成调色工作后，可以在素材片段之间添加转场效果，使视频画面的切换更加平缓、自然，下面介绍具体的操作方法。

步骤 01 展开“视频转场”|“运动”选项卡，选择其中的“双侧平推门”效果，如图 10-43 所示；按住鼠标左键，将选择的转场效果拖曳至素材01的起始位置，如图 10-44 所示。

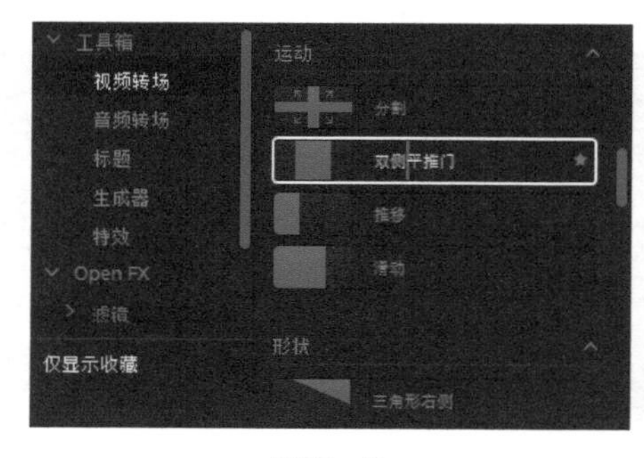

图10-43

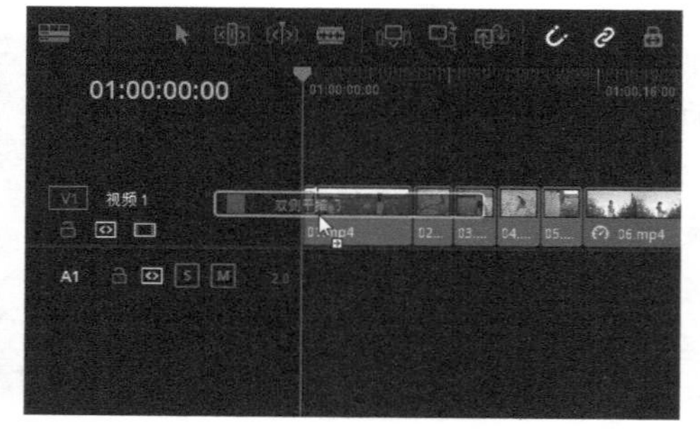

图10-44

步骤 02 在“时间线”面板中选中转场效果，展开“检查器”|“转场”面板，单击“预设”选项右侧的下拉按钮，在下拉列表中选择“横向双侧平推门”选项，如图 10-45 所示。

步骤 03 执行操作后，在预览窗口中可以查看添加的转场效果，如图 10-46 所示。

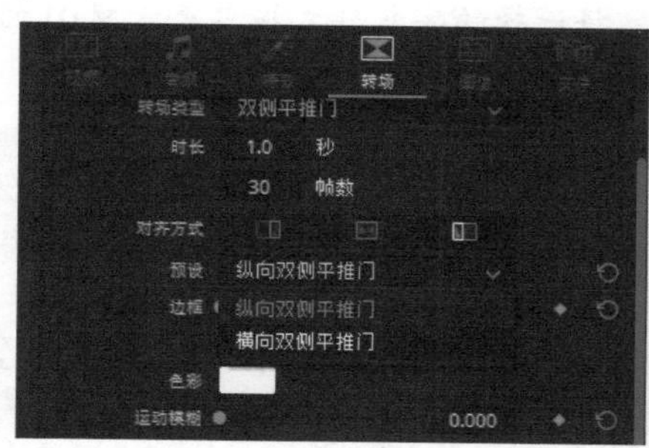

图 10-45

图 10-46

步骤 04 展开“视频转场”|“叠化”选项卡，选择其中的“交叉叠化”效果，如图 10-47 所示；按住鼠标左键，将选择的转场效果拖曳至素材 02 的起始位置，如图 10-48 所示。

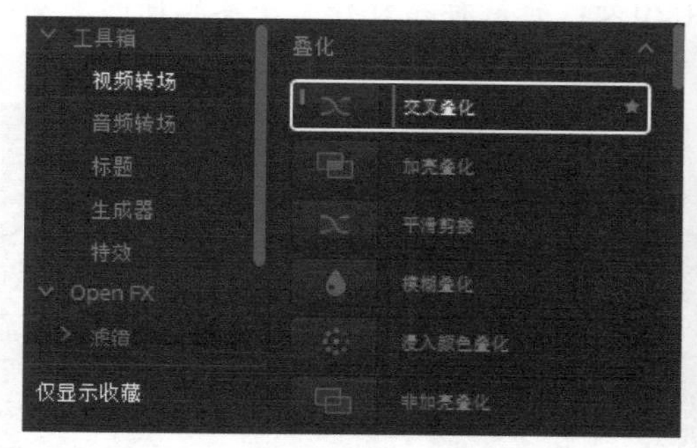

图 10-47

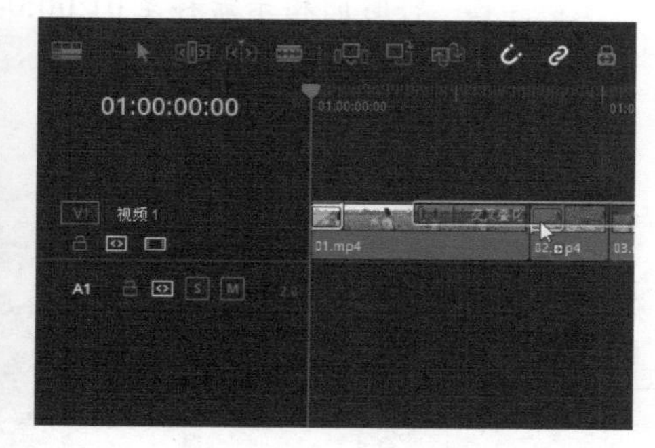

图 10-48

步骤 05 参照步骤 04 的操作方法，在余下素材的起始位置添加“交叉叠化”效果，如图 10-49 所示。

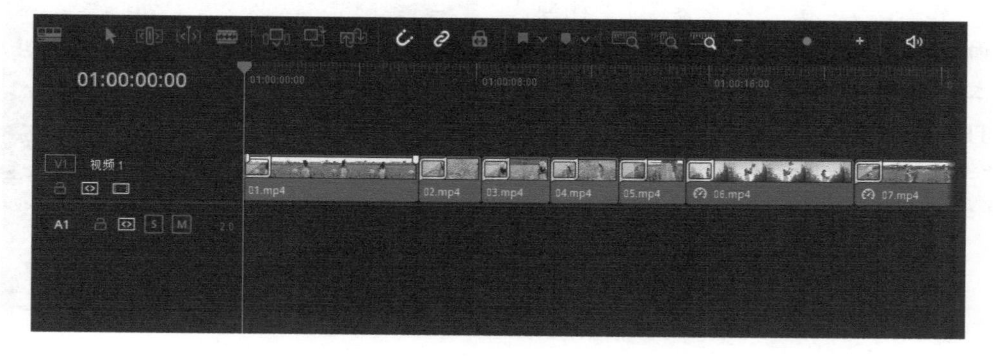

图 10-49

10.6 为视频制作字幕效果

添加转场效果后，接下来需要为视频添加合适的字幕，增强视频的艺术效果，下面介绍具体的操作方法。

步骤 01 将时间指示器移至01:00:00:10处，展开“标题”|“字幕”选项卡，选择其中的“文本”字幕样式，按住鼠标左键，将选择的字幕样式拖曳至素材01的上方，如图10-50所示。

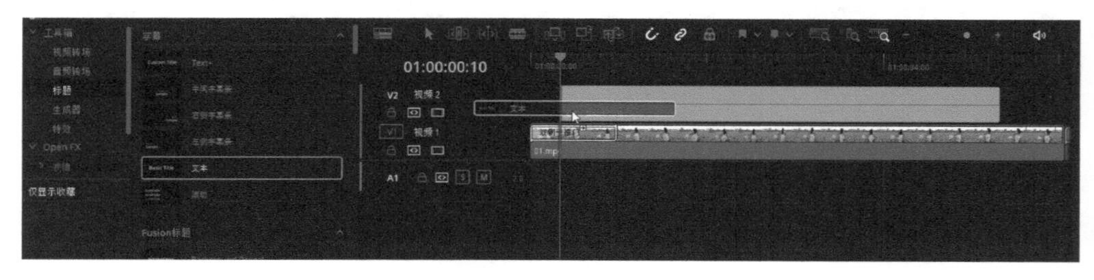

图10-50

步骤 02 执行操作后，在预览窗口中可以查看添加的字幕效果，如图10-51所示。

步骤 03 将时间指示器移至01:00:04:20处，将鼠标指针移至字幕文件的末端，按住鼠标左键向左拖曳至时间指示器处，如图10-52所示。

图10-51

图10-52

步骤 04 在“检查器”|“视频”面板的“标题”选项卡的“多信息文本”编辑框中输入文字“夏日旅行TRAVELDIARY”，设置“字体系列”为“华文中宋”，设置“大小”参数为180、“字距”参数为25，如图10-53所示。

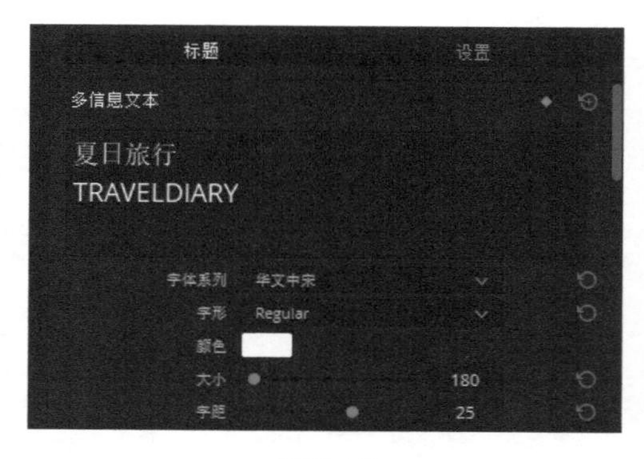

图10-53

步骤 05 在“检查器”|“视频”面板的“标题”选项卡下方设置“位置”Y参数为464.000，如图10-54所示。

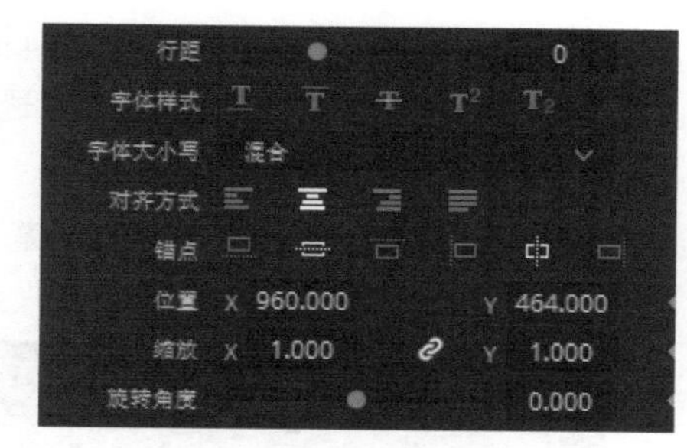

图10-54

步骤 06 在“检查器”|“视频”面板的“标题”选项卡的“多信息文本”编辑框中选中“TRAVELDIARY”文字，并设置“大小”参数为58、“字距”参数为54，如图10-55所示。

步骤 07 在“检查器”|“视频”面板的“标题”选项卡中，单击“颜色”选项右侧的色块。在打开的“选择颜色”对话框的“基本颜色”选项区中，选择第1排第8个色块，单击“OK”按钮，如图10-56所示。

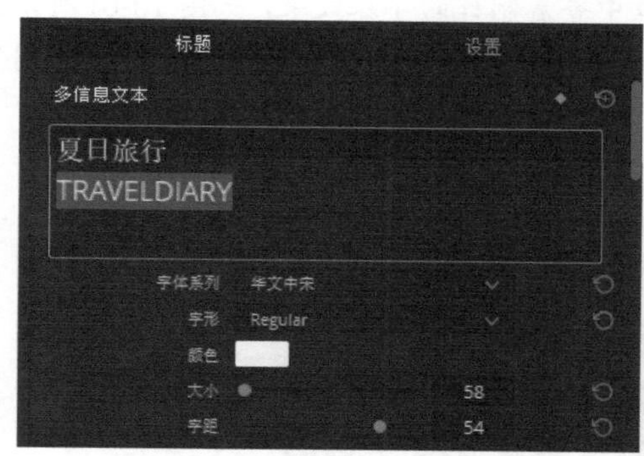

图10-55

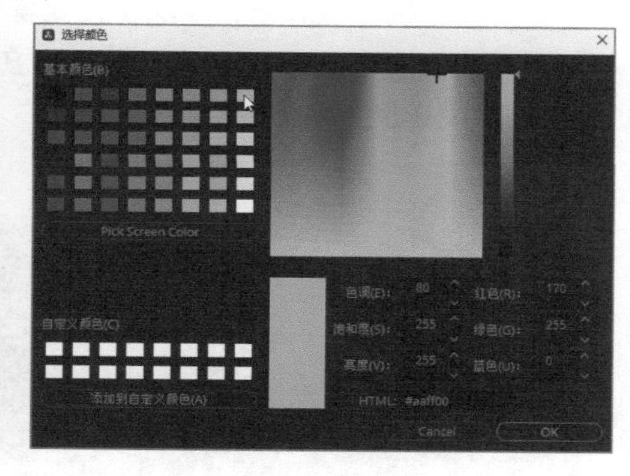

图10-56

步骤 08 选择字幕文件，将时间指示器移至字幕文件的起始位置，在“检查器”|“视频”面板的“设置”选项卡的下方，单击“不透明度”选项右侧的“关键帧”按钮◆，将“不透明度”参数设置为0.00，如图10-57所示。

步骤 09 将时间指示器移至01:00:01:00处，在“检查器”|“视频”面板的“设置”选项卡的下方，将“不透明度”参数设置为100.00，如图10-58所示。

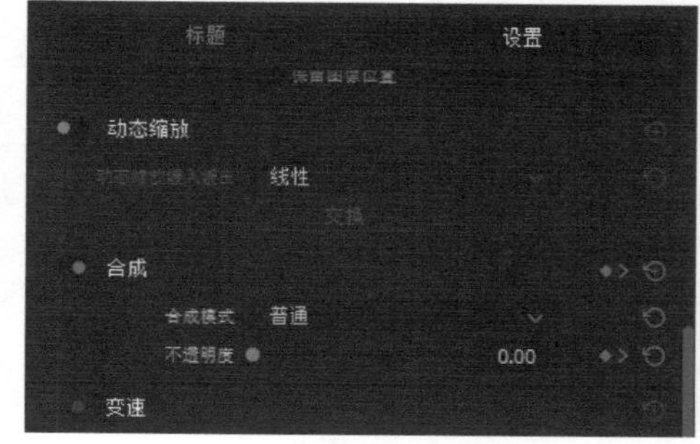

图10-57

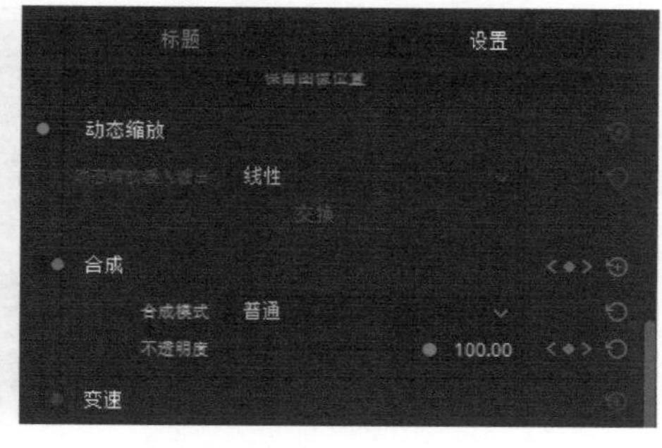

图10-58

步骤 10 将时间指示器移至01:00:01:00处，在“检查器”|“视频”面板的“设置”选项卡的下方，单击“不透明度”选项卡右侧的“关键帧”按钮◆，如图 10-59所示。

步骤 11 将时间指示器移至字幕文件的末端，在“检查器”|“视频”面板的“设置”选项卡的下方，将“不透明度”参数设置为0.00，如图 10-60所示。

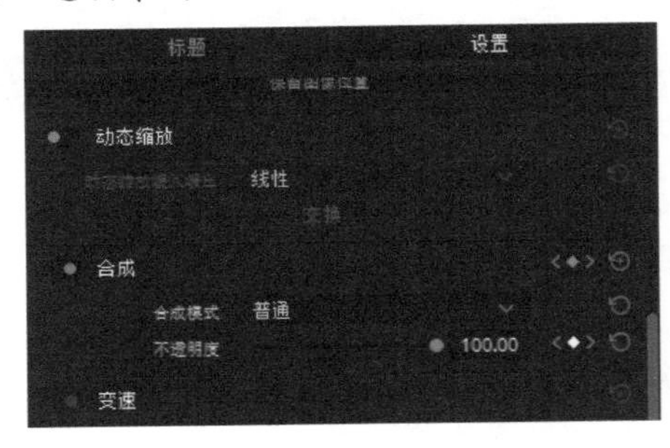

图10-59

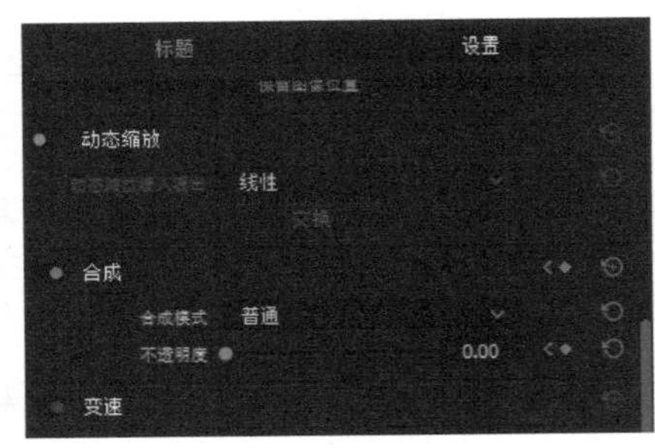

图10-60

步骤 12 执行操作后，可以在预览窗口中查看制作的字幕效果，如图 10-61所示。

步骤 13 选中添加的字幕文件，用鼠标右键单击，弹出快捷菜单，选择“复制”选项，如图 10-62所示。

图10-61

图10-62

步骤 14 将时间指示器移至素材02的起始位置，用鼠标右键单击，弹出快捷菜单，选择“粘贴”选项，如图 10-63所示。

步骤 15 在“时间线”面板中将粘贴的字幕文件裁剪至和素材02同长，如图 10-64所示。

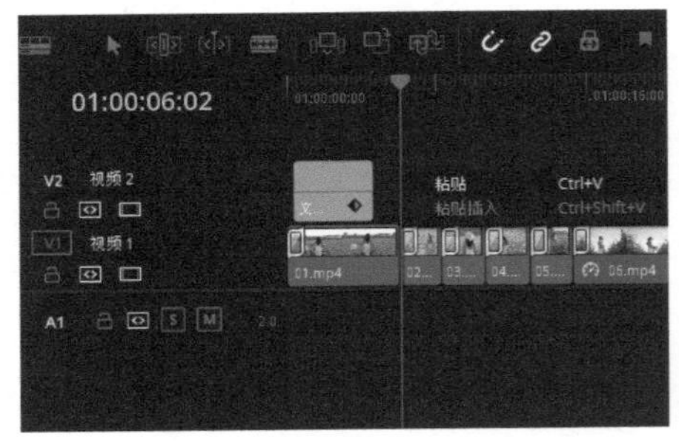

图10-63

图10-64

步骤 16 选中粘贴的字幕文件，在“检查器”|“视频”面板的“标题”选项卡中，修改文本内容为“换个地方看看人间烟火 huangedifangkankanrenjianyanhuo”，设置“大小”参数为50、“字距”参数为100，如图 10-65 所示。

步骤 17 在“检查器”|“视频”面板的“标题”选项卡的“多信息文本”编辑框中选中“huangedifangkankanrenjianyanhuo”文字，设置“大小”参数为40、“字距”参数为58，如图 10-66 所示。

图10-65

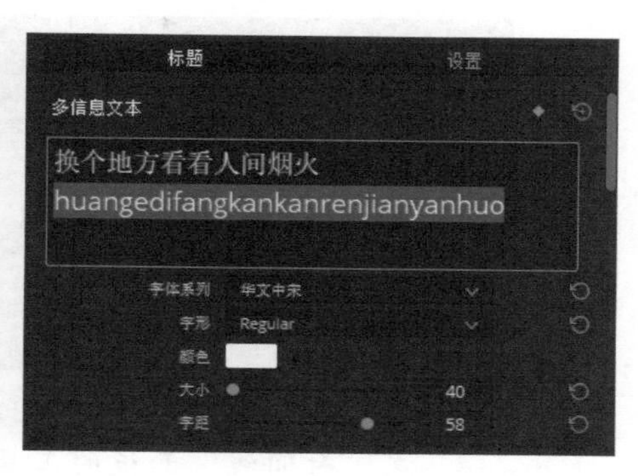

图10-66

步骤 18 执行操作后，可以在预览窗口中查看制作的字幕效果。参照步骤13至步骤17的操作方法制作其余的字幕，效果如图 10-67 所示。

图10-67

10.7 为视频添加背景音乐

字幕制作完成后，可以为视频添加合适的背景音乐，使视频更具感染力，下面介绍具体操作方法。

步骤 01 在“媒体池”面板中选择音乐素材，按住鼠标左键将其拖曳至“时间线”面板中，如图 10-68 所示。

图10-68

步骤 02 在“时间线”面板的工具栏中，单击“刀片编辑模式”按钮，如图 10-69 所示。

步骤 03 将时间指示器移至视频的末端，在时间指示器处单击音乐素材，将音乐素材分割为两段，如图 10-70 所示。

图10-69

图10-70

步骤 04 在“时间线”面板的工具栏中单击“选择模式”按钮，选中分割出来的后半段音乐素材，如图 10-71 所示；按Delete键删除，如图 10-72 所示。

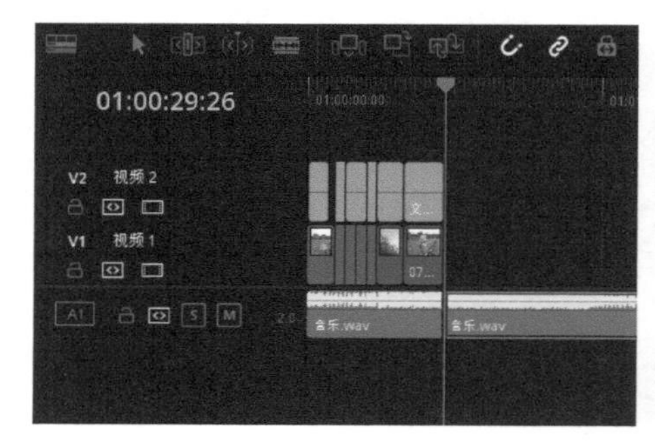

图10-71

图10-72

10.8 交付输出制作的视频

视频剪辑完成后，即可切换至“交付”界面，将制作的视频输出为一个完整的视频文件，下面介绍具体的操作方法。

步骤 01 切换至“交付”界面，在“渲染设置”|“渲染设置-Custom Export”面板中，设置文件名称和保存位置，如图 10-73 所示。

步骤 02 在“导出视频”选项区中，单击“格式”选项右侧的下拉按钮，在弹出的下拉列表中选择“MP4”选项，如图 10-74 所示。

图 10-73

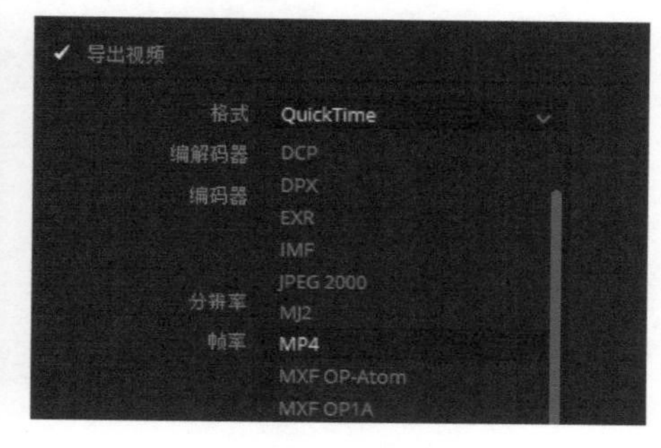

图 10-74

步骤 03 单击“添加到渲染队列”按钮，如图 10-75 所示。

步骤 04 将视频文件添加到右上角的“渲染队列”面板中，单击面板下方的“渲染所有”按钮，如图 10-76 所示。

图 10-75

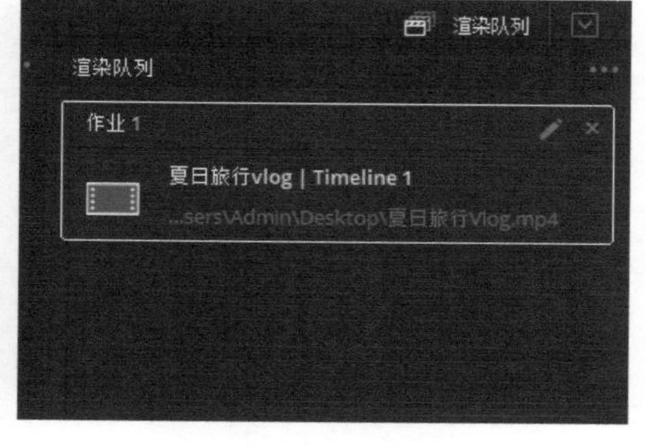

图 10-76

步骤 05 执行操作后，开始渲染视频，并显示视频渲染进度，渲染完成后，渲染列表中会显示渲染用时，表示渲染成功，如图 10-77 所示。在保存渲染视频的文件夹中，可以查看渲染输出的视频。

图10-77